수학자의 지도 切絵図
다니야마-시무라 추측에서 페르마의 마지막 정리까지

시무라 고로志村五郎 **지음** | 이다다 옮김

수학자의 지도

지은이 시무라 고로
옮긴이 이다다

펴낸곳 이끼미디어
홈페이지 https://iggi.media | **전자우편** iggi@iggi.media

발행일 초판 1쇄 2022년 5월 13일
　　　　초판 2쇄 2022년 7월 18일

ISBN 979-11-972549-0-1 (종이책)
　　　　979-11-972549-1-8 (전자책)

등록번호 제308호 | **등록일자** 2020년 11월 11일

First published in English under the title
THE MAP OF MY LIFE
by Goro Shimura, edition: 1

Copyright © Springer Science-Verlag New York, 2008*

This edition has been translated and published under license from Springer Science+Business Media, LLC, part of Springer Nature. Springer Science+Business Media, LLC, part of Springer Nature takes no resposibility and shall not be made liable for the accuracy of the translation.

Korean-language edition copyright © 2022 by IGGIMEDIA

이 책의 한국어 판 저작권은 대니홍에이전시를 통한 저작권사와의 독점계약으로 이끼미디어에 있습니다. 저작권법에 의해 한국 내에서 보호를 받는 저작물이므로 무단전재와 복제를 금합니다.

This book was typeset in LaTeX.

수학자의 지도 切絵図

옮긴이 서문

이 책의 저자인 시무라 고로志村五郎는 현대 수학에서 대수기하학과 정수론에 근본적인 공헌을 한 인물이며, 대중에게는 **다니야마-시무라 추측(1957)**[1]을 통해 그 이름이 알려져 있다. 그러나 시무라 선생의 엄격한 서술 방식은 약간의 배경 설명이 불가피한 측면도 있는데, 예를 들어 그는 추측의 내용 이외에 본인의 이름이 붙은 추측의 명칭이나 이를 둘러싼 역사적인 상황에 대해서는 언급을 하지 않고 있다. 따라서 책의 앞머리에 선생의 업적을 둘러싼 배경을 짧게나마 소개하고자 한다.

페르마의 마지막 정리는 1637년 프랑스의 피에르 드 페르마Pierre de Fermat가 남긴 다음과 같은 추측이다.

> 3이상의 자연수 n에 대하여 $a^n + b^n = c^n$을 만족하는 자연수 a, b, c는 없다.

여기서 $n = 2$면 피타고라스의 정리가 되며, 이것을 만족하는 a, b, c는 무수히 많다. 17세기에 제안된 이 추측은 18

---

[1] 志村五郎, 谷山豊 《近代的整数論》 (共立出版, 1957); Shimura G. 《Introduction to the Arithmetic Theory of Automorphic Functions》 (Iwanami Shoten, 1971), (Princeton University Press, 1971)

세기의 레온하르트 오일러Leonhardus Eulerus를 비롯한 수많은 수학자들이 300여년이 넘게 증명 혹은 반증에 도전했지만 성공을 거두지 못했다. 그리고 처음 제안된 이후 358년 만인 1995년에 프린스턴 대학교의 앤드루 와일스Andrew Wiles와 그의 제자 리처드 테일러Richard Taylor에 의해 증명[2] 되었다. 와일스의 업적은

다니야마-시무라 추측

의 특수한 경우, 즉 준안정semistable 타원 곡선의 경우를 증명한 것으로, 다니야마-시무라 추측의 일부가 페르마의 추측과 동등함은 독일의 게르하르트 프라이G. Frey가 1984년에 제안하여 미국의 켄 리벳Ken Ribet이 1986년에 증명했다. 다니야마-시무라 추측의 결론 부분만 쓰면 다음과 같은 모양이 된다:

$$a_p(E) = a_p(f)$$

여기서 E는 $y^2 = x^3 + ax^2 + bx + c$와 같은 형태의 타원 곡선elliptic curve이며, f는 모듈러 형식modular form이라 불리는 함수로써 복소수 z에 대하여 변환 $f(z) \to f(\frac{az+b}{cz+d})$을 취해

---

[2] R. Taylor, A. Wiles, "Ring theoretic properties of certain Hecke algebras". Ann. of Math. **141** (3) (1995) 553-572

도 성질이 변하지 않는 함수이다. $a_p(E)$는 곡선 E의 해의 개수에 대한 상수이고 $a_p(f)$는 함수 f를 달리 표현했을 때의 상수로써, 이 둘이 같다는 것은 납득하기 어려운 놀라운 관계성이다.

이 책은 위의 추측을 거의 혼자서 완성시킨 시무라 고로의 자서전이다. (추측에 대한 보다 자세한 설명은 A1장을 참조하라.) 그는 군국주의 치하의 초등학교 시절을 다음과 같이 묘사하고 있다:

> "강당에서의 의식이 끝나면 학생들은 각자의 교실로 돌아가 추가로 담임 교사의 짧은 연설까지 들어야 한다. 이 모든 과정이 끝나고 나면 학생들에게는 16개의 흰색과 분홍색 꽃잎이 반복되는 제국의 문양, 국화 모양의 설탕 과자가 하나씩 선물로 주어지는 것이다.

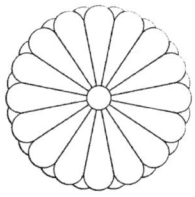

기미가요君が代는 12세기에서 14세기 사이에 고관대작들의 술자리에서 여자 무용수들이 부르던 와카和歌에서

유래한다. 노래가 끝나고 나면 사람들은 여인들에게 팁을 주었다. 나는 그러한 것을 한 나라의 국가로 지정하는 것이 매우 이상하다고 생각되었다. 어쩌면 우리들은 제국에게서 설탕 과자를 팁으로 받은 것인지도 모르겠다."

그는 일본이 제국주의의 불안한 노선을 걷기 시작하던 때에 어린 시절을 보냈다. 제국주의 일본 국민의 삶은 편안하지 않았으며 도쿄 대학의 학생들도 1945년 패전 직전까지 강제 노역에 투입되는 등, 시무라 고로의 학창 시절은 안정적으로 학업에 몰두하기 어려운 시기였다. 1945년 8월, 마침내 일본이 패망하자 그는 한적한 들판에 서서 초가을 바람을 맞으며 "전쟁이 드디어 끝났구나."하고 안도의 한숨을 내쉰다.

시무라 고로는 전후 폐허의 땅에서 스스로의 힘으로 학문의 경지에 올라 세계적인 수학자의 반열에 오른 입지전적인 인물이다. 그는 도쿄 대학 박사 과정 도중인 1953년에 대수기하학과 정수론을 연결시키는 논문 하나를 앙드레 베유 André Weil에게 보냄으로써 수학계에 이름을 알리기 시작했다. (11장 참조) 20세기 수학의 대가인 앙드레 베유는 니콜라 부르바키 Nicolas Bourbaki 라는 가명의 저자를 내세운 초일류 수학자들의 비밀 결사체를 탄생시킨 인물이다.

이 인연을 계기로 1955년 대수학적 정수론에 관한 도쿄-닛코 학회에 앙드레 베유가 참가하게 되었으며, 여기서 다니야마 유타카谷山豊는 타원곡선의 성질에 대한 '추측'의 원시적인 형태를 학회보에 '문제 12'로 제시했다. (A1장 참조) 그러나 이 최초의 형태는 오류가 있었으며, 시무라와 다니야마는 함께 책을 집필하며 시무라 고로가 파리로 떠나는 1957년까지 추측을 더 나은 형태로 개선하기 위해 노력했다. (15장 참조) 그러나 다니야마는 시무라가 일본을 떠난 다음 해인 1958년에 연인을 남겨두고 우울증으로 자살하여 29세에 생을 마감했다. 그의 연인도 한 달 뒤 동반자살을 했다.

이후 시무라 고로는 프린스턴 대학교 수학과의 교수가 되었으며, 대수기하학과 정수론에서 많은 업적을 남겼다. 1960년대의 미국에서 대수기하학을 연구한 사람은 시무라 고로가 거의 유일했다. 다니야마 유타카가 사망한 지 30년이 지난 1989년에는 런던 수학회보에 그를 추모하는 기고를 게재했다. 1999년에는 브뢰이, 콘래드, 다이아몬드, 테일러가 다니야마-시무라 추측의 전체를 증명하여 **모듈러**

성 정리가 되었다.[3] 2002~2003년에는 독일의 슈프링어 출판사Springer-Verlag에서 그의 논문 전집이 4권에 걸쳐 출간되기도 했다. 한편 시무라 고로는 1999년에 은퇴, 프린스턴 대학교 수학과의 명예 교수가 되었으며 2019년 5월에 뉴저지 주 프린스턴의 자택에서 89세의 나이로 사망하였다.

2022년 5월
옮긴이

페르마의 마지막 정리 및 모듈러성 정리 연대기 (1637~1999)

1637년,	피에르 드 페르마, "n이 3 이상일 때, 임의의 n제곱수는 다른 두 제곱수의 합으로 표현될 수 없다"는 추측을 남김.
1772년,	레온하르트 오일러, $n = 3$인 경우를 증명.
1800년대 초,	소피 제르맹, $n = 5$인 경우를 증명.
1957년,	다니야마 유타카와 시무라 고로, 다니야마-시무라 추측에 도달.
1986년,	켄 리벳, '다니야마-시무라 추측의 일부 = 페르마의 마지막 정리'임을 증명.
1995년,	앤드루 와일스와 테일러, 다니야마-시무라 추측의 일부를 증명하여 페르마의 마지막 정리를 증명.
1999년,	브뢰이, 콘래드, 다이아몬드, 테일러가 다니야마-시무라 추측의 전체를 증명하여 모듈러성 정리가 됨.

---

[3] C. Breuil, B. Conrad, F. Diamond and R. Taylor, "On the modularity of elliptic curves over Q: Wild 3-adic exercises". J. Amer. Math. Soc. **14** (2001) 843–939

차 례

옮긴이 서문 5

제 I 장 어린 시절　　　　　　　　　　　13
1 기리에즈의 세계 15
2 밝은 갈색 가방 39
3 우리의 우주 68
4 어린 마음의 무게 80

제 II 장 학창시절　　　　　　　　　　　89
5 중학생 89
6 전쟁의 끝과 그 이후 104
7 죽음에 대하여 119
8 나는 어떻게 공부했는가 122
9 사악한 야망과 오만한 마음 128
10 도쿄 대학에서의 3년 140

제 III 장 수학자가 되어   **165**

11 수학의 궤도에 오르다 165
12 선생으로써 173
13 파리에서 183
14 프린스턴에서 194
15 도쿄로 돌아오다 206
16 오사카에서의 일년 216
17 프린스턴 대학교 224

제 IV 장 긴 에필로그   **257**

18 '기고'를 쓴 이유 257
19 여러 나라의 인상 260
20 언젠가는 알게 될 일 281
21 다른 쪽의 세계 288

부록   **295**

A1 추측에 대하여 295
A2 페레이둔 샤히디에게 보낸 편지 304
A3 리처드 테일러에게 보낸 두 개의 편지 307
A4 소감 316
A5 앙드레 베유와 나 335

후기   **370**

제 I 장

어린 시절

자서전이나 회고록에는 보통 머리말이 없는데, 나도 그런 쪽이 더 자연스럽다고 생각한다. 그러나 이것은 체계적으로 구성된 기록이 아닌 이리저리 떠다니는 편린들의 모음에 가까우므로 책을 쓰는 목적을 잠깐이나마 밝히고 넘어가는 것이 좋겠다. 우선 나는 나 자신의 이야기 뿐 아니라 내가 살아온 시대의 분위기를 기억으로 남기고 싶었다. 한 시대를 살아온 보통 사람들이 무심하게 지나치는 풍경들은 대개 너무나 평범하기에 누군가에 의해 기록되지 않는다면 모조리 잊히게 될 것이기 때문이다.

또한 특정 시대를 살아온 한 인간이 역사적인 사건들에 맞닥뜨리며 느낀 개인적인 견해들을 포함시켰다. 그런 것들은 다른 자서전들에서도 흔히 나오는 내용이지만, 내가 목격한 여러 인간 군상들에 대해 제대로 언급할 기회는 앞으로도 없을 것으로 생각되기에 이 기회를 빌려 한 번은 정리를 해두고 싶었다.

　책의 나머지 부분에서는 수학에 대해 이야기했는데 어쩔 수 없이 몇 가지 전문적인 용어를 사용할 수밖에 없었다. 만약 이 책을 읽다가 익숙하지 않은 수학 용어를 만난다면 잘 이해되지 않더라도 그저 약간의 의문을 가지고서 건너뛰어도 대부분은 의미가 통할 것이다. 어쨌든 이 책은 수학 전문 도서가 아니다. 그보다는 나의 삶이 수학이라는 학문의 전개 과정과 어떻게 얽히게 되었는지를 이야기하고자 하는 것이 목적이며 수학에 대한 특정한 지식을 전달하는 것이 목표는 아니다.

1 기리에즈[1]의 세계

나의 조상들은 에도 시대(1603~1867)에 오와리 도쿠가와尾張德川에 대대로 충성하던 사무라이들이었다. 그때 도쿄는 에도江戸라고 불렸다. 각 지방의 영주들은 영지들을 직접 다스렸지만 주기적으로 에도에 와서 몇 달을 지낼 것이 동시에 요구되었다. 에도에서 몇 달을 보내고 나면 대부분의 신하들과 가족들은 영주를 따라 영지로 돌아갔지만 몇몇은 에도에 계속 남아있어야 했다. 에도에 남겨지는 영주의 신하들은 특별히 '조후定府'라고 불렸는데, 대충 번역하면 "성안에 상주하는 사람"이라는 뜻이다. 나의 조상들은 한 영주의 가문을 일곱 대에 걸쳐 섬기던 조후들이었으며 그들의 무덤은 모두 에도에 있었다. 증조부는 그 집안을 섬기던 마지막 사무라이였다. 어렸을 때 나는 에도에 관계된 것이라면 엄청나게 옛날 것이라고 생각했지만 에도 시대가 끝난 1867년과 내가 태어난 해의 차이는 현재의 내 나이와 10년도 차이가 나지 않는 가까운 시간대였다. 어린 시절 내가 봤던 도쿄의 거리는 에도 시대의 풍경에서 길이 조금

---

[1] 기리에즈(切絵図)는 에도 시대부터 메이지 시대까지 쓰이던 여러 가지 색상으로 그려진 지도 양식이다. - 옮긴이

더 넓어지고 도로가 포장된 것 정도만 달랐다. 1970년대 초반까지의 도쿄는 그런 풍경에서 거의 변하지 않은 모습이었을 것이다.

나의 조상들 중 역사에 이름을 남긴 이는 아무도 없다. 단지 그들 중 한 명의 이름을 19세기 중반에 발행된 두 가지의 지도에서 찾아볼 수 있을 뿐이다. 당시 몇몇 인쇄소에서 에도 전체의 지도를 서른 장 정도로 나누어 만들었는데, 한 장의 너비는 45센티미터의 정사각형으로 약 1.6 제곱킬로미터에 해당하는 지역을 담고 있었다. 각 지도에는 해당 지역을 다스리는 영주의 구획이 표시되어 있고 그에 딸린 조후들의 이름이 구획을 촘촘하게 나눈 사각형 안에 하나씩 적혀 있는 것이다. 각 절과 신사神社들도 지도에 나와 있었다. 그러나 노동자들이 살고 있는 땅은 실제보다도 훨씬 작게 표시되어 있었다.

1851년과 1854년 사이에 발행된 여러 지도들 중에 5대 조부 시무라 코산지志村小三次의 이름이 등장하는 지도는 딱 두 가지 종류가 있다. 두 개의 지도는 거의 동일하며, 오늘날 신주쿠新宿에 속하는 우시고메牛込 근처를 표시하고 있다. 나 또한 같은 골목에서 자라나서 같은 길을 걸어 다녔고 아마도 5대 조부가 방문했을 신사를 돌아다녔다.

지도에는 조상들의 묘지가 있는 사찰들도 표시되어 있다. 나의 조상들은 대부분 에도에서 태어나 죽었으며 조부 역시 마찬가지였다. 이와 같은 지도들은 '에도 기리에즈江戶切絵図'라 불렸다. 이제부터 5대 조부 시무라 코산지의 집이 표시된 지도를 우시고메 기리에즈, 혹은 그냥 기리에즈切絵図라 부르겠다.

시무라 코산지는 결코 높은 지위의 인물은 아니었을 것이다. 만약 그랬다면 후손들이 기억하고 자랑할 만한 내력들이 다수 전해졌을 터인데, 그런 것은 들어본 적이 없다. 하지만 코산지는 주어진 소명을 다하는 근면한 사람이었으며 영주를 섬기는 여러 가지 일에 대해 자세히 기록한 일지를 여러 권 남겼다. 이를테면 영주가 중요한 인물을 초대하는 만찬을 열게 되면 코산지는 상에 오를 음식의 목록들을 세심히 관리하고 기록했다. 또한 그는 유도와 검술을 익히고 두 분야 모두에서 가장 높은 단계까지 올랐다. 그의 스승은 그가 무예를 잘 전수받았다는 증서들을 내려주었다.

각 증서는 두루마리 형태로써, 우선 무술의 여러 기술 요소들에 대한 기나긴 목록이 나온다. 그 다음에는 누가 누구에게 가르침을 받았는지에 대한 목록이 있으며, 맨 아래에는 시무라 코산지의 이름이 적혀 있다. 그리고 이 모든 것은 비밀에 부쳐져야 하며, 만약 허가받지 않은 사람에게 내용을 공개하여 이를 어긴 자가 있다면 그는 마리지마रीची(摩利支尊天, 전쟁의 신)에게 천벌을 받게 된다는 무시무시한 경고문이 있었다. 그 중 유도의 두루마리에는 끈으로 상대를 묶어 제압하는 방법 같은 것이 있었고, 맨 아래 어딘가에 "끈의 가격은 333몬文"이라고 적혀 있었다. 333몬은 대충 1엔 정도이다. 아마도 스승이 제자에게 두루마리 증서와 함께 끈을 주면 제자가 그 대금을 지급하던 관습이 있었던 것인지도 모르겠지만 확실한 것은 아니다.

두루마리들은 코산지와 그의 스승에게 귀하고 의미가 깊은 것이었을 테지만 집안사람들은 대수롭게 여기지 않았다. 처음에 그것들을 보았을 때는 목차만 있고 본문은 사라진 책인 줄 알았다. 그러나 실은 책이 아니라 증서였던 것이다. 요즘에도 꽃꽂이, 음악, 서예, 무용에 대한 갖가지 자격 증서들이 존재하지만 가르침을 받은 내용에 대한 긴 목록이 적혀 있는 두루마리는 증서를 보다 근엄하고 가치 있는 것으로 보이게 한다.

에도 시대에는 무술 뿐 아니라 수학을 가르치는 학교도 있었다. 이 학교는 세키 다카카즈關孝和가 세운 것으로, 그와 제자들은 대수적 방정식에 대한 풀이법과 무한급수에 대한 이론들을 발전시켰다. 미적분학까지도 나름대로의 방식으로 정립을 시도했지만 서구의 수준까지 발전시키지는 못했다. 어쨌든 당시로써는 꽤나 복잡한 수준의 이론까지 내놓았으며, 아마도 학생들에게는 학문을 이수했다는 증서들이 주어졌을 것이다. 그러니 마리지신의 무시무시한 경고가 적힌 비공개 두루마리 까지는 아니더라도 격식을 갖춘 졸업장 정도는 있지 않았을까.

* * *

나의 증조부 잇세이一淸에게는 집안에서 내려오는 다음과 같은 일화가 있다. 메이지 유신明治維新 무렵에 그는 다른 사무라이들과 마찬가지로 자연스럽게 실업자가 되었는데, 누군가가 증조부를 귀족 가문인 고노에가近衛家에 봉사할 수 있도록 소개시켜주었다고 한다. 고노에가는 후지와라씨족藤原氏에서 유래한 유력한 공직 가문이다. 그러나 잇세이는 "충직한 사무라이라면 두 주인을 섬길 수 없다"며 그 제안을 바로 거절해버렸다고 한다.

나는 집안 사람들 중 그의 그런 결정에 감명을 받았다거나 자랑스러워한 사람이 한 명도 없었다는 점을 강조하고 싶다. 대부분은 그 일에 분노하고 화를 내었다. 현실에서의 잇세이는 매우 게으른 사람이었기 때문이다. 나의 조부 킨타로錦太郎는 나중에 도쿄 대학의 유명한 교수가 된 그의 급우를 자주 들먹이면서, "내가 초등학교 때는 그 아이보다 공부를 훨씬 잘했단 말이지. 아버지가 멀쩡한 직장이라도 있어서 나를 대학에만 보내줬더라도 내가 그 아이보다는 성공했을 거야."라는 말을 자주 했다. 그만큼 킨타로 조부는 그의 아버지에 대해 맺힌 한이 많았다. 첫째 아들 킨타로를 낳고서 나의 증조모, 즉 잇세이의 첫째 부인은 죽고 말았다. 그리고 곧 새로 들어온 잇세이의 두 번째 부인은 시무라 가문보다는 훨씬 지체 높고 부유한 집안의 사람이었다.

그러나 두 번째 부인은 그리 똑똑하지는 못했으며, '오늘은 돈이 없을 것 같으니 비단 외투를 팔면 되겠군' 하는 식으로 생각하는 천하태평의 성품을 가졌다. 그녀가 잇세이에게 시집을 올 때 실제로 엄청나게 많은 비단 옷을 가져왔다고 한다. 그 당시에는 생선 가게의 주인이 둥그런 바구니에 고기들을 담아서 자주 찾는 손님들의 집을 일일이 찾아다니고는 했는데, 그녀는 생선 장수를 보면 "가다랭이가 참 신선해 보이네요."하고는 비단과 생선을 그 자리에서 바로 교환해버렸다. 그럼에도 집안에서 그녀를 배척하는 사람은 없었으며 모두가 그녀를 좋아했다. 그녀는 남편과는 반대로 따뜻하고 친절한 사람이었기 때문이다. 특히 킨타로 조부는 의붓어머니에 대한 좋은 기억들을 가지고 있었다.

에도 시대나 메이지 유신 이후에도 사무라이 집안 사이의 혼인은 같은 영주 아래의 영지에 살던 사람들끼리 이루어지는 경우가 대부분이었다. 킨타로 조부도 그런 식으로 결혼을 했지만 하필 영지에서 가장 가난한 집안의 여자와 결혼을 하고 말았다. 그렇게 집안에 들어온 킨타로의 아내는 그녀의 며느리, 즉 나의 어머니를 매우 모질게 대했다. 이것은 내가 가난한 사무라이 집안의 피를 자랑스럽지 못하게 여긴 이유가 되었다. 차라리 비단 외투와 물고기를 교환하는 천진하지만 친절한 사람들로 이루어진 집안의 후손이었다면 어땠을까 하는 생각을 하기도 했다.

아버지는 5대 조부 시무라 코산지의 무예 전수 두루마리와 몇 가지의 골동품들을 물려받았다. 그 중에는 몇 자루의 검과 창, 화승총 등의 옛날 무기들과 증조부 잇세이의 두 번째 부인에게서 내려온 다도茶道를 위한 다기 그릇들이 있었다. 물건들은 모두 크고 길쭉한 나무 상자 하나에 담겨 보관되었다. 아버지는 은행에서 일했으며 발령을 받아 지점들을 옮길 때마다 이사를 해야 했다. 따라서 봉건시대의 유물 상자도 하는 수 없이 같이 옮겨 다니게 되었는데, 나는 그런 모습을 보면서 어쩐지 안쓰럽다고 생각했다. 그 중에서 5대 조부의 두루마리는 지금도 형이 보관하고 있지만 나머지들은 모두 전쟁 도중 미군의 공습으로 사라져버렸다.

나의 외조부는 일정한 직업이 없는 사람이었다. 그는 아들 없이 딸만 넷을 두었으며 나의 어머니는 그 중에서 셋째였다. 어머니는 외조부를 자랑스러워하지도 부끄러워하지도 않았다. 외조부의 태평하고 게으른 일화들 몇 가지를 들려준 것이 전부이다. 어쨌든 외조부마저 게으른 사람이었던 것이 확실하니, 나는 외가에서도 게으른 피를 물려받게 된 것이다. 어머니는 나고야 서쪽의 시골 마을에서 태어났으며 거기까지도 가문이 대대로 섬기던 오와리 도쿠가와의 영지였다. 따라서 아버지 역시 그의 아버지와 그 아버지의 아버지가 그랬던 것처럼 같은 영지 출신의 여자와 결혼을 했던 것이다. 어머니는 외조부에 대해 잘 언급을 하지 않았는데, 아마도 어머니가 살았던 시절과 이후의 시대가 너무나 달라져서 그런 것이 아닐까 추측만 하고 있다. 어머니는 시골에서 자라나서 성인이 되어서는 도시에서만 살았지만 스스로 선택한 것은 하나도 없었다. 어머니가 초등학교 때, 한 번은 교실의 귀퉁이에 서있어야 하는 벌을 받게 되었다고 한다. 그러나 부당한 벌을 받았다고 생각한 어머니는 교문을 박차고 나가서 그대로 집으로 달아났으며, 그 모습을 보던 다른 아이들은 감격하여 창문 밖으로 환호성을 질렀다고 한다. 이것은 어머니가 자주 들려주던 본인의 어린 시절 이야기 중 하나이다. 또 다른 이야기는 상처 난 참새를 구해준 노인에 대한 우화와 관련된 것으로, 일본에서는 비교적 널리 알려진 우화이다.

상처가 난 참새를 치료하고 풀어준 노인은 어느 날 참새가 보고 싶어져서 "참새야, 참새야, 너의 집은 어디니?"라고 크게 소리쳤다. 그러자 대나무 숲에 살던 참새 가족들이 노인을 불러서 크게 대접했다. 헤어질 때 참새 가족은 크기가 다른 두 개의 버들가지 바구니를 보여주면서 노인에게 가지고 싶은 것 하나를 고르라고 했다. 노인은 그 중에서 작은 것을 골랐다. 그리고서 집에 와보니 아까 고르지 않았던 큰 바구니가 있었으며 그 안에는 금은보화들이 가득했다. 노인의 이웃이었던 고약한 늙은 여인이 그것을 보고 질투하여 참새 한 마리를 잡아서 일부러 다치게 하고는 다시 치료를 해서 풀어주었다. 그리고서 노인이 갔던 대나무 숲을 찾았다. 노파는 탐욕에 눈이 멀어서 참새가 고르라고 한 바구니 중에서 큰 것을 택했다. 그런데 바구니가 너무 무거워서 노파는 잠시 쉬기 위해 길가에 앉았다가 무엇이 들었는지 궁금하여 바구니를 열어보았는데, 갑자기 마귀들이 튀어나와 노파를 먹어 치워 버리고 말았다.

어머니가 초등학교를 다닐 때의 음악 시간은 나이든 선생님이 연주하는 오르간에 따라 노래를 부르는 것이 대부분이었다고 한다. 이를테면 다음과 같은 노래들이다:

참새야, 참새야, 너의 집은 어디니?
치치치, 치치치, 대나무 숲 이쪽에 있어요.

어머니의 말에 의하면 1학년 뿐 아니라 전교생들이 "치치치, 치치치, …" 하고 노래하는 것이 유행이었다고 한다. 나는 그 말을 믿었다. 어머니는 이야기를 꾸며내는 것에는 별로 소질이 없었기 때문이다.

일본의 대학교에서 법학이나 사회과학을 가르치는 많은 교수들은 그저 강의 노트를 읽으면서 학생들에게 자기들이 읽은 것을 필기로 옮겨 쓰게 할 뿐이라고 들었다. 그리고 그들은 매년 같은 노트를 쓴다고 한다. 그것은 일종의 "치치치, 치치치, …" 같은 것이다. 그러므로 "대학 교수는 거지 다음으로 쉬운 직업이다"라는 말은 사실일지도 모른다.

* * *

나는 하마마쓰浜松에서 1930년 2월 23일에 태어났다. 하마마쓰는 인구가 20만이 넘는, 도쿄에서 서쪽으로 200킬로미터 정도 떨어진 도시였다. 그러나 그곳의 기억은 남아있는 것이 없다. 어머니에 따르면 우리는 하마마쓰에서 이집 저집으로 계속 이사를 다녔는데, 그때마다 나는 이사 가기 전의 옛 동네를 찾아가 울며 "나는 고오오양이를 봤었다고!!" 하고 소리쳤다고 한다. 어머니는 이 이야기를 반복해서 들려주며 재미있어했으며, 아내에게도 같은 이야기를 했다. 아마도 어머니는 "저 녀석, 지금이야 근엄한 얼굴을 하고 있지만 어릴 때는 그런 아이였어."라는 말을 하고 싶었던 것 같다. 나는 그 이야기의 재미있는 점이 무엇인지 전혀 알 수 없으며, 그랬던 기억도 나지 않는다. 내가 이빨을 드러내고 웃는 고오오양이를 실제로 보기라도 했었다면 조금은 재미있는 이야기일 수도 있을 것이다.

내가 기억하는 최초의 어린 시절은 1933년 3월로 거슬러 올라간다. 우리 가족은 그때 도쿄로 이사를 가서 옛날식의 단층짜리 집에 살았다. 집이 있던 위치는 5대 조부 코산지와 증조부 잇세이가 살았던 곳과 멀리 떨어지지 않은 곳이었지만 그것은 그저 우연의 일치였다.

당시에 도쿄에는 도 정부에 의해 운영되는 복잡한 전

차망이 있었다. 어른 한 명의 운임은 편도로 거리에 관계없이 7센錢이었던 것 같다. 당시 환율로 1센은 약 0.5페니 정도였을 것이다. 환승과 각종 할인도 있어서 나름 편리하고 실용적인 교통수단이었다. 도쿄의 전차는 현재의 지하철망에 비해 별로 뒤떨어지지 않았으며 더 나은 점도 있었지만 속도가 훨씬 느렸다는 결정적인 단점이 있었다. 지하철은 1927년부터 지어지기 시작했으며, 1939년에는 긴자선銀座線이 완공되었다. 1959년에 아사쿠사浅草와 시부야渋谷를 잇는 또 다른 노선이 생겨날 때까지는 긴자선이 도쿄의 유일한 지하철 노선이었다. 지하철은 도쿄도가 소유하는 야마노테선山手線과 주오선中央線의 철로를 달리기도 했는데, 아마 지금도 그럴 것이다.

1936년 4월에는 신사 바로 옆에 있는 초등학교에 입학했는데, 기리에즈에서 거의 중앙에 있는 위치였다. 1930년대 일본 정치의 정세는 점점 불안정해져갔다. 같은 해 2월 26년에는 군사 반란[2]이 일어났고, 쿠데타는 실패했지만 두 명의 장관과 고위 군인 일부가 죽임을 당했다. 그러나

---

[2] 2·26 사건은 군국주의 황도파 청년 장교들이 천왕의 직접 통치 실현을 목표로 1936년 2월 26일에 도쿄를 점거한 쿠데타로써, 천황의 원대 복귀 명령으로 동력을 상실, 하루 만에 진압되었다. – 옮긴이

평범한 시민들의 일상에는 거의 영향이 없었으며, 이후의 5년은 나에게 가장 행복했던 시절로 기억되고 있다.

1938년에는 같은 신주쿠구新宿区 안에 있는 니시오쿠보西大久保로 이사했다. 그 전에 살던 집과는 도보로 15분가량 떨어진 곳이었다. 그래서 계속 같은 초등학교를 다니다가 4학년이 되어서야 니시오쿠보의 초등학교로 전학을 가서 거기서 5학년과 6학년을 마쳤다.

그 시절 신주쿠 같은 대형 쇼핑 거리는 요즈음과 크게 다르지 않았으며, 그 지역만의 풍족한 분위기가 있었다. 물론 가난한 동네도 있었다. 사실 당시 도쿄의 거리는 깨끗함과는 거리가 멀었다. 소설가 레프카디오 헤른Lafcadio Hearn은 나중에 고이즈미 야쿠모小泉八雲라는 이름으로 개명하고 일본인이 되었는데, 그도 도쿄의 거리를 별로 좋아하지 않았다. 도쿄에는 그가 싫어하는 영국인과 미국인들이 있어서 그는 늘 아웃사이더의 느낌을 가졌다고 한다. 그러던 그도 나중에는 도쿄로 와서 우시고메 거리의 코부데라절瘤寺 근처에서 살게 되었다. 몇 년 뒤 그의 가족은 니시오쿠보에 새 집을 장만했는데, 내가 다니던 초등학교에서 그리 멀지 않은 곳이었다. 그는 그 집에서 죽을 때까지 살았다.

기리에즈에는 벤텐弁天3)을 기리는 작은 신사 하나도 있었는데, 흔히 누케벤텐抜弁天으로 불렸다. 그리고 903년에 죽은 고대 시학자4)를 기리는 니시무키텐 신사西向天神社도 근처에 있었다. 니시무키텐 신사는 한때 꽤 넓은 구역을 거느리기도 했었다. 이들 신사들은 우리 집이나 코산지 선조가 살던 위치에서 몇 분만 걸으면 되는 가까운 거리에 있었다. 그리고 13번 전차가 기리에즈를 반으로 가로지르며 동쪽에서 서쪽까지를 연결했다. 누케벤텐 바로 앞에 있는 정류장에서 전차를 타면 신주쿠까지 한 번에 갈 수 있었다. 벤텐 신사에서 서쪽으로는 내리막길이 있었으며 경사를 따라 상점들이 줄지어있었다. 우리 가족은 주로 거기서 일용품들을 샀다. 주문을 받고 손님들의 집으로 쌀, 간장, 기름, 식초, 정종, 참숯, 장작 등을 배달하는 상인들도 있었다. 경사의 끝에는 똑똑하지 못한 부잣집 소년들이 다닌다는 소문이 돌던 중학교가 있었다.

내리막길의 중간쯤에는 코란香蘭이라는 중국음식점이 있었는데, 그 앞을 지날 때마다 맛있는 냄새가 풍겼다. 나도

---

3) 물과 풍요의 힌두교 여신 사라스바티sarsvatī
4) 헤이안 시대의 학자이자 정치가였던 스가와라노 미치자네菅原道真(845~903) - 옮긴이

저기서 먹고 싶다는 생각을 항상 했지만 그런 일은 한 번도 일어나지 않았다. 언젠가 우리 집이 손님이 많이 왔을 때 그 가게에서 접시를 빌리기까지 했었는데도 말이다. 물론 훌륭하신 나의 부모님은 나중에 코란보다 훨씬 좋은 식당에 데리고 가주셨다.

또한 요즘에는 거의 찾기 힘든 종류의 물건들을 파는 가게들도 있었다. 벤텐 신사 바로 옆에는 활과 화살을 만들어 파는 가게가 있었다. 대여섯 명 정도의 남자들이 나무로 된 마루에 앉아서 대나무를 깎아 화살대를 만들었다. 그 반대편에는 작은 압축 인쇄기가 있었는데, 기계를 한 번 옮길 때마다 엄청나게 시끄러운 소리가 났다. 아이들이 헤비야蛇屋(뱀가게)라고 부르던 곳도 있었는데, 작은 병에 독사 같은 것들 담아서 창가에 진열해둔 가게였다. 나는 거기에 사람이 드나드는 광경을 한 번도 보지 못했다.

거리의 벽에 '미도리야ミドリヤ'라 불리던 여성복 양장점의 광고가 붙어있던 것이 기억난다. 그때까지도 대부분의 가정 주부들은 기모노를 입었지만, 여름이면 서구 풍의 가벼운 옷을 입었다. 초등학교에서는 기모노를 입은 아이를 본 적이 없었고, 중학교부터는 남녀공학이 아니었다. 7학년부터 11학년까지 학생들은 각 학교에서 지정하는 교복을

입었다. 여학생들은 우비도 학교에서 디자인한 것을 입었다. 미도리야에 대해서는, 그런 상표가 붙은 옷을 파는 가게를 직접 본 적은 없었다. 그게 정말로 양장점인지 아닌지도 확실하지 않았으며 그저 광고문에 "미도리야를 입으세요"라고 써 있는 것이 전부였다. 당시에는 서양 스타일의 여성복에 대한 수요가 많지 않았기 때문에 리테일 샵 같은 것일 리도 없었다. 일본 여성들에게 서양의 의복이 보편화된 것은 전쟁이 끝난 뒤부터였다.

미도리야 광고가 붙은 벽의 맞은편에는 싸구려 식당이 있었다. 여름에는 식당 앞에 얼음을 갈아서 만든 빙수를 판다는 광고판이 붙었다. 식당의 입구는 언제나 열려있었는데 노동자들로 보이는 몇 명의 손님들이 의자에 앉아서 무언가를 먹고 있었다. 몇 년 뒤에 그 건물은 인접한 건물들과 함께 색색의 지붕 타일로 덮인 집들로 바뀌었다. 일본어로 분카주타쿠文化住宅, 번역하자면 '근대식 주거지' 형식의 건물들이었다. 그리고 집에서 북쪽으로 몇 분을 걸으면 크림색으로 칠해진 이층의 서양식 집이 있었는데, 어느 날은 그 집 옥상 위에 소녀들 몇 명이 있는 것이 보였다. 그런데 어느 겨울밤에 그 집은 그만 불에 타버리고 말았다.

그러나 학교에 다니기 전의 어린 나에게는 뱀가게, 미

도리야, 싸구려 식당, 분카주타쿠, 크림색 서양식 집, 옥상 위의 소녀들 같은 것들은 모두 이해할 수 없으며 호기심을 만족시킬 수 없는 것들이었다.

우리 집은 다른 두 집과 바깥 출입문으로 나가기 전의 안마당을 공유했는데, 거리와 맞닿은 출입문은 두 쌍의 나무 문짝으로 되어있었다. 집은 옛날 방식으로 지어졌으며 내부 구조에 몇 가지 흥미로운 점들이 있었다. 안마당은 아이들이 뛰어놀기에 안성맞춤이었다. 밤이면 큰 출입문의 빗장은 걸어 잠가두었지만 항상 열어두는 옆문이 따로 있었던 것 같다.

출입문 바로 앞은 은퇴한 군대 장성의 집이었는데, 출입구에는 화강암으로 만들어진 한 쌍의 기둥이 있었다. 그 집의 새해 장식용 소나무는 동네에서 가장 크기가 컸다. 집 주인은 나이가 많아보였지만 실제로는 60대 후반 정도 밖에 되지 않았을 것이다. 그의 아들 역시 군대에서 근무했는데, 그보다 몇 년 전 어딘가에서 벌어진 전투에서 전사했으며 그 아내와 아들만 살아남아서 그 집 본채와 붙어있지만 벽으로 분리된 작은 집에 살고 있었다. 그 아이는 초등학교에서 나와 같은 반이었고, 학교에 다니기 전에도 같이 놀던 사이였다. 가끔은 그 집에 가서 과자를 먹었다. 그의 어머니와

할아버지는 우리 둘을 생선 장수가 메고 가는 물통 속의 두 마리 생선들이라고 불렀다. 그 밖에는 그 집에 특이했던 점은 없었다.

그러나 나머지 한 집, 북쪽에 접한 이웃집에 대해서는 특별한 기억이 있다. 네 살인가 다섯 살 무렵의 어느 날, 나는 두 명의 동갑내기 아이들과 우리 집 앞의 안마당에서 놀고 있었다. 그 때 젊은 여자가 나와서 거리에 접한 다른 쪽 벽에 붙은 문을 열어젖히더니, 우리를 보고 웃으면서 정원으로 들어오라고 초대하는 것이었다. 나중에 듣기로 그녀는 신혼이었으며 남편과 시부모와 함께 살고 있었다. 그녀는 무척 예뻤고 나이는 20살 정도였으며, 단순하지만 우아한 기모노를 입고 있었다. 그 집에서 무엇을 했는지는 정확히 기억하지 않지만 아마도 그녀가 쿠키를 주었던 것 같다. 그러다가 갑자기 누군가 와서 그녀에게 우리를 내버려두라고 했던 것 같다. 우리는 좀 더 거기서 시간을 보내고 싶었지만 그럴 수 없어서 실망했다. 이 방문의 경험은 지금도 나에게 수수께끼로 남아있다. 그녀는 그저 순수해 보이는 아이들을 보고서 충동적으로 함께 하고 싶었던 것인지도 모른다. 하지만 그 집의 문은 다시는 열리지 않았으며, 더 이상은 알 수 없는 의문의 장소가 되어버렸다.

오늘날에는 흔하지만 당시에 보기 어려웠던 물건 중에는 자동 세척기와 진공청소기가 있었다. 전기냉장고도 있었지만 대부분의 가정에서는 여전히 아이스박스를 사용했으며, 얼음 가게에서 얼음들을 사서 채워 넣었다. 1925년에 도에서 송출하는 라디오 방송이 시작되었으며 텔레비전 방송은 아직 시작되기 전이었다. 가장 유행했던 라디오 프로그램은 대학교 대항전 야구 경기였다. 야구 중계 도중에 주식 시세 안내가 튀어나오면 사람들이 질색을 하며 싫어했다. 프로 야구는 1936년에 일곱 팀으로 이루어진 리그로 시작되었다. 그러나 프로 야구 리그가 대학교 대항전만큼의 인기를 끌게 된 것은 전쟁 뒤의 일이었다.

전기밥솥은 없었으며, 가스레인지로 밥을 짓기 시작하는 집이 생겨나기 시작했다. 하지만 도쿄의 많은 가정들은 그때까지도 주로 아궁이에 장작을 때서 요리를 했다. 우리 집도 옛날 방식의 부엌이었다. 1938년까지는 대체로 그런 식으로 살았다. 밥은 쇠로 된 냄비에서 지었는데, 나무로 된 뚜껑은 엄청나게 무거웠다. 아궁이에 계속 장작을 갈아주어야 했으므로 밥을 짓는 사람은 다른 사람들이 자는 동안에도 부엌을 지켜야 했다. 어머니는 보통 새벽 다섯 시 반에 일어나 화로에 불을 지피기 시작했다. 그때 어머니

옆에서 잠을 자던 나도 같이 일어나 화로에 장작을 넣거나 아침 준비를 도왔다. 그러나 형과 누나들은 여전히 깊은 잠에 빠져 있었다. 한번은 가난한 집안에서 태어나서 유명해진 사람들의 전기를 읽은 적이 있었다. 그런 책들은 괜한 열등감을 주었는데, 나는 그렇게 훌륭한 사람이 될 자신이 없었기 때문이다. 하지만 나는 "어쨌든 부엌일 정도는 도우니까"하면서 스스로를 위로했다. 그리고 부엌 일이 끝나면 침대로 돌아가서 여덟 시까지 다시 잠을 청하고는 했다.

얼마 지나지 않은 뒤에 대학, 병원, 공공기관 등에 라디에이터를 갖춘 서양식 건물이 들어서기 시작했다. 몇몇 초등학교에도 그런 시설이 들어왔는데, 1923년의 대지진 이후에 지어진 학교들이 그랬다. 하지만 내가 다녔던 초등학교와 중학교는 지진의 피해를 보지 않았기 때문에 계속해서 석탄 난로를 사용했다. 극소수의 부유층을 제외한 대부분의 가정에서는 숯불 화로로 난방을 했다. 마쓰에松江와 도쿄 모두에서 살았던 레프카디오 헤른이 지독하게 추운 겨울의 일본 가옥에 대해 불평한 것은 유명한 이야기이다. 그로부터 30년이 더 지난 후에도 우리는 여전히 추위에 몸을 떨고 있었으며, 그 이후 20여 년이 지나서까지도 겨울의 집은 춥기만 했다.

극소수의 집에만 전화기가 있었다. 하녀를 거느리는 집은 많았지만 전화기는 드물었다. 1930년대 초반의 도쿄에는 아마 하녀들의 숫자가 전화기의 숫자보다 많았을 것이다. 또한 당시에 차를 소유하고 있다는 것은 운전기사를 두고 있다는 말과 동의어였다. 매우 많은 택시들이 있었으며 붐비는 거리에서 택시 한 대를 잡는 것이 그렇게 어렵지는 않던 시절이었다. 당시 택시의 기본요금은 은화 50엔으로, 미국 돈으로 25센트 정도였다. 가끔은 택시 기사에게 조르면 할인이 되기도 했다.

당시에도 백화점이 많았는데 오늘날과 크게 다르지 않았다. 백화점 안에는 엘리베이터와 에스컬레이터도 다녔다. 파리에 머물던 1957년에 옛날 프랑스식의 백화점에 처음 가보았는데, 내부는 어두웠으며 에스컬레이터는 매우 느렸다. 어린 시절에 다녔던 신주쿠의 백화점이 그보다는 훨씬 낫다고 생각되었다.

오늘날에는 그렇지 않지만 당시에는 하늘에 애드벌룬이 자주 보였다. 그리고 다음과 같은 노래도 유행했다:

하늘에는 오늘도 애드벌룬, 지금쯤 회사에서
바쁘실 거라 생각하지만

아아, 그런데도 그런데도
저기, 화나는 것은 화나는 것은
당연하겠지요

그런데 그녀의 남편은 직장에서 무엇을 하고 있었을까? 당시 회사에서 여자들은 타자수, 전화 교환원, 판매원 같은 단순 노동을 주로 했다. 그런 여자 근로자와 남자 상사 사이에 혼외정사 같은 것은 드물었고, 로맨스 소설의 주제도 아니었다. 그런데도 《남편의 정조良人の貞操》라는 제목의 소설이 유행했다.

아내가 남편을 벌줄 때는 빗자루를 쓴다는 말도 있었는데, 프랑스에서 반죽 미는 방망이와 비슷한 의미로 쓰였다. 한번은 일본의 저널리스트가 '여성'과 '스타킹'이라는 두 아이템이 전쟁 이후에 강해졌다고 말한 적이 있었다. 사실일지도 모르지만, 일본의 주부들은 전쟁 이전에도 빗자루를 휘두를 정도로는 강했다. 아직 파친코パチンコ가 나오기 전이었으며 대신 댄스홀과 무용수, 유행가들이 있었다. 내가 옛날의 풍속을 오늘날과 비교할 수 있는 자격은 없겠지만 댄스홀들에 자주 출입하고 스캔들을 일으켰던 사람들이 상류층 남성들의 부인들이었다는 정도는 기억난다.

그 시대 대부분의 유행가들은 비슷한 정도로 퇴폐적이었다. 1929년에는 다음과 같은 가사의 유행가가 나왔다:

시네마를 볼까요? 차를 마실까요?
차라리 오다큐小田急선을 타고 도망칠까요?

'차' 대신 '와인'이라고 하면 영어로는 더 좋은 노래가 될 것이다. 하지만 차가 원래의 가사이다. 1927년에 개통한 오다큐선은 전기 철도선으로 신주쿠新宿와 태평양을 접하는 해안도시 오다와라小田原를 연결했다. 15세기의 오다와라는 에도보다 훨씬 크고 발전된 도시였다. 그러나 지금은 하마마쓰浜松보다도 작으며, 끓인 어묵의 일종인 가마보코蒲鉾 말고는 딱히 내세울 것이 없는 도시이다. 오다큐선을 운용하는 회사는 처음에 저 노래에 강하게 항의했지만, 당시에 저런 가사에 신경을 쓰는 사람은 없었다. 그러나 몇 년 뒤에는 노래가 열차를 홍보하는 데에 도움이 된다는 것을 깨달았는지 더 이상 항의를 하지 않았다. 1937년에는 정부에서 음반 회사들에게 더 이상 퇴폐적인 노래를 만들지 못하게 했다.

여담이지만 내 아버지는 요코하마에서 태어나 오다와라에서 자랐으며, 할아버지는 오다와라 막노동자들에게는 보스들의 보스였다. 아버지는 아마도 오다와라에서 만드는 가마보코 어묵에 대한 추억이 있을테지만, 오다큐선을 타고 도망치자는 그런 류의 것은 아닐 것이다. 퇴폐적이지만은 않은 다음과 같은 유행가들도 있었다:

> 라, 라, 라, 붉은 꽃이 마차에 실려서
> 작은 마을에서 시내로 봄이 찾아 왔네
> 꽃 파는 아가씨, 상냥한 그녀에게서 보라색 꽃을 사자
> 그 꿈꾸는 눈은 봄의 설렘으로 유혹하네

이 노래를 처음 들은 것은 1937년이다. 오랜 시간이 흐른 뒤 1984년 즈음에 나는 상하이에서 기차를 타고 쑤저우와 항저우로 향하고 있었다. 기차에서는 여러 나라의 노래들이 끝도 없이 흘러나왔다. 그러다 "라, 라, 라, 붉은 꽃이 마차에 실려서"라는 가사가 들리자마자 깜짝 놀랐으며, 어린 시절의 기억이 갑자기 되살아났다. 그러나 잠깐의 회상은 열차 안내방송으로 곧 중단되고 말았는데, 스피커에서 "열차에 탄 어머니들은 아이들이 바닥에 소변을 보게 해서는 안 됩니다"라는 안내가 나왔기 때문이다.

당시의 도쿄에는 공터들이 흔했지만 오늘날에는 그렇지 않을 것이다. 우시고메牛込와 오쿠보大久保에는 어른과 아이들이 모여 야구를 하거나 연과 비행기를 날릴 수 있는

공터들이 많았다. 그리고 대부분의 신사神社들은 요즘보다 넓은 경내를 가지고 있었다. 공터에는 향나무나 삼나무들도 있었는데, 아이들이 오르내리기에 안성맞춤이었다. 나도 나무 타기를 꽤 잘했다. 몇몇 수학자들은 훌륭한 등반가였다고도 알려져 있지만, 어떤 수학자의 전기에서도 나무 타기가 언급된 것은 보지 못했다.

2 밝은 갈색 가방

세 살 부터 여덟 살 까지 살던 집은 포병과 공병을 양성하는 군사 학교들에 인접해있었다. 두 학교는 나무판으로 된 검은 벽으로 분리되어 있었다. 군사 학교들에는 말이 엄청나게 많았는데, 바람이 불면 말에서 나는 냄새로 사방이 진동할 정도였다. 가끔은 말발굽에 편자를 붙이는 망치 소리도 들렸다. 담장 안이 어떻게 생겼는지는 거의 보지 못했지만, 한 번은 폭풍우가 담장을 무너뜨려 안이 보였던 적이 있다. 가끔은 길에서 군인들과 군무원들을 마주쳤는데 대개는 친절하고 쾌활한 사람들이었다.

　우리 집에는 당시 보통의 중산층이 사는 집보다 훨씬 넓은 정원이 있었다. 오래된 벚나무 두 그루가 있었으며 석류나무, 동백, 수국, 비파나무, 치자나무도 한 그루씩 있었다. 정원의 가운데에는 소나무와 단풍철쭉이 있었는데, 모두 옛날 식의 아름다운 모양을 가지고 있었다. 집은 빌린 것이었으며 집주인이 고용한 정원사가 가끔 와서 나무를 손질하고는 했는데, 당시에도 그런 일은 흔하지 않았다. 뒤뜰에는 감나무 한 그루가 있었는데 계절마다 단감이 열렸다. 그 감나무는 일본어로는 흔히 햐쿠메가키百目柿[5]라 불리는 나무였다. 감이 엄청나게 크지는 않았지만, 나는 그 나무를 좋아했다.

집에는 저장고도 있었는데, 예의 골동품들이 가득 담긴 직사각형 나무 상자도 있었다. 여자 아이들의 성장을 축하하는 3월의 히나마쓰리雛祭り와 소년들의 축제인 5월 5일이 다가오면 상자에서 인형과 장식들이 꺼내져서 거실에 장식되었다. 그리고 축제 기간이 끝나면 다시 치워지는 것이다. 거실에는 도코노마床の間라 불리는, 요즘은 흔히 볼 수 없는 오목하게 파인 구조가 있었는데, 계절에 적당한 그림을 놓아두는 곳이었다. 꽤 많은 가정에서 축제 기간 동안 집안에 장식을 했던 것 같다. 지금도 창문이 뚫린 방안에 꾸며진

---

[5] 100몸메(100匁, 약 375g)의 감이 열리는 나무라는 뜻이다.

알록달록한 인형들과 벽에 꼭 들어맞게 놓인 구식 진열대 한 쌍에 대한 기억이 생생한데, 어린 시절을 회상하면 바로 떠오르는 장면 중 하나이다. 40~50년 뒤에 미국의 골동품 가게에서 비슷한 인형들을 발견했다. 몇몇은 적당히 고색창연하고 꽤 상태가 괜찮은 물건들이었지만 그저 가격표가 붙은 것들로, 예전의 향수를 자아내지는 않았다.

집에서 북쪽으로 5분 정도 걸으면 기리에즈에도 나오는 오쿠보도리大久保通り라는 거리가 있었는데, 현재도 그 이름은 그대로일 것이다. 그 북쪽에 군사 학교가 있었다. 군사 학교의 동쪽에는 군사 병원이, 서쪽에는 또 다른 군사 학교가 있었다. 에도 시대에 쇼군將軍은 도시 한 복판의 에도성江戶城에 살았고, 모든 영주들은 그 근처에 등록된 거주지를 가지고 있었다. 그들 중 몇몇은 중심부에서 조금 더 떨어진 곳에 또 다른 저택을 소유하기도 했다.

군부대가 있던 땅의 넓이는 대략 44만 제곱미터(13만 평)에 달했다. 그곳은 원래 도야마소戶山莊의 거대한 정원이 있던 자리였다. 도야마소는 우리 집안의 조상들이 대대로 봉사했던 영주의 별장이다. 정원은 아름답기로 유명했는데, 쇼군이나 유명한 영주 등 극소수의 명망가들만 그곳에 초대받을 자격이 있었다. 조상들 중 실제로 정원을 본 사람은 아무도 없었을 것이다. 아마 높은 지위의 손님들에게 대접할 식사 준비를 직접 지휘하던 코산지 선조는 정원을 직접 보았을 수도 있겠다. 그 외의 선조 조후들에게는 자신이나 후손들 중에서 누군가가 그 정원을 밟는다는 것은 허황된 꿈에 불과했을 것이다. 그러나 학교에 들어가기 전의 어느 날 나는 조상들의 오랜 꿈을 마침내 실현할 수 있게 되었다. 군사 학교에서 운동회가 열렸는데, 근처에 살던 사람들은 모두 들어가서 구경할 수 있었기 때문이다.

몇몇 다른 영주들도 그들의 영지와 별장에 호화로운 정원을 지었는데, 대부분은 나중에 관광객들로 붐비는 공원이 되었다. 그러나 가장 큰 도야마소 별장만은 예외로, 전쟁이 끝날 때까지 군부대가 그 부지를 점거했다. 지금은 그 중 아주 작은 일부만이 도야마공원戶山公園이라는 이름으로 남았으며, 나머지 부지에는 학교, 아파트, 관청들이 들어섰다.

도야마소 안에는 하코네야마箱根山라 불리던 해발 45미터 정도의 인공 언덕이 있었는데, 1930년대의 도쿄에서는 가장 고지대였다. 지금도 언덕은 그 자리에 있을 것이다. 도야마소 정원의 북쪽은 아나하치만穴八幡이라 불리던 신사가 접해있었다. 아나穴는 구멍 혹은 동굴이라는 뜻이며 신사 안에는 실제로 작은 동굴이 있었다. 당시 소년 잡지에는 그 동굴에서 에도성까지 연결된 지하 통로를 오가는 복면 사무라이가 주인공인 소설이 연재되고 있었는데, 나의 어린 시절과 에도 시대는 그런 식으로 연결되어 있었다. 잡지에 연재하는 사람들 중에서 유명했던 작가 중 한 명은 우리 학교에서 가르쳤는데, 내가 2학년 때 교사를 그만두었다.

그리고 앞에서 말했듯이 우리 가족은 오쿠보에 있는 집으로 이사했다. 전에는 1층 집이었지만 새로 이사한 집은 2층이었다. 집이 2층이 되어서 좋아진 점은 여러 가지가 있었는데, 2층에서는 한 방에서 다른 방으로 이동할 때 기와 지붕 위로 다닐 수 있었다. 그리고 아래층에 있는 방으로는 나무를 타고 내려갈 수도 있었다. 내가 그렇게 다녔다는 것을 부모님은 결코 알지 못했을 것이다. 서쪽 방향으로 난 창문으로는 후지산이 또렷하게 보였다. 이사한 집은 전보다 조금 더 현대적인 가옥이었지만 정원이 작아진 것은 아쉬웠다. 당시에 돈이 많은 사람들은 정부를 거느린다는 이야기가 있었는데, 비밀 애인을 만나러 가기 위해서 남자들은 나처럼 지붕 위를 아슬아슬하게 다녔을 것이다. 물론 나는 그런 것에 대해서는 알지 못했으며, 그저 새로 이사온 집의 감나무가 시부가키渋柿⁶⁾라는 것이 불만인 나이에 불과했다.

나는 세 명의 누나와 한 명의 형이 있는 5남매 중의 막내로 태어났다. 그래서 다소 제멋대로 자라났지만, 그것이 부정적으로 작용하지는 않았다고 생각한다. 때때로 일본의 가정에서 장남이나 장녀로 자라난 사람들의 자기중심성을 보았다. 그들은 그것이 자기중심적인지도 모르는 것 같았다.

앞에서 도쿄로 간 직후의 5년을 가장 행복했던 시기로 기억한다고 했다. 당시 일본의 정치 상황은 불안정했지만, 그 시절은 나에게 하고 싶은 것을 마음대로 할 수 있었던 시기였다. 그 5년은 (일본인들 전체의 삶이 점차 암울하고 어두워졌던) 그 다음의 8년에 비해서는 훨씬 좋았던 기억으로 남아있다. 가끔은 그런 암울한 시대를 겪지 않았다면 어땠을까 하는 의문이 들기도 한다. 만약 전쟁이 없는 평범한 시대에서 자랐다면 아마도 나는 게으르고 심약한 인간이 되고 말았을 것 같다. 무용수와 함께 오다큐선 기차를 타고 도망을 가고, 남겨진 자들이 엉망인 상황을 수습하게 만드는 그런 사람이 되었을지도 모르겠다. 전쟁이 끝날 무렵의 나는 불과 15세 정도 밖에 되지 않았지만 전쟁 당시에 일어난

---

⁶⁾ 떫은 감 – 옮긴이

여러 가지 일들, 미군의 공습 등을 겪으며 배운 것이 많았다. 누군가 "인간은 시련을 통해 강하고 현명해진다"라고 했다는데, 그 말이 맞는지도 모르겠다. 하지만 어떤 종류의 시련은 인간성에 심각한 손상을 일으키기도 할 것이다. 그러니 한 사람이 맞이하는 시련의 결과가 어떨지를 누가 알겠는가. 공습 등의 일에 대해서는 뒤에 나오는 장에서 조금 더 자세히 이야기하겠다.

네 살이나 다섯 살이 되었을 때는 주로 어머니와 나만 집에 있었다. 아버지는 일을 하러 나가고, 형과 누나들은 학교에 가버리기 때문이다. 때로는 어머니가 나를 홀로 남겨두고서 문단속을 잊고 쇼핑을 가기도 했지만 아무 일도 일어나지 않았다. 한번은 이웃에 살던 소녀와 색칠 놀이를 하는 책에 크레용으로 색칠을 하며 놀았다. 그 아이는 상당히 많은 크레용을 가지고 있었지만, 나에게는 몽당으로 된 희미한 색깔만 사용할 수 있게 허락했다. 그러면서 자기는 밝은 색의 기다란 크레용을 마음대로 쓰는 것이었다. 나는 그것에 상당한 충격을 받았으며 지금까지도 잊을 수 없는 기억으로 남았는데, 타인에게서 '이기심'이라는 것을 느껴본 최초의 순간이었기 때문이다. 나중에 살아가면서 다양한 종류의 이기적인 인간들을 만났으며 각각의 사건들은 각각의 강렬한 기억을 남겼다. 아마도 상대적으로 적은 사람들만 만나도 될 만큼 운이 좋은 삶을 살 수 있었기에 그랬던 것 같기도 하다. 이것들에 대해서도 뒤에 자세히 이야기하겠다.

나는 타인의 그런 행동에 지배당할 정도의 연약한 아이는 아니었지만, 심신이 강한 아이 또한 아니었다. 겨울에는 쉽게 감기에 걸렸으며, 성격은 다소 소심한 편이었다. 한때 다리에 종양이 생겼는데, 기리에즈 중심부에 있는 병원에서 종양을 제거했다. 병원의 간호사들은 무척 친절했다. 또한 백일해를 앓아서 며칠 동안 흡인기로 치료를 받기도 했다. 그것 말고는 크게 아팠던 적은 없었고, 유년 시절의 대부분은 평범하게 보냈다. 소학교에 입학하고 나서는 이전보다는 건강한 아이가 되었다.

그 당시 모든 초등학교 학생들은 가죽으로 만든 '란도셀ランドセル'[7]이라는 책가방을 메고 다녔다. 나도 초등학교에 입학하기 며칠 전 어머니와 신주쿠의 백화점에 가서 내 것을 하나 샀다. 당시에 남자 아이는 검정색, 여자 아이는 빨강 혹은 분홍색을 택하는 것이 보통이었다. 어머니는 어떤 것을 갖고 싶은지 물었고, 나는 왠지 보드라운 느낌의

---

[7] 네덜란드어 ransel(배낭)에서 유래되었다.

밝은 갈색 책가방이 마음에 들었다. 어머니는 아무 말 없이 그것을 사주었다.

등교 첫날이 되어서야 나는 대부분의 아이들이 검은 색이나 빨간색 혹은 분홍색 책가방을 메고 있다는 것을 깨달았다. 내 것만 색깔이 달랐다. 이것을 굳이 이야기하는 이유는, 이와 같은 상황이 이후에도 인생에서 계속 일어났기 때문이다. 세상에는 나서고 싶어 하거나, 혹은 의도적으로 다른 사람들과 다르게 행동하려는 사람들이 있다. 나는 두 부류들 중 어디에도 속하지 않는다. 나는 단지 나만의 방식으로 일을 수행하며 무엇이 표준이거나 유행인지는 나의 관심사가 아니다. 상식에 반하는 행동을 하거나 타인에게 불쾌감을 주려고 하지는 않지만, 다른 사람들에게 나를 맞추려고 굳이 노력하지 않는 것이다. 나는 특이한 사람이 되려고 했던 적이 없다. 그저 스스로에게 정직하려 노력했으며, 결과적으로 특이한 사람처럼 보였을 수도 있겠지만 결코 의도했던 것은 아니다.

책가방은 상당히 좋은 품질인 것으로 판명되었으며, 초등학교 6년 내내 그것을 메고 다녔다. 다른 가방들과 색이 달랐기 때문에 섞여있을 때 찾아내기도 쉬웠다. 더 좋았던 점은 그런 색깔의 책가방을 가지고 있다고 놀리는 아이는 아무도 없었다는 것이다.

　나의 학창 시절은 그렇게 시작되었으며, 대체로 즐거웠다. 물론 거슬리는 일이 하나도 없는 것은 아니었다. 나는 반에서 가장 작은 편이었는데, K라는 소년은 나를 때리고 꼬집으며 괴롭히다가 도망치기를 반복했다. 처음에는 그 아이가 그렇게 하도록 내버려두었다. 하지만 행동이 점점 심해지자 형들과 부모에게 그 사실을 알렸다. 그때 들은 조언을 정확히 기억하지는 못하지만, 간단히 말해서 그 아이에게 교훈을 주는 것이 낫다는 것이었다. 당시에는 그런 종류의 문제는 학생들끼리 해결해야 하며, 선생님에게 알리는 것은 명예롭지 못하다고 여겨졌다. 그래서 나는 K가 다시 장난을 걸고 도망가려고 할 때, 그를 잡아서 스모 기술을 써서 바닥에 던져버렸다. 그리고는 다시는 그런 짓을 하지 않겠다는 맹세를 받아냈다. 이후에 K는 나에게 어떤 장난도 걸지 않았다. 그때 사용한 스모 기술은 형들에게서 미리 배워둔 것이었으며, 그것은 내 인생에서 누군가에게 육체적으로 힘을 행사한 유일한 사건이었다. K는 당시에 매우 놀랐는데, 아마도 고양이의 꼬리를 당기며 괴롭히다가 크게 긁힌 느낌이었을 것이다. 그리고 다시는 고양이에게 다가가지 못하게 된 것이다. 아마도 K는 단지 내 관심을 끌고 싶은 아이였을 뿐이었고, 어떻게 할지 몰라서 그렇게 행동했던 것일지도 모른다.

K는 작문 실력이 뛰어난 아이였다. 당시에 초등학교 교육에서 작문의 중요성을 강조하는 운동이 있었는데, 1915년경에 시작된 이러한 움직임은 1940년대가 되자 도쿄의 모든 초등학교에 영향을 주었다. 이 시기에 우시고메구牛込区에는 7~8개의 초등학교가 있었고, 매년 각 학교의 학생들이 쓴 작품들 중 잘된 것들이 책자로 인쇄되어 배포되었다. 교사들이 권하는 주제는 주로 가족의 일상사에 대한 것으로, 그런 글들은 '일상 수필'이라고 불렸다. 당연하게도 노동 계급의 가족에게서 더 많은 이야기들이 나왔고, 그 중에서 1937년 마사코 토요다豊田正子가 낸 수필집은 베스트셀러가 되었다. 이런 종류의 교육 운동은 1951년경에 다시 부활하게 되지만, 예전과는 다소 다른 성격의 것이었다. 어쨌든 K는 가족이 노동 계급이 아닌 중산층이었음에도 이야기를 매끄럽게 짜내는 재능이 있었다.

2학년의 어느 날, 선생님은 K가 작문한 긴 글의 깔끔한 사본을 만들어달라고 나에게 요청했다. 아마도 K보다 나의 손글씨가 더 보기에 좋았기 때문일 것이다. 희미하게 기억나는 글의 내용은 K가 기르던 거북이에 대한 것이었던 것 같다. 선생님이 그 작문을 어딘가에 응모한 것 같았지만 그 결과에 대해서는 알지 못했다. K도 내가 본인의 글을 옮겨 적은 일을 알지 못했을 것이다.

내가 했던 작문에 대해서는 한 가지 문장 밖에 기억나지 않는다. 2학년이나 3학년 때, 혼고本郷에 있는 식물원으로 견학을 간 적이 있었다. 거기에는 여러 가지 식물 이외에 공작새도 있었으며 나는 견학에서 본 것을 바탕으로 다음과 같은 문장을 작문에 포함시켰다:

"공작은 자신만큼 아름다운 새는 없다는 것을 과시하듯 날개를 펼쳤다."

이 문장을 쓰면서 나는 참으로 작위적이고 통속적인 표현이라고 생각했다. 그렇지만 선생님 혹은 누군가에게서 멋지다는 칭찬을 들었다. 이 문장 하나를 지금까지 기억하는 이유는 나에게 맞지 않는 무언가를 꾸며낸 그 순간이 몹시 불쾌했기 때문이다. 나는 다시는 이런 식의 억지로 지어낸 표현을 사용하지 않았다.

2학년 이상의 학생들은 대부분 점심 도시락을 집에서 가져왔다. 교문 앞에 있는 두 문방구 중 하나에서 샌드위치를 주문해두고 점심시간에 가져가는 아이들도 있었다. 내 앞에 앉은 아이는 문방구 옆에 있던 내과 병원의 아들이었는데, 어느 날 내가 도시락 뚜껑을 열자 그 내용물이 궁금하다는 듯이 살펴보더니, 도시락 뚜껑에 붙어있는 익힌 당근 한 조각을 자기 손으로 집어 벗겨내어 먹는 것이었다. 그 아이는 나를 보며 웃기 시작했고, 우리는 같이 점심을 먹었다.

나는 그 아이의 적극성이 좋았고, 집에 돌아와 어머니에게 그 이야기를 했다. 어머니는 다음 학부모 모임에서 그 아이의 어머니에게 신이 나서 그 이야기를 다시 들려주었고, 그 아이의 어머니도 부끄러워하기보다는 즐거워했다고 한다. 아마도 "우리 애가 좀 무례하기는 하지만, 도시락이 너무 맛있어 보였나 봐요" 같은 대화가 오고 갔을 것이다. 그 정도로 당시의 분위기는 느긋하고 평화로웠다.

내가 초등학교에 입학하기 3년 전에 교과 과정이 전면 개편되어 초등학교는 6년제가 되었다. 일본의 교육학자들은 만장일치로 큰 발전이라고 자부했지만, 나의 경험으로는 도저히 동의할 수가 없다.

교과서들은 자긍심을 고취시키는 부분에 특히 주의를 기울여서 작성되었지만 다소 과한 면이 없지 않았다고 생각된다. 저자들은 마치 내가 쓴 공작새의 문장처럼 그들의 교과서가 전 세계에서 가장 훌륭한 것 마냥 떠벌리는 것 같았다. 산수 과목은 확실히 나아진 면이 있었다. 나중에 중학교나 고등학교에서 접하게 되는 수학보다 적어도 동기 부여에서는 훨씬 나았다.

교사들은 대부분 진지하고 양심적이었다. 그리고 교과 과정이 대대적으로 바뀐 지 3년 밖에 지나지 않았기 때문에 다들 새로운 체제를 익히느라 열심이었다. 그래서 초등학교에서의 첫 2년은 나쁘지 않았던 것 같다. 학교생활은 3학년 때부터 조금 문제가 생겼지만, 그것에 대해서는 뒤에서 다시 이야기하겠다.

교과 과정에는 체육, 음악, 크레용으로 그리기, 수공예, 서예 같은 것들이 있었다. 나는 상당히 마른 편이었지만 체육에는 아무런 문제가 없었다. 음악도 노래만 할 줄 알면 되었으므로 문제가 되지 않았다. 서예는 별로 좋아하지 않았는데, 벼루에 먹을 갈아서 먹물을 문지르는 과정이 힘들었기 때문이다. K가 쓴 글의 사본을 만들 때는 붓이 아닌 연필을 사용했기 때문에 글자들을 깔끔하게 복사할 수 있었다.

그러나 공예에는 능숙하지 못했다. 색종이를 판지에 붙이는 작업은 간신히 해냈지만, 절대로 배우지 못한 한 가지가 있었다. 선생님은 우리에게 얇은 대나무 막대기들과 콩들을 주었다. 그러면 우리는 콩에 막대기를 찔러 3차원적인 물체를 만들어 내야 하는 것이다. 나는 그러한 수업의 의도를 이해할 수 있었으며 머릿속에 설계도를 그려낼 수도 있었다. 그러나 일단 콩에 막대기를 찔러 넣기 시작하면 콩은 으스러지기 일쑤였고, 원하는 대로 된 적이 한 번도 없었다. 그런 사악한 공예를 교과과정에 넣은 교육학자들에게 저주가 있기를!

여러 해가 지난 뒤 나는 미국에서 여러 가지 부품으로 구성되어 다양한 모양들을 만들어 낼 수 있는 장난감을 발견했다. 나는 종종 딸과 그것을 매우 재미있게 가지고 놀았다. 완성된 모양은 완벽하게 잘 작동했으며, 비로소 저주받은 대나무 막대와 콩에 대한 보상을 받았다고 느꼈다. 그때 나는 마치 활력을 되찾은 파우스트와 같았다.

초등학교에서 열리는 가장 큰 연례행사는 운동회와 공연이었다. 교사들은 진지하게 준비했고, 부모와 가족들은 행사일이 되기를 기다렸다. 이런 행사들은 원래 놀이를 위한 것이었지만, 교사들은 그 이상의 성공작을 만들어내기 위해 과도하게 심혈을 기울였다. 1학년 때는 연극에 참여하게 되었는데, 두 세 개의 커다란 판지 상자가 무대 위에 놓여졌다. 그리고 나는 흰 색의 토끼 분장을 하고서 용수철 장난감처럼 상자들 중 하나에서 뛰쳐나오라는 요구를 받았다. 여자 아이한 명도 다른 상자에서 뛰쳐나오는 역할을 맡았던 것 같다. 심지어 나는 가사 몇 줄을 외워서 노래까지 불러야 했다. 한동안은 그 노래를 기억했지만 지금은 완전히 잊어버렸다. "여러분들의 성원에 감사드립니다" 따위의 대사가 있었던 것 같지만, 앞뒤 상황은 전혀 기억나지 않는다.

학예회 연극은 해가 지날수록 복잡해진다는 느낌을 받았다. 내가 학교에 다니던 시기가 그 정점을 찍었던 때인지도 모르겠다. 나는 그런 활동에 아무런 열의 없이 소극적으로 참여했다. 배역이 주어졌기에 최선을 다하려 노력은 했지만, 토끼를 연기해야 한다는 것은 전혀 내키거나 자랑스럽지 않았다. 연극이 끝나면 출연했던 배우들이 단체로 사진을 찍었던 기억이 난다. 하지만 오늘날과 정반대로, 공연 중간에 사진을 찍는 부모들은 없었다.

내가 토끼로 선택된 이유는 목소리가 비교적 선명했기 때문일 것이다. 반 아이들 중 몇몇은 공예, 체조, 미술에서 나보다 훨씬 나았다. 4학년 아이 중 하나는 서예를 거의 전문가 수준으로 구사했다. 그는 나와 친했는데, 언젠가 훌륭한 먹과 붓의 특징에 대해 자세히 설명해준 적도 있었다. 그리고 같이 붓을 사러 갔는데, 안타깝게도 문방구에는 그가 기대했던 수준의 붓은 팔지 않고 있었다. 나는 그 아이의 서예가 선생님보다 월등하다는 것을 알았다. 어떤 5학년 하나는 봉체조나 수영장에서 슈퍼맨 같았다. 내가 그나마 잘했던 것은 낭독이었다. 2학년 때 선생님은 수업 시간 외에 추가로 읽을거리를 내어주고는 했다. 어느 날 나는 수업 도중 그것을 낭독하라는 지시를 받았고, 그렇게 했다. 다음 시간에 선생님이 다른 아이에게 낭독을 맡기려고 하자, 반 아이들 전체가 나에게 낭독을 시키라고 주장하기 시작했다. 선생님은 할 수 없이 나에게 읽기를 시켰다. 아이들은 최면에 걸린 듯 나의 낭독을 경청했다. 독자들은 기이하다고 생각할지 모르겠지만, 하여튼 이것은 초등학교 2학년 때 정말로 일어난 일이다.

그 교사는 상당히 진보적이었고, 표준 교과과정 이외의 다양한 아이디어를 시도했다. 그는 당시에 30대 초반 정도였으며, 아마도 그런 시도에 대해 다른 사람들에게서 응원과 경제적인 도움도 받았던 것 같다. 그러나 이듬해 그는 도쿄에서 북쪽으로 560킬로미터 정도 떨어진, 태평양을 마주보고 있는 아오모리현 青森県의 해안도시에 있는 어느 여자 중학교로 옮겨가버렸다. 그는 승진을 한 셈이었지만, 나는 그가 도쿄의 초등학교 아이들만큼 예민하지는 않았을 그 지방의 소녀들 사이에서 정말로 행복했을 지가 궁금하다.

1학년의 어느 날, 미술 교사는 크레용으로 좋아하는 것을 자유롭게 그리게 했다. 아이들 중 누군가가 수상 비행기를 그렸는데, 두 프로펠러가 돌아가는 모양이 진짜 같아서 "어떻게 이렇게 그릴 수 있어?" 라고 물었다. 그 아이는 유치원에서 배웠다고 대답했다. 그때 나는 유치원에 다니지 않은 것을 후회했으며, 유치원에 다니면 많은 것들을 배울 수 있구나 하고 생각했다. 하지만 그 교사가 그런 판에 박힌 그림을 좋아했을지는 모르겠다.

5학년 때는 수채화를 배웠다. 미술 교사는 학생들을 오쿠보 주택가의 뒷길로 데려가서 야외 수채화를 그리게 했다. 학생들이 적당한 간격으로 앉아 그리기 시작하면 선생님이 그 사이를 다니면서 지도하는 방식이었다. 나는 길고 좁은 골목의 끝에 앉아서 양쪽에 있는 집과 나무들을 원근법으로 그렸다. 그것은 위트릴로 M. Utrillo 그림의 오쿠보 버전이었다. 나는 눈에 보이는 데로 그림에 전봇대를 포함시켰다. 그러자 선생님이 다가와 "저 전봇대는 구도에서 거슬리니 빼는 것이 좋겠는데" 라고 말했다. 그것은 꽤 괜찮은 충고였는데, 그때 아주 엄밀한 것이 때로는 어리석을 수도 있다는 교훈을 배웠기 때문이다.

한때 도야마소가 점유했던 땅의 서쪽 경계에는 도야마

가하라戶山ヶ原라는 넓은 들판이 인접해 있었으며, 그 절반 정도가 기리에즈 구획에 포함되어 있었다. 공식적으로는 군사훈련을 위한 부지였지만, 자유롭게 출입할 수 있었기 때문에 우리들에게는 훌륭한 놀이터가 되었다. 야마노테선山手線 철길은 들판을 두 갈래로 갈라놓았는데, 서쪽은 나무가 무성했지만 동쪽은 나무가 없는 대나무 밭이었다. 어느 날 우리는 거기서 야외 수채화를 그렸다. 다음날 선생님은 학생들의 그림들을 칠판에 핀으로 꽂아놓고, 하나하나 자세한 평을 했다. 나의 그림은 특정한 고도에서 본 풍경으로 철길, 서쪽의 나무들, 그리고 하늘의 구름들을 담고 있었다. 하지만 기차와 사람은 그려 넣지 않았다. 선생님은 "재미있는 그림이야. 마치 미래파futurismo의 작품 같은걸." 하고 말했다. 그리고서 몇 마디를 덧붙였는데 거기까지는 기억나지 않는다. 나는 미래파나 미래파주의가 무엇인지 알지도 못했으며 선생님도 굳이 설명하지 않았다. 아마도 교사는 그림이 감상적이지 않고 다소 추상적이어서 재미있다고 생각했을지도 모르겠다. 그는 젊었으며 자유로운 사고를 하며 학생들에게 영감을 주는 그런 선생이었다. 아마도 그는 전문 예술가로써의 삶을 추구했던 것 같다.

하지만 그 교사는 당시의 많은 젊은이들과 함께 징집되

고 말았다. 그리고 학교의 담임 교사들 중 한 명이 미술 교육에 대한 수업을 짧게 수강한 후, 그를 대신하여 미술 시간에 투입되었다. 그러나 갑자기 미술 교사가 된 그는 상당히 경직된 사람이었다. 나는 수채화로 정물을 그릴 때 주로 부드러운 회색 그늘을 사용했는데, 그것이 그 교사를 화나게 했던 것 같다. 조금 과장을 보태자면 교사는 격분을 하면서 그늘에는 진한 검정색을 써야만 한다고 말했다. 아마도 그는 '강조'를 위한 색상은 검정이라고 배우고서 그것을 주입시키려 했던 것 같다.

그러나 일반적으로는 예술을 가르치는 것이 언어나 수학을 가르치는 것보다는 더 수월할 것이라고 생각된다. 왜냐하면 후자들은 특정한 구간에서 무언가를 완벽히 이해하지 못하면 그 다음 단계로 나아가는 것이 전혀 불가능하지만, 예술은 그런 점에서 훨씬 유연하기 때문이다.

1930년대에 도쿄 대학에서 미술사를 가르쳤던 후지카케 시즈야藤懸静也는 강의 도중에 작품의 복사본이나 슬라이드를 보여주면서 "훌륭하군", "굉장해" 또는 "얼마나 아름다운가"라는 말만 하고 자세한 평가는 내리지 않았다고 한다. 이것은 나와 친분이 있었던 소설가 사사키 기이치佐々木基가 후지카케의 강의를 듣고 나에게 직접 들려준 이야기이다.

물론 후지카케 선생은 이것보다는 더 많은 이야기를 했을 테지만, 적어도 좋은 예술이란 어떤 것인가에 대한 그의 태도를 이해할 수는 있다.

다시 초등학교 시절 이야기로 돌아가면, 대부분의 선생들은 양심적인 한편 때로 지나치게 열성적이었다. 4학년 때는 야마구치 저수지山口貯水池로 수학여행을 갔는데, 학생들은 다카다노바바高田馬場역의 콘크리트 계단 옆에 서서 출발하는 기차를 기다리고 있었다. 학교는 한 학년이 3개의 학급으로 되어있었으며, 나중에 인류학자로 이름을 날리는 오바야시 다료大林太良는 다른 학급의 반장이었다. 그때 다료의 담임이 계단의 모양을 가리키며, "대각선과 밑변이 만드는 각도는 얼마지?"라고 물었다. 다료는 무엇인가 대답을 했지만, 교사는 만족하지 못하고 "다시 한 번 생각해봐."라고 질문했다. 그러자 학생들은 선생님이 학생들을 인솔하는 데는 관심이 없고, 하필 소풍가는 날에 수업을 한다며 수군거렸다.

이 일화와는 관계가 없지만, 5학년 때 도야마가하라 들판에서 있었던 비슷한 일이 생각난다. 앞에서 말했듯이 들판은 야마노테선 철길로 둘로 나뉘어 있었다. 어느 일요일 오후에 나는 반 아이 한 명과 나무가 있는 쪽 들판에서 놀고 있었다. 그러다가 여덟 명 정도 되는 보이스카우트 아이들과 어른 하나가 우리 쪽으로 오는 것을 보았다 소년들은 모두 제복과 둥근 모자를 쓰고 있었다. 그리고 20미터 쯤 떨어진 지점에 멈춰서더니, 지도하는 사람이 그들을 일렬로 세우고 무언가 지시하기 시작했다. 곧 보이스카우트는 두 무리로 나뉘었고, 한 무리의 소년들이 팬터마임을 하기 시작했다. 이솝우화 중 '금도끼 은도끼' 부분을 했는데, 무대는 웅덩이와 그 주변의 몇 그루의 나무들이었다. 우리 둘은 넋이 나간 상태로 그 아이들이 하는 것을 끝까지 지켜봤다.

공연이 끝나자 지도자가 우리에게 다가와서 "보이스카우트에 가입하지 않겠니? 지금처럼 시간을 그냥 허비하는 것보다는 나을 거야."라고 말했다. 그리고 계속해서 보이스카우트의 장점에 대해 설명했다. 나는 애매하게 대답했지만, 속으로는 보이스카우트가 되면 좋겠다고 생각했다. 그때 수상 비행기의 프로펠러만큼, 아니 그 이상의 감명을 받았던 것 같다. 하지만 한가한 일요일의 자유를 희생하면서까지 단체 생활을 함께 하고 싶은 정도는 아니었다. 그 소년들은 우리들보다 다소 나이가 들어 보였지만 확실하지는 않다. 2년 뒤 전쟁으로 일본의 보이스카우트는 해체되었다. 전쟁 후에 다시 보이스카우트가 생겨났지만 그런 모양의 복장과 모자는 다시 볼 수 없었다. 나중에 가끔 그 영리해보이던 소년들을 떠올리며, 그들은 어떻게 되었을까 생각하고는 했다.

보이스카우트 활동에는 관심이 없었지만, 더 좋은 학교에 다니고 싶다는 상상을 했던 적은 있었다. 오쿠보의 집에서 남쪽으로 걸어 내려오면 신주쿠 근처를 지나는 길 왼쪽에 있는 다른 초등학교 하나가 있었다. 그 학교는 유리로 된 3~4층짜리 건물로 지어져 있었으며, 꽤나 현대적인 외양을 가지고 있었다. 그 옆을 지날 때마다, 여기라면 더 세련된 교사들과 더 나은 교육이 있지 않을까 생각하곤 했다. 하지만 순전히 건물의 껍데기만을 토대로 떠올린 생각일 뿐이며 실제로 그 학교가 어떠했는지는 알 수 없다.

신주쿠구와 인접한 나카노구中野에는 세련된 이름을 한 그런 초등학교들이 몇 개 있었다. 어떤 학교는 이름이 모모조노桃園였는데, 그대로 번역하면 복숭아밭이 되지만 상류층을 연상시키는 단어이기도 하다. 나카노구 학교들의 훌륭함을 설명하는 어느 기사를 읽고서 알게 된 이후 그 학교는 한동안 나의 머릿속에서 이상적인 학교로 각인되어버렸다. 나중에 나카노구의 학교에 다니는 어떤 아이에게 이런 이야기를 하자 그는 그런 학교들이 실제로는 얼마나 멍청하게 운영되는지 설명해주었다. 이상적인 학교가 진심으로는 존재할 거라고 믿은 것은 아니었지만, 누군가에게 부탁해 현대적인 유리 건물 안으로 들어가서 책상이라도 어떻게 생겼는지 구경해보지 못한 것을 지금도 후회하고 있다.

앞에서도 썼지만, 우리 집이 있던 우시고메와 오쿠보 거리에는 군사 시설이 많이 있었으며, 근처에 육군 및 해군의 장교와 장성들도 많이 살고 있었다. 당연하게도 그들 자녀들은 나의 초등학교 동창들이 되었다. 앞서 말한 동네 운동회가 열린 군사 학교에는 군악대도 있었는데, 군악대장의 아들이 오쿠보 초등학교에서 나와 같은 반이었다. 그러나 군대에 연관된 가족과 아이들이 군국주의적인 사람들은 아니었으며, 대부분은 다른 일을 하는 가족들과 크게 다르지 않았다. 소장의 아들은 1, 2학년 때 나와 친하게 지내서 그의 집도 자주 놀러 다녔는데, 나는 그 아이나 가족들에게서 특별한 점을 발견하지 못했다.

굳이 특이했던 사건을 하나 이야기해보자면, 다음과 같은 일이 있었다. 해군 사령관의 아들 하나도 오쿠보 초등학교에 다녔는데, 그 아이의 어머니는 학교 행사에 참석할 때 항상 서양식 드레스를 입고 화려한 모자를 쓰고 왔다. 그래서 나는 그 가족이 외국에서 살다 온 것은 아닐까 생각했었다.

사람들이 크게 신경을 쓰지는 않았지만 어쨌든 그녀는 돋보이는 존재였다. 언젠가 반 아이 한 명이 그 집에 놀러갔다 와서 특이했던 점을 설명해주었다. 보통 일본 집의 현관에는 베란다가 있어서 들어가기 전에 신발을 벗어야 한다. 하지만 그 집은 일본식 나무 베란다가 매우 더러워서 그 아이는 신발 벗는 것을 잊고 그대로 들어갈 뻔 했는데, 그때 사령관의 아들이 "안돼, 신발을 벗어야지!" 하고 외쳤다고 했다. 나도 나중에 그 집에 가본 적이 있는데, 정말로 현관의 입구가 지저분했다.

부모님들의 직업과 관계없이 반의 아이들은 서로 잘 어울렸으며, 나도 대체로 그들과 잘 지냈다. 그중 몇몇은 나중에 군인을 훈련시키는 학교에 진학했다. 하지만 그들 전부가 좋은 군인이 되지는 못했을 것이며, 특히 군악대장의 아들은 더욱 그럴 것이라고 생각된다.

이 시절에 나는 '관계'라는 것의 기이함을 느끼게 해준 작은 사건 하나를 겪었다. 6학년 때, 반 아이 한 명에게서 책을 빌린 적이 있었다. 책을 돌려줄 때 나는 고맙다고 하면서 "이 책은 일상적인 이야기 말고 흥미를 끌만한 내용은 없는 것 같아."라고 말했다. 그 책은 정말로 그랬다. 그러자 나중에 다른 아이 하나가 다가와서 "그렇게 말하면

안 되지. 책이 재미있었다고 말하는 게 예의라고." 하고 말하는 것이었다. 분명히 그는 그렇게 말하는 것이 옳은 일이라고 부모에게서 배웠을 것이다. 나는 아무 대꾸도 하지 않았지만 납득이 가지 않았다. 어떤 것이 옳은지는 상황에 따라 다르다고 생각했다. 이제까지, 특히 나보다 나이가 어린 사람들에게 이야기를 할 때는 다소 주의를 기울여왔다. 그렇지만 6학년의 아이가 다른 6학년과 이야기할 때는 서로가 정직한 것이 좋다고 생각한다. 어쨌든 나는 책을 빌려준 사람이 아니라 책에 대해서 이야기를 했던 것이다. 오랜 시간이 지난 뒤에 비슷한 일을 다시 겪었다. 언젠가 주일 캐나다 대사 중 한 명의 아내가 쓴, 일본에서 겪은 경험에 대한 회고록을 빌린 적이 있다. 책을 빌려준 사람은 나의 오랜 지인으로 우연히 그녀를 알게 되었다고 했다. 그리고 내가 그 책에 대해 그런 류의 글에서 나올 수 있는 가장 피상적인 종류라고 비판하자, 그는 아무런 반응을 보이지 않았다. 나중에 나는 교토에서, 인간들의 관계에서는 거짓 칭찬이나 (거절을 기대하는) 거짓 초대가 꽤 흔하다는 것을 알게 되었다.

군대에서 돌아온 오쿠보의 동네 이웃 중 한 사람은 스즈키 쿠라조鈴木庫三였다. 그는 일본군 정보국의 장교였으며 뉴스, 영화, 대중가요, 연극, 소설 등 전시의 언론 통제 및 문화 검열에 엄청난 권한을 행사했던 사람이다. 당시의 예술가들 중 상당수가 이 악명 높은 인물에게 피해를 당하고 혹독한 대우를 받았다. 그리고 전쟁이 끝난 뒤 그가 저지른 악행에 대한 책들이 다수 출판되었다.

그러나 동네 주민으로서의 그는 평범한 사람처럼 보였으며, 사람들은 전쟁 중에 그가 얼마나 악랄한 인물이었는지 전혀 알지 못했다. 그의 아들은 나보다 한 살이 적었는데, 나는 그 아이의 뻔뻔스러움과 교활함이 마음에 들지 않았다. 동네 운동회에서 나는 하필 그 소년을 상대해야 했다. 그 아이는 나의 순진함을 이용하기 위해 몇 가지 속임수를 썼다. 그렇지만 나는 그 아이가 하고 싶은 대로 하도록 내버려두었다. 그런 것은 사소한 일이며 그 아이와 다시는 엮일 일이 없다는 것을 알고 있었기 때문이다. 어쨌든 그 아이는 악명 높은 아버지의 아들이 될 자격이 충분했다.

동네에는 정보국 군인과는 정반대에 놓을 수 있는 인물도 있었다. 허무주의와 반전시로 유명한 시인 가네코 미쓰하루金子光晴는 벤텐 신사 근처에 살았다. 한번은 지저분한 복장을 한 남자가 거리를 걷고 있는 것을 보았는데, 옆에 있던 누군가가 나에게 "저 사람이 시인"이라고 말했다. 그의 아들이 우리 형과 같은 반이어서, 나는 형과 함께 그의 집에 가본 적이 있다. 그 집 2층 복도의 한 구석에 엄청난 양의 장난감들이 쌓여 있는 것을 보았는데, 그때나 그 후의 다른 곳에서는 다시 보지 못한 광경이었다. 소년은 외동이었으며, 그 아버지는 스스로를 통제할 수 있는 종류의 인간이 전혀 아니었다.

오늘날의 일본에는 비만 어린이들이 많지만 내가 어릴 때는 비만인 아이들을 거의 볼 수 없었다. 오바야시 다료나 시인의 아들도 조금 통통한 정도였지 비만까지는 아니었다. 이런 것을 기억하고 있는 이유는 내가 나의 깡마른 몸을 언제나 의식했기 때문으로, 그렇지 않은 아이들에게 자연스럽게 관심이 갔을 뿐이다.

요즈음 일본에는 등교를 거부하는 청소년들이 많아서 문제라고 들었다. 등교를 하지 않는 이유는 다르지만 내가 학교에 다니던 시절에도 무단결석을 하는 아이들이 가끔 있었다. 우시고메 초등학교의 우리 반에도 학교에 오지 않는 아이가 한 명 있었는데, 오랫동안 보이지 않던 그 아이는 어느 날 나타나서 세 자릿수 곱셈을 완벽하게 해냈다. 선생님은 "X군은 학교에 나오지 않아도 산수를 잘하지만, 여러분처럼 게으른 학생들은 수업에 빠지면 절대 잘 할 수가 없어요."라고 말했다. 물론 별로 설득력이 있는 이야기는 아니었다. 그리고 그날 이후 그 아이를 다시 보지 못했다.

니시오쿠보 초등학교에 다니던 반 아이 한 명은 학교가 끝나고 그가 살던 곳에서 일을 했다. 어린 소년이 집안일을 돕는 사례는 많이 있었겠지만, 그 아이가 하는 것은 그런 종류의 일이 아니었다. 소년은 분명히 고아였으며, 돌봐주어야 하는 의무가 있는 다른 가족이 소년을 맡으려 하지 않았던 것 같다. 그래서 그 아이는 불법적인 아동 노동의 상태에 처하게 되었던 것이다. 초등학교를 졸업하고 나서 그가 어떻게 되었는지는 모르겠다.

위의 사진은 1936년 7월 말의 어느 새벽, 신주쿠역의

승강장에서 촬영되었다. 당시 도쿄의 초등학교와 중학교들은 해변이나 산에서 여름학교를 여는 경우가 많았다. 우시고메 초등학교는 여름학교를 간절히 기다리던 5학년들을 나가노현 다테시나산蓼科山(해발 2530m) 기슭의 일본식 호텔로 보냈다. 사진 속의 열차는 호텔에서 남쪽으로 24킬로미터, 신주쿠에서 서쪽으로 160킬로미터 떨어진 지노역茅野駅으로 향하는 열차가 출발하기 직전이다. 학생의 부모나 보호자는 원하는 한 같은 호텔에 머무를 수 있었다. 열차 창문 밖을 내다보는 얼굴들은 여름학교에 참가하는 5학년 학생들이며 나의 형도 그 중에 있다. 출입구에서 앞쪽으로 기대고 있는 남자는 호텔에서 며칠을 보내게 될 아버지이다. 승강장에 서 있는 사람들은 학생들을 떠나보내는 부모와 친척들이다. 맨 오른쪽은 학교의 교장이며, 어머니는 그 왼쪽에 있다. 어머니 앞에서 양산을 들고 있는 소년이 필자이다.

3 우리의 우주

일본의 초등학교 교육과 미국 교육의 차이 하나를 언급하겠다. 1939년 혹은 1940년, 즉 내가 4학년 또는 5학년 때의 일이다. 어느 날 선생님이 우주의 구성에 대해 이야기했는데, 지구는 태양 주위를 원형으로 돌고 있으며 태양 주위를 돌고 있는 아홉 개의 다른 행성들 중 하나일 뿐이라고 했다. 또한 각각의 행성은 지구의 달과 같은 위성들을 거느린다고 했다. 그리고 태양은 은하[8]라는 수많은 별로 구성된 무리의 일원이라고 덧붙였다. 그가 우리 은하의 밖에는 더 많은 은하들이 있을 것이라는 이야기까지 했던 것 같기도 하지만, 확실하지는 않다.

그러나 선생님이 은하계 안의 별들은 각각의 행성들을 거느리고 있으며, 모두 우리 태양계와 비슷한 항성계를 이루고 있다고 말한 것만은 확실히 기억한다. 모든 별들이 그렇다고 말했는지, 혹은 많은 다른 별들도 그렇다고 했는지는 중요하지 않다. 그의 지식이 다소 모호했을 수는 있지만, 어쨌든 교사는 그와 같은 것들을 분명히 밝혀진 사실로 인식하고서 가르쳤던 것이다.

당시 도쿄의 인기 있는 명소 중에는 1936년경에 지어진 플라네타륨planetarium[9]이 있었다. 플라네타륨은 초등학교와 중학교의 주요 방문 시설이었으며 우리 학급에서도 견학을 갔었다. 교사가 우주에 대해 설명한 내용도 그러한 맥락의

---

[8] 일본어로는 은의 강을 의미하는 "긴가銀河"라고 한다.
[9] 반구형 천체투영관 – 옮긴이

연장선이었다. 실제로 그가 지식을 어떤 경로로 얻었는지, 일본의 다른 학교들에서는 어떤 식으로 가르쳤는지도 알 수 없다. 그러나 그의 강의 내용에 특별한 점은 없었다고 생각된다. 19세기 말에 이미 고해상도 천체 망원경이 개발되어 이전에 비해 훨씬 많은 별들이 발견되었기 때문이다. 그런 당대의 교양 지식이 수업에 반영되었을 것이다. 20세기 초에 나온 천문학에 대한 여러 대중과학서들은 모두 그러한 바탕에서 집필되었을 것이다.

어쨌든 나는 그와 같은 내용의 진실성과 합리성을 의심해 본 적이 없으며 그에 반대되는 의견을 들어본 적도 없다. 1960년대에 미국을 방문했을 때 상당수의 미국인들이 우리 태양계와 인류가 우주에서 특별한 존재라고 생각한다는 것을 깨닫기 전까지는 말이다. 내가 처음으로 방문한 외국은 1957년에서 1958년 사이에 열 달 가량 머물렀던 프랑스였다. 그 뒤에 바로 미국으로 가서 잠시 머물다가 1959년에 일본으로 돌아왔다. 그리고 1962년에서 1963년 사이에 두 번째로 미국을 방문했는데, 그 때 처음으로 그런 종류의 '사상'을 접했던 것 같다. 1950년대와 1960년대에는 태양계 밖을 묘사한 공상과학 소설들이 많았다. 또한 유령, 흡혈귀, 늑대인간, 프랑켄슈타인 등이 등장하는 소설들도 있었다.

1960년대는 우리 태양계 이외의 다른 항성계가 관측되기도 전이었지만, 일본에서 자란 나로서는 우주에서 우리 태양계만이 특별하다는 사상이 기이하다는 생각이 들었다. 물론 이것은 유대-그리스도교적인 종교적 믿음에 기원한 것이다. 심지어 (다른 항성계가 명확하게 관측된) 요즘 시대에도 미국의 일부 지역에서는 교사가 태양계 이외의 다른 항성계의 가능성을 언급하면 많은 학부모들에게 항의를 받게 될 것이다. 일본에 그런 불만을 제기하는 학부모들이 있다는 이야기는 들어본 적이 없다.

미국의 초등학교 교실에서 다윈의 진화론이 소극적으로 다루어진다는 것은 잘 알려진 사실이다. 지금도 많은 미국인들은 소위 지적 설계를 가르치는 것을 선호하며, 심지어 미국의 일부 대통령들은 이러한 사상을 부끄러움도 없이 지지한다.

미국 과학자들의 생각 중에는 또 다른 기이한 점이 있었는데, 오직 인간만이 사고 능력을 가지고 있으며 다른 생물들은 그렇지 않다는 믿음이었다. 어떤 과학자가 그것에 반대되는 증거를 보여주면, 미국인들은 매우 좁은 기준을 다시 설정하면서 "그런 것은 생각이라고 할 수 없다"라는 말을 반복한다. 그러나 지난 10여 년 동안 그런 경향에도 변화의 조짐이 보이는 것 같다. 일본에 그런 종류의 사상은 존재하지 않았다. 미국인들의 그런 사고방식은 종교적 신념에서 오는 것일 테지만, 나는 그러한 교리에 노출되지 않고 자랄 수 있었던 것을 다행으로 여긴다.

종교와는 무관하지만 일본과 미국이 다르다고 느낀 한 가지는 초등학교의 수영 시설이었다. 1930년대 후반까지 대부분의 일본 초등학교에는 수영장이 있었다. 나는 미국이나 유럽도 당연히 그럴 것이라고 생각했었다. 그러나 요즈음의 미국은 그렇지 않은 것 같다. 유럽의 경우는 어떤지 확인해보지 않았다.

전반적으로 내가 10학년까지 받은 일본의 공교육에 큰 불만은 없다. 그러나 학교생활의 모든 것이 마음에 들지는 않았다. 내가 받아들일 수 없었던 것 중 하나는 국경일에 관련된 것이었다. 국경일에는 두 가지 종류가 있었는데, 어떤 국경일은 일요일처럼 완전한 휴일이었지만 다른 것은 행사가 포함된 국경일이었다. 행사가 있는 국경일에는 아침에 모든 학생과 교사들이 참석하여 일종의 의식을 치렀다. 의식이 끝나면 비로소 각자의 집으로 돌아가 휴식을 취하는 것이다. 각각의 의식들이 구체적으로 무엇을 기리는 행사였는지 전부 기억나지는 않지만, 애국가가 제창되었으며 교장이 연설을 했다. 국경일 외에 도저히 받아들일 수 없었던 의식은 따로 있었는데, 요즘이라면 괴이하거나 어리석다고 생각될 수 있는 종류의 것이었다. 하지만 당시에는 누구나 진지하게 임해야했다.

당시 모든 학교에는 정부에서 보낸 히로히토裕仁 천황의 어진영[10]이 있었다. (혹은 천황과 황후의 초상 모두가 걸려 있을 수도 있지만, 그런 것은 중요하지 않다.) 천황의 초상화는 신성한 경배의 대상이었으며 호안덴奉安殿이라 불리는, 작은 신사처럼 꾸며진 별도의 구조물 속에 안치되어 있었다. 경축일이 다가오면 학교의 교장은 호안덴에서 어진영을 꺼내서 강당의 커튼으로 가려진 벽장 속에 넣어둔다. 그리고 의례가 시작되면 커튼이 당겨져 초상이 드러나는 것이다. 이때 교감이 구령을 하면 모든 참석자들은 초상에 깊은 절을 하게 된다. 그리고 교장은 '교육에 관한 칙어敎育ニ関スル勅語'[11]를 봉독하는 것이다. 칙어를 다 읽는 것은 그날 교장이 읽는 속도에 따라 달라지지만 대략 3분에서 5분 정도의 시간이 소요된다. 우리 세대는 모두가 칙어의 배포 날짜를 기억할

---

[10] 천황의 초상화
[11] 1890년 10월 30일에 메이지 천황明治天皇에 의해 반포되었다. 줄여서 '교육칙어'라고도 한다.

수밖에 없는 것이, 칙어의 마지막이 "메이지 23년 10월 30일, (천황이) 어명하고 날인하다"라고 끝나기 때문이다. 칙어가 봉독되기 전이나 후에는 애국가 '기미가요君が代'가 제창된다. 그리고 나면 경축일의 의의에 대한 교장의 연설이 있다. 때때로 해당 경축일을 위해 만들어진 노래까지 추가로 부르는 경우도 있었다. 경축일의 순서는 대략 이런 식이었는데, 내가 기억하는 순서가 정확하지 않을 수도 있다. 어쨌든 교장이 커튼을 다시 닫으면서 모든 의식이 끝난다.

강당에서의 의식이 끝나면 학생들은 각자의 교실로 돌아가 추가로 담임 교사의 짧은 연설까지 들어야 한다. 이 모든 과정이 끝나고 나면 학생들에게는 16개의 흰색과 분홍색 꽃잎이 반복되는 제국의 문양, 국화 모양의 설탕 과자가 하나씩 선물로 주어지는 것이다.

기미가요는 12세기에서 14세기 사이에 고관대작들의 술자리에서 여자 무용수들이 부르던 와카和歌에서 유래한다. 노래가 끝나고 나면 사람들은 여인들에게 팁을 주었다. 나는 그러한 것을 한 나라의 국가로 지정하는 것이 매우 이상하다고 생각되었다. 어쩌면 우리들은 제국에게서 설탕 과자를 팁으로 받은 것인지도 모르겠다.

이 모든 과정과 의식은 지루할 뿐만 아니라 무의미했다.

어떤 이들은 이러한 의식을 휴일을 기념하는 것으로 합리화할 수도 있을 것이다. 하지만 나는 일련의 경배와 낭독에서 어떠한 의미도 발견해낼 수 없었다. 아무도 이런 의식을 즐기지 않았으며, 강압에 의해 의식이 이루어지고 있다는 것을 누구나 느끼고 있었다. 전부는 아니겠지만 대부분의 교장들도 마찬가지의 감정이었으리라 생각한다. 긴 의식이 모두 끝나면 교장은 한숨을 내쉬었다. 당시에는 제대로 의식을 행하지 않은 교직원들이 자리에서 쫓겨나거나 직위를 강등당하는 사례도 있었다. 마치 북한과 같은 공산주의 체제에서나 일어날 법한 일들이었다. 나는 히로히토가 이러한 일들이 모든 학교에서 벌어진다는 것을 알고 있었다고 확신하지만, 그는 전쟁이 끝난 뒤 어떠한 유감의 말도 남기지 않았다. 나는 그것이 몹시 불편했다.

1948년 1월에도 위의 것들에서 본질이 벗어나지 않는 일들은 계속되었다. 새로 선출된 참의원參議院(상원)과 중의원衆議院(하원)의 의장들은 모두 히로히토에게 가서 경의를 표했다. 배례가 끝나고 난 뒤에도 몸의 방향이 천황을 향해야 하는 것이 규칙이므로, 인사를 마친 사람은 퇴장을 할 때 게걸음을 하며 옆으로 물러났다. 이를 따르지 않은 의원 한 명이 있었는데, 이는 '게걸음 문안 사건'이라 불렸다. 어쨌든 히로히토와 수하의 사람들은 여전히 나라의 직책에 있는 사람에 강요되는 어처구니없는 궁중 예절을 즐기고 있었던 것이다. 전쟁이 끝난 지 겨우 2년이 지난 시기에 말이다. 이 밖에도 천황에게 절을 할 때의 여러 가지 규칙들이 존재했는데, 그 중 하나는 멀리서 절을 할 때의 규칙이다. 이것은 글로 옮기기에 너무나 천박하므로 자세히 묘사하지 않겠다. 당시에 행해지던 천황 숭배에 대해 전부 이야기하자면 두꺼운 책 한 권이 필요할 것이다.

이 책이 그의 전쟁 책임을 논하고자 하는 것은 아니지만, 쉽게 잊힌 사실 하나를 언급해야겠다. 히로히토는 황제일 뿐 아니라 장군들을 거느리는 총사령관이기도 했다. 즉, 모든 군사 관계자들에게 보고를 받는 사람이었던 것이다. 이것은 국내 문제가 아닌 외교적 문제였기 때문에 반드시 관계 장관들과 상의를 해야만 하는 일이다.

당시의 아이들이 가지고 놀던 카드 중에서는 군대의 계급이 그려진 두 쌍의 카드 묶음으로 하는 게임이 있었다. 장군의 카드는 대령의 카드를 이기지만, 군대 깃발이 붙은 카드에게는 언제나 진다. 그리고 군대 깃발 카드는 상대편의 깃발에게 선공을 당하면 지는 방식이다. 그러나 총사령관의 카드는 게임 전체를 무의미하게 만들기 때문에 그런 카드는 존재하지 않았다. 히로히토의 위치는 그런 것이었으므로 그에게 전쟁의 책임이 없다고 말하는 것은 이치에 맞지 않다. 이와 같은 사실은 이미 전쟁 사학자가 언급한 적이 있지만, 나도 여기서 다시 한 번 언급하겠다.

그렇다고 당시 일본의 분위기가 공산주의 나라들과 같지는 않았다. 물론 의식들은 진지하게 진행되었고 그것을 공개적인 자리에서 희화화하는 사람은 없었지만, 사람들은 다들 연출되는 의식에서 벌어지는 위선과 가식을 인식하고 있었다.

아이들은 신성한 '칙어'를 가지고 놀이를 했다. 교육 칙어의 시작은 다음과 같았다. "짐이 생각컨대 황조황종皇祖皇宗('코오소코오소오'로 발음한다) 이 굉원에 나라를 열어 덕을 세움이 깊고 두터우니 우리 신민이 어쩌고저쩌고..." 그래서 아이들은 다음과 같은 놀이를 했다. 두 사람 중 하나를 A, 다른 하나를 B라고 하자. 그러면 A가 천황의 역할을 맡아 칙어를 읊으면서 B에게 흉내를 내라고 명령하는 것이다. A가 "짐"을 말하면서 코를 만지면 B가 그것을 따라한다. A가 "생각컨대"를 말하면서 팔짱을 끼면 B도 그렇게 한다. 그리고 A가 "우리의 선조"라고 하면서 팔을 넓게 뻗으면 B도 그것을 따라한다. 이때 A가 "코오소코

오소오"라고 발음하며 B의 겨드랑이를 간지럽히는 것이다. "코소구루くすぐる"는 간지럽히다는 뜻의 일본어 동사이기도 하다. 아이들은 그렇게 장난을 치면서 깔깔대었다. 물론 이런 장난을 같은 사람에게 두 번 할 수는 없다.

당시의 일본이 그런 놀이를 숨어서 해야 하는 분위기는 아니었다. 교장도 어린 아이였다면 그렇게 놀았을 것이다. 사람들을 감시하는 비밀 요원 따위는 없었다.

제국의 칙어를 저속하게 바꾼 것들도 존재했다. 그중 한 가지는 다음과 같았다. "우리가 방귀를 뀌면 너희 제국의 앞잡이들은 코를 틀어막으며 제국의 표식과 문장을 부여잡고 있을 것이다." 이런 것은 그다지 놀라운 일도 아니며, 어느 나라에서나 일어나는 일이다. 일본인들의 상당수가 히로히토를 살아있는 신으로 숭배한다는 편견이 있지만 그것은 완전히 잘못된 것이다. 당시의 일본인들이 공식적인 자리에서 천황을 그런 식으로 대한 것은 사실이지만 그 이상은 아니었다.

일본 근대사의 가장 어두운 시절에 일반 국민들 사이에는 다음과 같은 이야기들이 퍼지고 있었다. 앞에서 언급했듯이 1936년 2월 26일에 일단의 젊은 육군 장교들이 쿠데타를 기도한 적이 있었다. 쿠데타는 실패로 끝났지만, 반란군은 두 명의 장관과 고위 군인 몇 명을 암살하는 데 성공했다. 궁정 관계자에게 이 소식을 들은 히로히토는 그 자리에서 비틀거렸다. 그때 보좌진이 "폐하, 괜찮으십니까?"라고 묻자 천황은 "나는 중심中心을 잃고 말았소."라고 대답했다고 한다. 중심은 일본어에서 '주요 장관' 혹은 '무게 중심'을 뜻하는 단어이다. 쿠데타 당시 반란군의 항복을 촉구하기 위해 애드벌룬이 띄워졌다는 소문도 있었는데, 이는 농담이 아닌 사실이었다.

학교생활 중에서 마음에 들지 않는 것이 한 가지 더 있었는데, 겨울에 교실이 잘 데워지지 않는다는 것이었다. 당시의 미국 학교들은 훨씬 따뜻했을 것이다. 앞에서 대부분의 일본 가정들이 겨울에 춥다는 이야기를 했다. 나는 천성적으로 추위를 잘 타는 체질이었으며 그것 때문에 성가신 경우가 많았다. 이것에 대해서는 뒤에서 다시 언급하겠다.

종종 학교에서 교육용 영화들이 상영되기도 했는데, 히로히토의 초상이 놓여 있는 벽장 앞에 스크린이 걸렸다. 나의 기억에 남아있는 내용들은 위생에 대한 것들뿐이다. 그 중 한 가지는 일곱 살이나 여덟 살 정도 되는 소년이 달달하고 불결한 값싼 불량 식품을 사먹는 이야기였다. 큰 파리들이 과자 위를 기어 다니는 장면이 클로즈업 되었다.

결국 소년은 이질에 걸려서 죽고 말았다. 다른 하나는 조금 더 나이가 많은 일하는 소년에 대한 것으로, 소년이 왜 노동을 하게 되었는지는 기억이 나지 않는다. 비가 내리는데도 무거운 물건들을 마차에 싣고 다니던 소년은 결국 폐렴에 걸려 죽고 만다는 이야기였다.

이 모든 것들은 암울했으며 (지나친 단순화일지도 모르지만) 히로히토의 초상보다 더 나을 것이 없었다. 그러나 폐렴이나 여러 가지 전염병이 당시 어린이들의 주요 사망 원인인 것은 사실이었으니 관제 영화들이 진실을 담고 있는 측면도 있었다. 나중에 중고교 동창 중 한 명은 미국의 초등학교에서 폐렴에 대한 경고를 끊임없이 들었다는 이야기를 해주었다.

4 어린 마음의 무게

앞에서도 말했듯이 나는 몹시 마른 체형으로 부모님의 걱정이 많았다. 게다가 시력은 근시였다. 소학교에는 원하는 학생들에게 영양제로 간유 cod liver oil를 제공했고 부모님이 신청해서 나도 알약을 받아먹게 되었다. 간유 알약은 요즈음의 비타민 알약처럼 생겼으며, 건강에는 좋았겠지만 체중을 늘려줄 것 같지는 않았다. 그럼에도 나는 일반적인 체육 활동에 문제가 없었으며 수영도 곧잘 했었다. 마른 체형이 성가시다고 느낀 적은 없었다.

그러나 피골이 상접한 몸 상태와 체력 때문에 쓰라린 경험을 한 적도 있다. 1964년 여름 미국 매사추세츠주 우즈홀Woods Hole에서 열린 4주 간의 학회에 참가했을 때의 일이다. 해안에는 학회 참가자와 가족들이 수영을 할 수 있는 해수욕장이 있었다. 해안에서 70미터쯤 떨어진 곳에는 떠다니는 플랫폼이 놓여 있었는데, 아내는 헤엄만으로 거기까지 도달하고 다시 돌아왔다고 자랑을 했다. 나는 "에이, 그건 아무것도 아니야."라고 말하고서 바닷물에 뛰어들었다. 그보다 몇 년 전에 일본의 이즈 반도伊豆半島 앞바다에서 꽤 멀리까지 수영을 했고, 누워서 헤엄을 쳐본 경험이 있었기 때문에 바다에서 수영하는 것에는 자신이 있었다. 그러나 대서양의 바닷물은 예상보다 훨씬 차가웠다. 어쨌든 플랫폼까지는 가까스로 도달할 수 있었지만, 나는 그 위에 앉아서 불어오는 바람에 몸을 떨었다. 그러나 플랫폼 위에 계속 있을 수는 없었기 때문에 다시 육지로 되돌아가기로 했고, 겨우 그렇게 할 수 있었다. 해안에 도착할 수는 있었지만 헤엄을 치는 동안에는 바다에 빠져 이대로 죽을 수도 있겠다고 생각했다. 그때 폐렴에 걸리거나 하지는 않았지만 그 이후 다시는 수영을 하지 않겠다고 결심했다.

어렸을 때 나의 마른 체형은 여러 가지 다른 종류의 말썽들을 일으켰다. 이야기에 들어가기 전에, 나는 어렸을 때 가능한 한 빨리 어른이 되고 싶었다는 욕망을 가지고 있었음을 고백하고자 한다. 언제부터 그런 식으로 생각하게 되었는지는 모르겠지만, 확실히 나는 어린 아이의 상태에 대한 애착이 없었다. 그러니까 내가 만약 어른이라면 얇은 대나무 막대기를 콩에 쑤셔 넣거나 하지 않아도 될 것이었다! 당시의 기분을 정확히 기억할 수는 없지만, 대충 나는 어른들이 아이들을 그들의 힘을 이용해서 조종하고 있다고 생각했다. 물론 이것은 과장된 생각이지만, 어린 시절의 나는 내가 어른이 아니기 때문에 당하는 것이 많다고 생각했다.

이를테면 다음과 같은 것들이다. 여학교에 다니던 큰누나는 11학년을 마치고서는 학교를 졸업하고 어디선가 의상 만들기를 배우기 시작했다. 그녀의 첫 번째 과제 중 하나는 소매가 없는 셔츠였고, 화려한 색상의 문양이 꿰매져 있었다. 어머니는 내가 그것을 입고 학교에 가게 하려고 했다. 그때는 6월이었으며 날씨는 그렇게 따뜻하지 않았다. 나는

"싫어"라고 했는데, 반의 아이들 중 아무도 그렇게 화려한 셔츠를 입지 않을 것이며, 더 중요한 것은 아직 날씨가 춥기 때문이었다. 그러나 그들은 포기하지 않았다. 그들은 이것이 아주 멋진 셔츠라고 하면서, 내가 입으면 멋져 보일 것이라며 그 옷을 입어야만 하는 온갖 이유들을 발명해냈고, 마침내 그들이 원하는 대로 하는 데 성공했다. 그때 나는 정말로 부당하게 대우 받고 있다고 느꼈다. 아마 감기나 폐렴이라고 속였어야 했지만, 그럴 용기까지는 나지 않았다.

당시의 여름 방학은 7월 25일 부터 8월 31일 까지였다. 초등학교 1학년 때 난생 처음으로 여름 방학을 맞이했을 때, 나는 굉장히 당황했다. 아버지는 여전히 다른 아버지들처럼 일을 하러 나가신다. 그러나 학교에 다니는 학생들은 갑자기 활동을 멈추는 것이었다. 형과 누나들도 마찬가지였다. 도대체 왜? 물론 학교를 너무 좋아하거나 계속 다니고 싶어서 그런 생각이 든 것은 전혀 아니다. 그저 나는 여름 방학의 존재 이유를 이해하지 못했던 것이다. 하지만 그런 질문은 속으로만 품고 아무에게도 묻지 않았다. 만약 누군가에게 그런 질문을 했다가는 돌아오는 대답은 "너는 아이에게 적합하지 않은 이상한 질문을 하는 불쾌한 소년이구나"와 같은 종류의 것이 될 것임을 본능적으로 직감했기 때문이다.

이 질문에 대한 대답이 쉽지 않다는 점은 지적해야겠다. 아마도 여름 방학이라는 제도에는 역사적이며 실용적인 이유가 있을 것이다. 더운 날씨에 공부의 능률이 떨어지는 것은 사실이지만, 그것이 방학이 존재하는 주된 이유 또한 아닐 것이다. 왜냐하면 여름이라는 것이 아예 없는 추운 나라에서도 여름 방학이 존재하기 때문이다.

그러나 수년 후 프린스턴 대학교에서 대학원생들을 지도할 때, 나는 조금 다른 이유로 여름 방학의 의의에 대해 다시 의문을 가지게 되었다. 대학원생들의 다수는 연구 경험이 없었으며, 연구 과제가 없는 기나 긴 방학이 학생들의 머리를 그렇게 쉽게 비워버릴 줄은 예상하지 못했던 것이다. 그 뒤로 여름 방학이 시작되기 전 나는 언제나 지도 학생들에게 그러한 사태를 방지하는 방법에 대해 알려주면서, 지금 하는 이야기가 엄청나게 중요하다는 것을 강조했다. 그럴 때마다 나도 나이가 든 사람이 되어버렸구나 하는 생각과 함께, 여름 방학이라는 것이 없다면 학생들을 지도하는 것이 훨씬 수월할 텐데 하고 생각하게 되는 것이다.

어렸을 때 마음을 어지럽히던 또 다른 것들이 있었다. 학교에서는 매일 섭취하는 쌀과 채소 등을 생산해내는 농부들의 노고에 항상 감사해야 한다고 배웠으며, 나는 그것을 명심했다. 또한 물건을 낭비하지 말고 절약해야한다고도 배웠는데, 이것 또한 매우 합리적으로 들렸다. 심지어 "인생에서 금전적인 것에 큰 비중을 두어서는 안된다"라는 이야기도 들었다. 나는 이것 또한 받아들였지만, 아이들은 돈의 중요성을 알 수 없으므로 그런 말은 특별한 맥락에서만 성립하거나 다소 위선적인 가르침이라고 생각된다. 교사들이 농부의 노고에 대해 했던 이야기는 본질적으로 "노동 계급의 존재를 잊어서는 안된다"라는 의미였을 것이다. 그런 가르침이 완전히 정확한 것은 아닐지라도 나는 여기에 상당한 영향을 받았다. 부모님과 기차를 타고 여행을 갈 때 기차 창문 밖으로 보이는 들판의 농부들을 보면서 일하지 않고 여가를 즐기는 상태에 대해 죄책감을 가졌던 적이 있다.

우리 가족은 그렇게 부유하지도 않았지만 노동 계급에 속한다고는 할 수 없었으며 그것이 나의 마음을 다소 어지럽혔다. 가족 여행의 목적지는 대개 놀이공원, 유명한 불교 사찰이나 신사, 혹은 경치가 좋은 장소였다. 일단 목적지에 도착하면 나는 죄책감에서 벗어나 평범한 아이가 되어 놀았다. 그럼에도 어린 시절 내내 그런 기분에서 완전히 벗어나지 못했다. 그러나 그와 같은 생각은 혼자서만 간직했으며, 다른 사람에게 꺼내 보인 적이 없다. 어쩐지 그런 생각을 하고 있다는 것을 들키는 것이 부끄러웠기 때문이다. 어린 나의 어휘 목록에 '위선'이라는 단어가 있지는 않았겠지만, 어린 시절부터 나는 위선적인 것을 좋아하지 않았다.

전쟁의 마지막 기간에 나는 중학교에 다니고 있었으며, 학생들은 강제로 전투기 부품을 만드는 공장에서 일해야 했다. 그 시점에 나는 그런 장소에서 노동을 한다는 것의 의미를 알고 있었다. 그러므로 앞에서 느꼈던 종류의 죄책감은 전쟁이 끝나면서 완전히 사라지게 되었다. 아마도 당시와 그 후에 겪어야 했던 여러 가지 경험들이 그런 마음을 들게 했는지도 모르겠다. 하지만 우리 가족은 노동자 계급까지는 아니더라도 가난한 축에 속했기 때문에, 그것은 다소 어쩔 수 없는 것이기도 했다.

전쟁이 끝난 후 모두의 삶이 안정되고 나도 가르치는 일에 종사하게 되었을 때, 같은 세대인 동료들과 친구들에게 내가 어린 시절에 가졌던 죄책감에 대해 말하면서 같은 감정을 가져본 적이 있는지를 물어보았다. 약간이나마 긍정적인 대답을 기대했지만, 놀랍게도 그런 사람은 한 명도 없었다. 그러나 모두가 동의한 단 한 가지가 있었는데, 비록 프롤레타리아에 속하지는 않았지만 우리는 착취당한 세대에 속했다는 사실이다.

나는 지금도 내가 죄책감을 갖는 것은 절대적으로 불필요한 일이었다고 생각한다. 그런 느낌을 받았어야 할 사람은 따로 있었지만, 그것은 전쟁이 끝난 후에야 깨달았다.

제 II 장

학창시절

5 중학생

초등학교에서의 첫 2년과 달리, 그 다음 2년은 그다지 즐겁지가 않았다. 새 담임은 끔찍하지는 않았지만 진실함이 부족한 사람 같았다. 수업에 적당히 맞춰서 따라가려 노력은 했지만 그를 좋아할 수는 없었다. 그래서 학교에 가는 날은 비가 내리는 것 같았으며, 우중충한 공기가 교실을 감싸는 것 같은 날들이 많아졌다. 그런 기분으로 2년을 보냈다. 5학년에서 6학년 까지는 오쿠보에 있는 초등학교를 다녔다. 담임 교사는 다른 것은 특별히 강제하지 않았으나 수채화의 그림자만은 반드시 진하게 그리라고 고집했다. 그것 이외에 특별히 힘든 일은 없었으며 급우들과는 잘 어울리며 지냈다.

 1940년이 되자 중일전쟁에서 발목이 잡힌 일본군은 전선에서 더 이상 나아가지 못했다. 평범한 시민들은 생필품의 부족함을 느끼기 시작했지만 군대는 국민들의 삶 따위는 안중에 없었다. 1939년에는 만주의 국경 지대에서 일어난 대규모 전투에서 일본군이 소련에 참패했지만, 세부적인 내용은 국민들에게 알려지지 않았다. 그러나 이 전투가 벌어지고 몇 년이 지난 뒤 쿠사바 사카에草葉榮 장군은 전투의 전말을 기록한 책을 출간했다. 책에는 당시 전투가 얼마나 처참했는지 잘 기록되어 있다. 나는 책이 나오자마자 사서 읽기는 했지만, 그럼에도 전쟁의 전체 상황이 어떤지는 제대로 알 수 없었다. 어쨌든 폭주하는 일본군은 마침내 1941년 12월 8일, 미국(진주만)과 대영 제국(말레이 반도)에 공격을 감행하고 말았으나, 그런 끔찍한 일을 막을 수 있는 사람은 없었던 것 같다. 전쟁에 대해 이야기하는 것이 이 책의 주된 목표는 아니지만, 이러한 시대적 배경을 언급하지 않고서 당시를 서술하기란 불가능하다.

 그 새로운 전쟁의 운명적인 시작을 보도한 뉴스를 접했을 때의 기분을 언급하고 싶다. 이상하게도 진주만 공격에 대해서는 많은 것을 기억하지 못하지만, 말레이 해전에서 '프린스 오브 웨일스Prince of Wales'와 '리펄스Repulse'라는 두 영국 전함이 침몰되었다는 뉴스는 생생히 기억난다. 나는 꽤 상기되어 "영국이 마침내 교훈을 얻게 되겠군"이라고 생각했는데, 그렇게 생각한 것은 이후에도 후회해본 적이 없다. 당시의 대영 제국은 세계지도에서 지나치게 넓은 지역을 점령했으며, 영국은 아편 전쟁과 같은 악랄한 식민지 정책에 어떤 식으로든 관여하고 있었기 때문이다. 그래서 그 보도를 접한 순간 '대영 제국의 쇠퇴와 몰락'이라는 글의 시작을 목격한 것 같은 기분이 들었던 것이다.

나는 1942년 3월에 초등학교를 졸업했다. 그리고 길고 길었던 6년이 끝났다는 사실에 안도했다. 당시에는 초등학교까지가 의무 교육이었다. 일반 중학교 외에 직업학교도 있었으며 상대적으로 적은 숫자의 학생들만이 일반 중학교로 진학했다. 우리 집 근처에는 다다미 제작소가 있었는데 그 가게 아들은 자기 학급에서 1등을 하던 아이였다. 초등학교를 졸업하고 난 뒤 어느 날, 그가 다다미를 만드는 광경을 목격했다. 그 아이의 학업 능력은 꽤나 특출했기 때문에 나는 어쩐지 이상한 기분이 들었다. 그 아이가 나중에 야간학교에 진학했는지 어쨌는지는 잘 모르겠다. 그렇지만 초등학교 6학년 졸업반인 나에게 당장 닥친 장애물은 1942년이 되기 전에 치러야 하는 중학교 입학시험이었다.

당시에는 중학교 입시를 위한 예비 학교나 과외가 흔했다. 교사들이 이런 것들에 시간을 쏟는 것은 예외적인 일이었고, 시간만 허비하게 되는 성가신 일이었다. 그러나 다행히도 내가 들어가던 해에 시험 과정이 단순화되었는데, 초등학교 성적표를 제출하고 구술시험만 치르면 되었으며, 필기시험이 폐지되었다. 내가 선택한 학교는 도쿄도립제4중학교東京都立第四中学校였는데 기리에즈 지도에서 1인치 정도 바깥에 있었다. 당시에 300여명 정도가 지원했는데, 250명이 합격했다. 그러니 합격률은 꽤 높았던 것이다. 구술시험에서는 다음과 같은 질문들이 기억난다. "부모에게서 몇 살이 되면 독립할 것인가? 그때 아버지의 나이는 몇 살일까?" 부모님은 그렇게 건강해보이지는 않는 나의 왜소한 체구 때문에 불합격하지는 않을까 걱정을 했지만 그런 일은 일어나지 않았다.

그러나 막상 입학해보니 입시가 가장 쉬운 관문이었다. 일주일이 지난 뒤, 나는 학교의 짓누르는 분위기에 숨이 막힐 것 같은 느낌을 받았으며 비로소 엉뚱한 곳에 오게 되었다는 생각을 하기 시작했다. 학교는 학생들을 그들의 이상에 부합하도록 채찍질 하는 데에 안달이 나있었다. 물론 그것은 당시의 어느 학교나 마찬가지이기는 했다. 앞에서 이야기한 경사로 끝에 있던 중학교에는 다소 영민하지 못한 소년들이 입학했을 수도 있겠지만, 일단 입학한 후에는 그들 나름대로의 엄격함을 유지했을 것이며 그들 부모들의 바람이기도 했을 것이다. 그러나 '이상적'이라는 단어의 의미는 각 학교마다 매우 달랐다. 어떤 학교들은 확실히 현대적이고 자유로웠지만 내가 다녔던 학교는 구식이었으며 상당히 보수적이었다.

학교의 경직성에도 불구하고 교사들은 정직했으며 사명에 충실했다. 즉, 기계적인 가르침만은 아니었다고 할 수 있겠다. 또한 중학교에서의 첫 2년 8개월은 나의 학창시절 중 유일하게 학업에만 충실한 상태로 지냈던 기간이었다. 그러나 그런 평범한 기간은 이후 학생 동원 노역에 투입되기 시작하면서 더 이상 지속되지 못했는데, 이에 대해서는 아래에 더 자세히 서술하겠다.

각 과목의 수업은 다양한 방식으로 이루어졌다. 원예학 시간에는 비료의 품종들을 배웠고, 학교에서 걸어서 몇 분이면 나오는 거리에 있는 4천 평방미터 정도 넓이의 작은 밭에서 실습을 했는데, 이런 실습은 실제로도 유용했다. 음악 시간에 대해 말하자면, 우선 당시 일본의 서양 고전음악 수준이 믿을 수 없을 만큼 낮았다는 것을 알아야 한다. 초등학교 6학년 때는 화음을 배웠으며 2부 합창곡을 불렀다. 오쿠보 초등학교의 젊은 여교사는 열의를 가지고서 우리를 가르쳤지만, 불행하게도 우리의 성취도는 그녀의 기대에 훨씬 미치지 못했다.

초등학교 5학년 또는 6학년의 교과서에는 베토벤의 달빛 소나타에 대한 유명한 이야기가 실려 있었다. 그리고 학교에는 LP음반을 감상할 수 있는 전축 한 대가 있었는데, 각 교실의 스피커와 연결되어 있었다. 어느 날 교실에서 베토벤 소나타를 듣고 있었는데, 수채화에 대해 잘못된 생각을 가졌던 그 교사가 별안간 "왜 이 이해할 수 없는 음률을 좋은 음악이라고 하는 것일까?"라는 질문을 했다. 그 순간 아이들은 모두 침묵했다.

당시에 이미 서양 고전의 표준 목록들을 한 벌로 판매하는 회사들이 존재했기 때문에 그런 음반들을 학교에서만 접할 수 있는 것은 아니었다. 어떤 집에는 오르간이나 피아노도 있었으며 기악을 배우는 아이들도 있었다. 그러나 대부분의 아이들에게는 음악에 노출되는 적절한 환경이 갖춰지기 전이었으며, 따라서 학생들의 연주회는 대개

'젓가락 행진곡' 수준을 벗어나지 못했다. 그러나 리하르트 바그너Richard Wagne 등 유명한 작곡가 중에서는 기악 연주에 뛰어나지 못한 사람들도 있었기 때문에, 피아노 연주를 잘 하는 것이 음악을 잘 이해하는 것은 물론 아니라고 생각한다.

중학교의 음악 교사는 어느 정도 알려진 음악가이기도 했다. 그는 우리에게 소나타 형식에 대해서 설명했으며, 베토벤 교향곡 '전원Pastorale'을 예로 들어 작곡의 흐름에 대해 설명했다. 나는 그의 수업이 마음에 들었다. 그러나 어느 날 학생들이 수업에 지루함을 표시하자 그는 화를 내며 교실을 나가버렸다. 곧 반장이 나서서 앞으로 주의하자고 부탁한 후 교사에게 가서 사과를 했다. 그리고 그 교사는 다시 돌아와 수업을 진행했다.

누나가 세 명인 나는 여자 학교에서 무엇을 가르치는지에 대해서 어느 정도는 알고 있었는데, 여학교에서 그런 식으로 화를 내는 교사는 없었을 것이다. 몇몇 학생들에게는 조금 다른 것들이 문제가 되었다. 따뜻한 오후가 되면 졸음을 느끼는 학생들이 있었고, 화를 내는 교사들도 있었지만 결국에는 기온이 온화한 나라의 교실에서 쉽게 볼 수 있는 광경을 보게 되는 것이다.

8학년부터는 영어 시간에 정규 교재 이외에도 추가로 읽을거리가 나왔다. 8학년 때의 보조 교재는 이솝우화였다. 당시에 안초코あんちょこ[1]라 불리는 교과서의 해설집들이 유행했는데, 수업을 잘 따라가지 못하는 학생들은 그것을 참고했다. 하지만 교사들은 안초코가 학습에 역효과를 준다고 생각하여 좋아하지 않았다. 언젠가 이솝우화에 대한 안초코 형식의 해설서를 입수했는데, 어디서 그것을 얻게 되었는지는 기억이 나지 않는다. 어쨌든 그 책에는 교재에 나온 것보다 더 많은 이솝우화들이 담겨 있었기 때문에 나쁘지 않았던 것 같다. 아마도 전형적인 안초코는 아니었을 것이다.

영어 교사 중 한 명은 상당한 괴짜였다. 50대 후반이었던 그는 특정 문학 분야에서 잘 알려진 작가였으며 유명 출판사에서 책을 내기도 했다. 그는 수업 시간에 일본이 독일을 잊어야 하며, 영국에 더 많은 관심을 가질 필요가 있다고 말했다. 그때는 1944년으로 일본이 독일, 이탈리아와 삼국 동맹을 맺고서 영국과 미국을 상대로 전쟁을 치르고 있던 때였다. 나는 그가 미국을 언급하지 않은 것을 기억한다.

이 영어 교사가 선택한 보조 교재는 '아라비안나이트'

---

[1] 한국의 '전과'에 해당된다 – 옮긴이

였다. 어느 날 그와 면담할 일이 있어서 교무실에 간 적이 있다. 교무실은 다른 교사들도 모두 자기 책상을 가지고 앉아있는 곳이었다. 면담이 끝나고서 그는 두꺼운 책 한 권을 꺼내보였는데, 그것은 (어린 학생들을 대상으로 내용들을 추려낸) 천일야화가 아니라, 진짜 아라비안 나이트였다. 겉표지에는 알리바바의 노예 소녀가 배를 다 드러내고 벨리댄스를 추는 장면이 그려진 천연색 그림이 있었다. 그는 음흉하게 미소를 지으며 나에게 책의 표지에 대해 어떻게 생각하느냐고 물었다. 그러나 그림 자체는 평범했으며, 선정적인 요소가 별로 없었으므로 나는 대답을 하지 않고 아무 감정도 보이지 않았다. 그것이 그를 실망시켰는지 그는 책을 덮었고, 나는 교무실에서 빠져나왔다. 후지카케 교수를 흉내내어 "굉장하군요" 혹은 "아름답네요" 따위의 말이라도 했어야 했는지도 모르겠다.

한번은 다른 영어 교사의 수업 시간에 받아쓰기 시험을 본 적이 있었다. 열다섯 줄 정도 되는 지문은 메이플 시럽에 대한 것으로, 시간이 되자 교사는 시험지를 모두 수거해갔다. 그런데 다음 시간에 그는 이유를 밝히지 않고서 한 학생을 시켜 채점을 하지 않을 테니 모두에게 시험지를 다시 돌려주라고 지시 했다. 사실을 밝히자면, 시험 때 맨 마지막으로 교실을 나온 것은 나였다. 그때 답안지를 제출하면서 쌓여있는 답안지들 중 맨 위에 있는 것을 보게 되었는데, 나는 그 답안의 완벽함에 감탄을 하고 말았다. 아무도 보는 사람이 없었으며 충동적으로 "참으로 잘했어요!"라는 문구를 그 위에 써넣었다. 그 교사가 그런 말투를 자주 쓴다는 것을 알고 있었기 때문이다. 그 답안지의 주인공을 놀리려고 한 것도 아니었으며 아무에게도 그 일을 알리지 않았다. 나는 가끔 이유 없이 충동적으로 그런 짓을 해버리는 종류의 사람인지도 모르겠다. 그런 훌륭한 행위가 사회에서 용인되지 않는다는 것이 때때로 불만이기도 하다.

전체적으로 중학교에서 받은 교육의 수준은 낮지 않았다. 나중에 다른 학교에 다니게 된 급우 한 명도 그렇게 말한 적이 있다. 전쟁 도중에 상당수의 도쿄 시민들은 미군의 공습을 피해 인근으로 흩어지게 되었는데, 그의 가족들도 그 중 하나였으며 그는 새로 이사한 도시의 중학교를 다니게 되었다. 그때 그 친구는 전학 간 학교의 수준이 도쿄의 중학교에 비해 훨씬 낮으며 학생들은 문명화되지 않았다는 말을 했다.

수학 수업의 질은 훌륭한 편이 아니었다. 분수와 십진법 숫자의 연산을 다시 배웠는데, 거기까지는 나쁘지 않았다.

그러나 우리는 대수학을 사용하지 않고 산술 문제를 해결하라는 요구를 받았다. 이런 문제들의 대표적인 예가 소위 쓰루카메잔鶴龜算이라고 하는 것들이다. 쓰루鶴는 일본어로 학을 뜻하며 카메龜는 거북이를 뜻한다. 이를테면 학과 거북이를 모두 합친 숫자와 다리의 총 합이 주어지며, 이때 학과 거북이의 각각의 마릿수를 구하라는 식이다. 여기서 중요한 점은 대수를 사용하지 않고서, 즉 x나 y같은 미지수를 쓰지 않고서 문제를 풀어야 한다는 점이다. 이보다 훨씬 복잡한 문제들도 있었다. 그런 종류의 문제들은 그 전 해에 치루었던 중학교 입학시험에 등장했기 때문에, 입시를 통과한 사람은 그런 훈련을 다시 반복해야 했다.

나는 그런 문제에는 흥미가 없었다. 앞서 언급한 새로운 초등학교 교재의 편집자들은 기계적인 산술 계산의 무의미함을 잘 이해하고 있었다. 하지만 그와 같은 생각이 중학교 교사들에게까지 이어지지는 않았던 것 같다. 케임브리지 대학의 수학 트라이포스Mathematical Tripos제도가 갖는 비효율성은 현재까지도 논란이 되는 주제이다. 나는 일본의 제도가 구식 영국 제도에 영향을 받은 점이 크다고 생각한다.

그렇지만 한 번 가르치기로 정해진 것을 다시 가르치지 않게 결정하기란 어려운 법이다. 대개 어떠한 주제가 계속 가르쳐지는 가장 큰 이유는 그것이 오랜 시간 동안 가르쳐졌기 때문이다. 교사들은 무언가가 교과과정에 포함된 이유를 근본적인 수준에서 생각하지 않는다. 예를 들어 평면 삼각법과 구면 삼각법은 당시 중학교의 표준 과정에 있었다. 구면 삼각법을 몇몇 특수학교에서 가르치는 것은 가능하겠지만 보통의 중학교나 고교 과정에서는 필요하지 않다. 물론 구면 삼각법의 몇 가지 정리들은 그것을 이해하는 데에 그렇게 어려운 기교가 필요하지 않다. 이를테면 구면 삼각형의 면적은 그 내각의 합에서 2π를 뺀 값에 비례한다. 이것은 비유클리드 기하학에서 가장 쉬운 정리 중 하나이므로 10학년이나 11학년에서 그런 내용을 다루는 것은 적절하다고 생각된다.

중학교 1학년 때 학생들은 계산자(slide rule) 다루는 법을 배웠으며, 그것은 어느 정도 유익했다. 왜냐하면 수학은 형식 논리만으로는 그 본질을 습득하기가 힘들며, 각각의 수학적 대상들이 구체적으로 무엇을 의미하는지에 대한 직관적인 예제도 필요하기 때문이다. 이는 초급 수준의 수학 뿐 아니라 고급 수준의 수학을 배울 때도 적용된다. 계산자는 십진법과 근사치에 대한 감각을 익히는 데에 확실히 도움이 되었다. 그렇지만 오늘날의 중학교 교과에 계산자 다루는 법을 다시 포함시키는 것은 불필요한 일이라고 생각된다.

교육 당국은 왜 케케묵은 산술 계산을 고집했던 것일까? 내가 짐작하는 이유는 다음과 같다. 아마도 그들은 수학의 주제별 계층 구조를 굳게 믿었고, 다음 단계로 진행하기 전에는 이전의 주제를 완벽하게 숙달해야 한다고 생각했을 것이다. 즉 대수 이전에는 산술을, 해석 기하 이전에는 에우클레이데스 기하를 완료해야 비로소 미적분학에 들어갈 수 있다는 식이다. 실제로 교과 과정에서 엄청나게 많은 분량이 원뿔 곡선[2]을 배우는 데에 할애되었다.

전쟁 이전의 일본의 중학교에서는 에우클레이데스 기하학을 꾸준히 가르쳤다. 하지만 중학교와 고등학교 교과과정을 개발한 그 누구도 그 주제가 정말로 중요한지에 대해 자문해본 사람은 없었을 것이다.

무엇을 가르쳐야 하는 것과는 별개로, 중학교 때 겪은 기이한 사건 하나가 생각난다. 랜슬롯 호그벤Lancelot Hogben이 지은, 1937년에 출간된 《백만 인을 위한 수학Mathematics for the Million》이라는 책은 당시에 널리 읽혔으며 몇 년 뒤에는 일본어로도 번역되었다. 그 뒤 다케

---

[2] 이차방정식, 포물선 등 – 옮긴이

우치라는 이름을 가진 누군가가 '백만 인을 위한 수학'의 일본어판 제목과 정확히 같은 제목을 한 전혀 다른 책을 썼다. 이것은 기이할 뿐 아니라 상식에 어긋나는 비윤리적인 행위이다. 심지어 그는 수은을 금으로 바꾸는 화학적 방법을 발견했다고 주장했으며, 이는 신문에 보도되기까지 했다. 그는 도쿄 어느 대학의 교수였는데, 그곳을 졸업한 사람들의 다수는 중학교에서 화학, 물리학, 수학 교사가 되는 그런 학교였다.

신문에 그런 것이 보도된 직후, 그가 학교에 강연을 하러 올 것이라는 소식을 들었다. 그리고 정말로 어느 날 그가 학교에 와서 강의를 했다. 강의는 생각보다 평범했으며, 더 나쁜 것은 의미 있는 내용이 전혀 없었다는 점이다. 허황된 내용이야 얼마든지 무시할 수 있지만, 그가 강연을 한 시기는 그의 책이 출판되고 또 그 화학적 업적이 보도된 후에 일어난 일이다. 그래서 나는 학교가 연금술사에게 강의를 허락해준 것이 해괴하다고 생각했다. 하지만 교사들은 그를 명망 있는 학자라고 소개했다. 이와 같은 일은 어느 나라 어느 시대에나 일어날 수 있는 것이지만, 나는 그것이 내가 다니는 학교에서 일어났다는 사실에 충격을 받았다.

나는 호그벤과 다케우치의 책 모두를 읽었다. 후자에

대해서는 아무런 내용이 기억나지 않으며, 호그벤의 책은 매우 지루했다. 사실 첫 30쪽을 읽고 그만두었어야 했지만 그러지를 못했는데, 뒤의 장에는 무언가 의미 있는 내용이 있으리라는 기대를 갖고서 계속해서 읽어나갔던 것이다. 하지만 책의 마지막에 도달할 때까지 그런 일은 일어나지 않았다. 어쨌든 나는 전문 수학자가 되었으며, 그런 종류의 책은 전문가를 위한 것이 아니기 때문에 거기에 대해서 불평할 수는 없는 일이다.

그 나이 또래의 다른 소년들처럼 나도 중학교 시절의 좋았던 순간들이 있었다. 하지만 모든 학생들의 마음에는 전쟁이 만들어낸 먹구름이 끼어 있었으며 따라서 화창한 기분으로 지낼 수만은 없었다. 교과 과정에는 군사 훈련이 포함되었으며, 우리는 그것을 즐길 수도 피할 수도 없이 받아들였다. 또한 군사력을 지원하기 위한 학생 동원 노역이 존재했기 때문에, 전쟁은 보다 직접적으로 학습에 지대한 영향을 주었다. 학생들만이 노역에 동원되는 것은 아니었다. 성인 남자와 결혼을 하지 않은 특정 연령의 모든 여성들은 법률에 의해 비슷한 방식으로 동원 되었다. 둘째 누나는 당시 어느 군부대에서 사무를 보아야 했다.

중학생들은 1944년 11월부터 전쟁이 끝날 때까지 학교에 나갈 수 없었다. 앞에서 말했듯이, 우리는 처음에 전투기 부품 공장에서 일했다. 그러나 미군의 공습을 피하기 위해 공장은 교외 지역으로 옮겨졌고, 우리는 다시 다른 장소로 옮겨져 다른 종류의 일을 했다. 동원에서 했던 일들에 대해서 자세히 설명할 생각은 없지만, 어쨌든 나는 동원 노역이 아니었다면 결코 습득할 수 없었던 다양한 종류의 희한한 기술들을 여기저기서 습득할 수 있었다. 암울했던 이 시기에 대해서는 다음 절에서 더 자세히 설명하겠다.

6   전쟁의 끝과 그 이후

중학교 시절은 일본이 미국과 전쟁을 치르던 시기와 거의 일치한다. 중학교 2학년 여름 방학이 시작되던 1937년 7월 7일에는 일본과 중국과의 전쟁이 발발했다. 모든 전쟁들은 1945년 8월 15일이 되어서야 완전히 끝이 났다. 그러면서 동원 노역에서 해방되어 학교에도 다시 다닐 수 있게 되었다. 학교 건물이 공습으로 모두 불타버렸기 때문에 화재를 피한 인근의 초등학교 건물에 임시 교사가 마련되었다.

미군의 공습에 대해 이야기하기 전에, 전쟁이 끝난 직후에 벌어진 잊을 수 없는 두 가지 일에 대해 언급하겠다.

부모님과 내가 살던 아파트는 신주쿠에서 서쪽으로 13킬로미터 정도 떨어진 미타카三鷹에 있었다. 나는 주로 주오선 열차를 타고 통학했는데, 중간에 신주쿠에서 내려 급행으로 갈아타야 했다. 어느 날 같은 반 친구와 신주쿠역에서 급행열차를 기다리고 있었다. 우리는 교복과 학교 모자를 쓰고 있었으며, 가슴에는 이름과 학급이 인쇄된 천 조각이 꿰매어져 있었다. 그런 복장은 전쟁 중의 규정이었으며 나중에는 강제되지도 않았지만 우리는 달리 입을 옷도 없었기 때문에 전쟁이 끝난 뒤에도 계속 그런 차림으로 통학을 했던 것 같다.

그때 불과 몇 미터 떨어진 곳에 서있는 우리 또래의 소년을 보았다. 소년은 우리와 같은 교복과 모자를 쓰고 있었으며, 교복에 쓰인 천의 종류까지 반 아이들의 것과 같았다. 옆에 있던 친구도 소년의 존재를 눈치 챘지만 우리는 그 소년이 누구인지 전혀 알 수 없었다. 학급에 그런 아이는 없었기 때문이다. 소년도 우리가 자신을 쳐다보고 있다는 것을 알아챘다. 세 사람은 서서 몇 초 동안 서로를 번갈아 쳐다보았다. 그러더니 갑자기 소년이 돌아서서 달리기 시작했다. 그는 군중 속으로 도망쳤고, 이후에는 다시 그 소년을 보지 못했다.

분명히 그는 가짜 학생이었다. 내가 다니던 중학교는 도쿄에서 가장 명문이었지만, 10학년에 가짜 학생이 있다는 것은 기이한 일이었다. 그 소년의 동기가 무엇이었는지는 지금도 모르겠다. 물론 전쟁 중에는 가짜 학생 행사를 하는 것이 불가능했다.

1953년에 도쿄 대학에서 가르칠 때, 강의실에 들어온 여학생 한 명을 발견했다. 강의가 끝난 후 그녀는 나에게 몇 가지 질문까지 했다. 그 뒤에도 몇 차례 더 그녀를 볼 수 있었다. 동료 교수들도 본인들의 강의에 나타난 그 여학생에 대해 이야기하기 시작했다. 당시 도쿄 대학에 여학생의 숫자는 매우 적었으므로, 그녀의 존재는 즉시 많은 사람들에게 알려지게 되었다. 아마도 그녀는 바람직한 남편감을 만나려는 의도를 가졌던 것 같고, 그 목적을 거의 달성할 뻔 했다. 나중에 어느 주간지에서 교수 하나가 중매인의 자격으로 그녀의 배경을 조사했더니 대학의 공식 기록 어디에도 그녀를 발견할 수 없었다는 내용의 기사를 보았다. 그녀와 연락을 하던 남학생 몇명은 그녀가 4년이 넘게 자신들을 속여 왔다는 것을 뒤늦게 알게 되었다는 소문도 있었다. 그녀의 학업 능력을 칭찬하는 교수들도 있었으므로, 사건은 더욱 슬프게 느껴졌다.

가짜 중학생과 비슷한 시기에 일어난 또 다른 일이 생각난다. 어느 토요일 혹은 일요일에 나는 아파트 안에서 책이나 신문 따위를 읽고 있었다. 그때 밖에서 무언가 딱딱거리는 소리가 들렸고, 소음은 멈추지 않고 반복되었다. 그때 사람들이 대화하는 것이 들렸다. 나는 곧 밖으로 뛰쳐나갔고, 소음을 일으키는 것이 무엇인지 알게 되었다. 아파트 근처의 교차로에는 전봇대 하나가 있었는데, 전신주의 꼭대기의 나무로 된 막대 위에 남자 하나가 있었으며 머리에서는 파란 연기가 피어오르고 있었다. 그는 우리 아파트의 관리인이었다. 사람들은 관리인이 감전되는 것을 보았지만 누구 하나 소리를 지르거나 동요하는 사람이 없었고 조용히 쳐다보면서 이야기를 나눌 뿐이었다.

당시에 정전은 흔하게 일어났다. 아파트 관리인은 약간의 지식을 가지고서 본인이 직접 문제를 해결할 수 있으리라 생각했을 것이다. 나도 관리인이 직접 고치는 것을 본 적이 몇 번 있었다. 하지만 그날 그는 작업에 성공하지 못했던 것이다. 이는 끔찍한 사고였지만 나를 포함한 주민들은 이것을 어쩔 수 없는 일로 받아들였다. 사람들이 그렇게 무감해진 이유는 전쟁을 치르면서 죽음이 항상 옆에 있다고 느꼈으며, 길에서 시체를 마주하는 것이 일상이 되어버렸기 때문이었다.

전쟁 중에 공습은 자주 있었다. 그 중에서도 1945년 3월 10일, 4월 13일, 5월 25일에 일어난 세 차례의 대규모 공습이 기억난다. 뒤에 일어난 두 차례의 공습은 우리 가족이 살던 오쿠보의 집을 불태웠다. 그리고 3월 10일의 공습은 원자 폭탄을 제외하고는 가장 많은 사상자를 냈다. 그때 형이 학생 동원 노역으로 도쿄 시내의 어딘가에서 일하고 있었기 때문에 가족들은 형의 안전을 걱정했다. 그래서 나는 다음날 형을 찾으러 혼자 시내로 들어갔다.

다행히 기차가 다니고 있어서 간다역神田駅까지 타고 갈 수 있었다. 기차에서 내려 승강장에서 동쪽을 바라보았는데, 공습으로 건물이 다 무너지고 허허벌판만 남아있었다. 스미다강隅田川을 따라 6킬로미터 정도를 걸어가서 다행히 형과 그의 친구들을 찾아내었다. 그때 보았던 주변의 광경이 아직도 기억이 난다. 집으로 돌아올 때 보았던 길의 풍경은 잘 떠오르지 않으며 몇 구의 시체를 본 것만이 어렴풋이 기억에 남아 있다. 그러나 며칠 뒤에 도저히 잊을 수 없는 처참한 광경을 목격했다.

그때 나는 학생 동원으로 일하던 장소를 향해 오쿠보도리大久保通り를 따라 걷고 있었다. 길의 북쪽은 운동회가

열렸던 군부대의 벽이었다. 불에 타죽은 사람들의 시체 몇 구가 벽에 가까운 길가에 버려져 있었는데 나는 서너 번 더 그 시체들 앞을 지나쳐야 했다. 13년 뒤에 폼페이 유적지를 방문한 적이 있는데, 그때 박물관에서 마주친 석고 모형의 희생자들은 오쿠보도리에서 보았던 광경과 겹쳐 보였다.

오쿠보에 있던 집을 태워버린 4월 13일의 공습은 생략하고, 5월 25일의 공습을 설명하겠다. 하늘에서 떨어진 소이탄 하나를 재빨리 모래와 흙으로 덮어버리는 것은 어렵지 않다. 나는 몇 개의 폭탄을 그런 식으로 처리해 본 경험이 있었다. 그러나 그날은 하늘에서 수백 발의 폭탄이 떨어졌으며, 탄환이 집들의 지붕을 뚫고 들어와 바닥부터 불태웠다. 우리집과 이웃집 사람들은 떨어지는 폭탄에 하나씩 대응하는 것이 아무런 의미가 없다는 것을 깨닫고서 집을 버리고 피하기로 결정했다. 미군의 폭격기들은 이미 사라진 뒤였으므로 더 이상의 폭격은 없었지만, 사방의 불길을 피해 안전한 장소를 찾아내는 것이 문제였다. 어떻게 거기까지 갔는지는 전혀 기억이 나지 않지만, 어쨌든 우리는 군사병원 안의 어딘가에 불길을 피할 장소를 찾아낼 수 있었다.

당시 미군의 폭격기는 B-29였다. 총 502대의 B-29가 5월 25일의 공습에 사용되었다. 5월 24일에도 공습이 있었으며 그날은 562대의 B-29가 사용되었다. 각각의 B-29에는 6톤 이상의 폭탄 혹은 소이탄이 실려 있었다. 공습으로 인한 사상자도 기록되었는데, 가장 많은 숫자는 약 8만 4천명의 사망자를 낸 3월 10일의 공습이었다. 그 다음으로 많은 피해를 낸 공습은 5월 25일로, 공식적으로 기록된 사망자만 3651명이었다. 이것은 주요 공습만을 언급한 것이며 실제로는 도쿄를 포함한 여러 도시에 더 많은 공습이 있었다. 자세한 숫자까지 언급한 것은 독자들에게 공습의 규모를 짐작하게 하기 위함이다. 나는 미군의 의도, 특히 3월 10일의 공습의 이유에 대해서는 끝까지 이해할 수 없었다. 그날의 공습은 가능한 한 많은 민간인을 살상할 목적으로 계획된 것이었을까?

미군에 의한 최초의 공습은 중학교에 입학하고 나서 불과 2주가 지난 1942년 4월 18일에 일어났다. 그날은 토요일이어서 수업이 일찍 끝났으므로, 나는 거의 정오가 다 된 시간에 집으로 걸어가고 있었다. 그때 하늘에 폭격기들이 나타났다. 그리고 우리 집에서 한 블록 떨어진 구역에 폭탄이 떨어져 건물들이 모두 불에 탔다. 그러나 1944년 가을이 오기 전까지 더 이상의 공습은 없었다.

내가 겪은 공습과 직접 관계는 없지만, 히로시마와 나가

사키에 투하된 원자폭탄에 대해 한 마디 덧붙이고자 한다. 미국인들은 "그것들은 필요했기 때문에 정당화될 수 있다"라고 이야기한다. 또한 미국의 역사가들은 두 번의 투하를 하나의 사건으로 취급하고 있다. 나는 이것들이 완전히 틀렸다고 생각한다. 두 번의 원자폭탄은 각각이 다른 의도와 의미를 가지므로, 분리해서 토론하는 것이 절대적으로 필요하다.

첫 번째 원자폭탄의 광폭한 위력을 보고서도 미국은 나가사키에 곧바로 두 번째 원자폭탄을 떨어뜨렸다. 나는 두 번째 원자폭탄에 대해서는 어떠한 필요성이나 정당성도 짐작할 수가 없다. 따라서 나가사키에 떨어진 원자폭탄에는 공개되지 않은 숨겨진 실행 이유가 있을 것이라고 추측하고 있다. 첫 번째 투하에도 다른 의도가 있었을지는 모르겠다. 어쨌든 두 번째 원자폭탄은 정당화될 수 없다는 것이 나의 결론이다. 추론에 의해 첫 번째 폭탄에 대해서도 같은 말을 할 수 있을지는 모르겠다. 누군가 이런 의견을 공개적으로 표명했는지는 모르겠지만, 만약 그랬다고 하더라도 그것에 반하는 논리는 들어본 적이 없다.

미군의 공습은 여성의 의복에도 지대한 영향을 주었다. 당시 주로 밭에서 일하는 시골 아낙네들이 입던 몸뻬もんぺ라

고 불리는, 판탈롱pantaloon처럼 생긴 바지가 있었다. 당연히 기모노는 실용적이지 않았으므로 여성들은 기모노의 윗부분과 아래쪽이 잘린 몸빼를 결합하여 입고 다녔다. 그런 식으로 복장이 간소해지면서 사람들은 옷을 입은 채로 자다가도 공습이 오면 빠르게 피신할 수 있게 되었다.

여기저기에 대피소가 있었다. 우리 집도 땅 속에 대피소를 팠다. 그리고 이사를 할 때마다 땅을 파서 새로운 대피소를 만들었다. 그렇게 모든 사람들이 땅굴을 파는 기술자가 되었다. 공습의 초기에는 사이렌이 울릴 때마다 사람들이 대피소로 들어가 경보가 끝날 때까지 기다렸다. 그러나 소이탄이 문제가 된다는 것을 알게 된 뒤에는 대피소에 필요한 물건들을 미리 저장해두었다가, 사이렌이 울리면 사람 대신 물건들을 대피소에 넣은 뒤에 뚜껑을 닫았다. 뚜껑은 위를 모래와 흙으로 한 번 더 덮었으며, 그리고는 삽을 들고 다른 곳으로 도망치는 것이다. 나중에는 원시인들처럼 대피소 안에서 잠을 청하는 일도 많았다.

5월 25일의 공습 직후에, 이후에는 다시 볼 수 없었던 기이한 풍경을 목격했다. 폭격을 맞은 자리의 나무들은 대개 잎과 가지들이 사라지고 다 타버린 몸통과 큰 가지들만 남는다. 거기까지는 이상하지 않았다. 그러나 며칠이 지나자 알 수 없는 밝은 색의 주황색 버섯들이 자라나서 검게 그을린 나무의 몸통과 가지들을 뒤덮는 것이었다. 그것은 결코 좋은 징조로 보이지 않았다. 사람들은 그런 기괴한 나무들로 둘러싸인 대피소에서 살았다.

대피소에 저장하는 물건들은 대부분 필수품에 한정되는 것이지만, 간혹 예상하지 못한 물건들이 섞여서 보관되기도 했다. 전쟁이 끝난 지 한참이 지난 1981년 여름에 나는 어머니가 살고 있는 집의 벽장에서 무언가를 찾고 있었다. 그러다가 알 수 없는 나무상자를 발견했다. 뚜껑을 열어 보니 다섯 개의 찻잔, 찻주전자, 식히는 그릇으로 구성된 다기 세트가 들어있었다. 나도 그 집에 살았던 적이 있지만 전에는 본 적이 없는 물건이었다. 어머니는 "아, 그거 내가 결혼할 때 받은 거야"라고 했다. 다기는 매화나무 그림으로 장식된 기요미즈야키淸水燒 도자기로, 푸른색 밑칠에 금색과 붉은색 상회칠이 된 고풍스러운 골동품이었다. 요즈음은 그런 물건을 보기 힘들다. 내가 도자기에서 눈을 떼지 못하자 어머니는 "마음에 들면 가져가버리렴" 하고 말했다. 그때 어머니는 83살이었으며, 아버지가 돌아가시고 9년이 지난 뒤였다. 어머니가 그 물건에 애착이 있었는지는 모르겠지만 평소에 쓰던 그릇이 아니어서 잘 보관될 수 있었던 것 갔았다. 어쨌든 나는 그 다기 세트를 가져가서 꽤 오래 사용했다.

공습은 사람들이 예측할 수도 피할 수도 없는 갖가지 상황을 만들어 내었다. 공습을 피해 교외로 피난을 갔지만 거기서 폭격을 맞은 이들도 있었다. 시내에 있던 많은 학생들은 가족을 따라 이사를 갔으며, 남겨진 사람들은 도시와 함께 운명을 같이 했다. 도시를 떠났던 일부는 더 이상 학생이라고 불릴 수 없는 나이가 되어 다시 돌아오기도 했다. 눈앞에서 집이 불에 타는 아비규환에서 살아난 사람들에 대한 셀 수 없이 많은 이야기들이 있다. 일부는 운이 좋았으며, 다른 일부는 그러지 못했다.

내가 다녔던 초등학교 두 곳은 모두 파괴되었다. 도야마가하라 벌판의 가장자리에 있던 초등학교도 대부분은 불에 타서 사라졌지만, 수영장 옆의 탈의실이 있던 작은 구조물 하나가 남았다. 그 학교의 선생들 몇몇은 전쟁이 끝난 뒤에도 한참을 거기서 살았다. 전쟁이 끝난 뒤에도 한동안은 적당한 주거지를 찾기 어려운 시기가 지속되었다. 1949년에도 본인들이 가르치던 학교를 개조하여 사는 사람들을 볼 수 있었다. 도쿄의 서쪽 교외에는 경내에 부속 사당들이 있는 제법 큰 규모의 신사가 있었는데, 어느 날 신사 안에 있는 작은 사당의 전등 아래에 사람들이 모여서 밥을 먹는 것을 보았다. 나는 "신들이 저기서 밥을 먹는 구나" 하고 생각하면서 혹시 이것들은 모두 꿈이 아닐까 의심했다.

전쟁이 막바지에 다다른 4개월 동안 겪었던 다른 종류의 일들에 대해 이야기하겠다. 우리 가족은 전쟁 중에 벌어지는 여러 가지 것들에 대해서 대체로 큰 문제없이 받아들였으며, 이사할만한 곳을 찾지 못해서 생기는 상황 자체를 오히려 즐기는 편이었다. 나는 학생 노역에 동원되어 잡부로 일했는데, 4월 13일 공습 직후에는 전차 13호선의 고가선을 수리하는 일을 도왔다. 그런 식으로 전쟁의 도중에도 기리에즈의 영역을 벗어나지 않았던 것이다.

어느 날 기술자 2명과 4명의 학생 노동자로 구성된 우리 팀은 니시무키텐 신사 근처에서 작업을 하고 있었다. 점심 식사가 끝난 뒤 학생 노동자들은 신사의 경내에서 휴식을 취하고 있었고 기술자들은 자기들끼리 점심을 먹으러 어디론가 사라졌다. 그들을 기다리다 지친 우리는 작업장에서 빠져나오기로 했다. 두 명은 신주쿠 방향으로 갔고 같은 반 친구와 나는 반대 방향인 와카마쓰초若松町 정류장 쪽으로 걸어갔다. 우리 둘은 그 정류장 근처에 집이 있었기 때문이다. 그러나 오후 두 시는 집에 돌아가기에는 너무 이른 시간이었다. 어디를 갈지 고민하고 있는데 그가 먼저 영화를 보러 가자고 제안했다. 나는 그것이 몹시 기이하다고 생각했지만 아무 생각 없이 그를 따라 걸었다. 그리고 근처에서 정말로 영화관 하나를 발견하여 들어갔다. 영화관 안에는 우리를 제외하고는 두세 명 밖에 없었다.

영화가 시작되기를 기다리고 있는데, 갑자기 스피커에서 다음과 같은 유행가가 흘러나왔다:

유시마湯島 거리를 걸으면 생각나는
오츠타와 치카라의 열정
흰 매화는 알고 있을까
신사 울타리에는 둘의 그림자만이

이 노래의 제목은 '유시마의 흰 매화湯島の白梅'이며 이즈미 쿄카泉鏡花가 1907년에 쓴 소설을 배경으로 만들어진 노래이다. 널리 알려진 유행가이기는 했지만 전쟁 중에 정부가 금지곡으로 정한 노래였기 때문에 나는 불안감을 느끼기 시작했다. 그때는 애드벌룬이나 오다큐선 따위의 노래들이 모조리 금지곡으로 지정되던 시기였다. 그러나 동원 노역에서 방금 도망친 주제에 그런 걱정을 한다는 것이 비논리적이기는 했다.

영화는 유명한 희극인이 전쟁에 헌신하는 철도역장으로 나오는 슬랩스틱 코미디였으며, 자세한 줄거리는 기억나지 않는다. 하지만 기이한 시간과 장소에서 그런 노래를 듣고 있는 상황은 잊을 수 없는 기억으로 남았다. 노래의 가락은 암울한 상황에서 달아날 수 없는 나의 처지와 맞물려서 마음을 복잡하게 했다.

5월 25일의 공습으로 그 극장은 파괴되었다. 그리고 떫은 감이 열리던 어린 시절의 감나무도 불에 타버렸다. 중국 식당 코란香蘭도 사라졌다. 그러므로 거기서 식사를 하고 싶다는 소망은 영원히 이루어지지 못하게 된 것이다.

4월 13일과 5월 25일 두 차례의 공습 사이에 가족들은 집안의 묘가 안치된 절에서 지냈다. 조상들을 모시던 절은 원래 다른 곳이었지만 나중에 그 절로 묘를 모두 옮긴 적이 있었다. 경내가 넓고 빈 방이 많은 절에는 주지 스님, 그의 아내와 딸, 그리고 관리인 한 명이 살고 있었다. 주지의 딸은 20대 후반에 시집을 갔다. 그의 사위도 징집되었던 것 같지만 어디로 갔는지는 알 수 없었다.

주지의 딸은 가끔 나를 초대해서 피아노 연주를 들려주고는 했다. 연주되는 곡들은 쇼팽이나 모차르트 같은 종류가 아니라 미국에서 1920년대 혹은 1930년대에 유행했을 나른한 분위기의 곡들이었다. 연주에 대해 무언가 설명을 들은 것 같기도 하지만 자세히 기억나지는 않으며, 어쨌든 군대를 칭송하는 종류의 노래들은 아니었다. 일본 정부는 1943년 말에 천여 개의 영미권 노래들을 금지곡으로 묶어 발표했다. 그녀가 어째서 그런 종류의 곡을 연주했는지 묻는 것은 무의미했을 것이다. 아마도 어린 시절의 좋았던 시절을 회상했거나, 끝이 보이지 않는 우울한 날들을 잠시나마 탈출하고 싶었던 것일 지도 모르겠다.

주지 스님의 딸이 피아노를 연주하는 동안 군대의 장교 하나가 찾아와 반야심경을 배우고는 했다. 반야심경은 가장 짧은 경전으로, 젊은이는 주로 저녁 때 절에 찾아왔다. 그러면 주지 스님과 젊은이가 함께 경전을 읽는 소리가 들려왔다. 나도 반야심경의 일부를 조금 알고 있었다. 물론 그런 것들이 상황에 도움을 줄 수는 없었으며 모두가 그렇다는 것을 느끼고 있었을 것이다. 그 무엇도 소용이 없던 시기였다.

일반 국민들이 전쟁에서 완전히 희망을 잃은 것은 1944년 11월 혹은 12월이었다. 그러나 그 뒤에도 마치 무언가 엄청난 기적이 일어나 일본을 구원해줄 것처럼 모두가 축적된 관성에 끌려갔다. 그리고 1945년 봄에 어떤 임계점을 지났고 모든 것이 운명에 맡겨졌다. 적어도 내가 보기에는 그랬다. 그러니 상황을 분석하거나 슬퍼하는 것은 소용이 없었으며, 그저 하루하루를 살아갈 뿐이었다. 당시에 나를 지탱해준 것은 젊음과 학문에 대한 열망이었다. 언제가 될지는 알 수 없지만, 욕망을 실현할 수 있는 날이 오리라 믿었던 것이다.

7 죽음에 대하여

오쿠보도리에서 본 시체들은 꽤나 충격을 주었다. 나도 얼마든지 그렇게 될 수 있으며, 그런 일이 일어날 확률이 적다고도 할 수 없었다. 하지만 죽음 자체가 두렵지는 않았다.

나의 조부 킨타로는 1934년에 사망했다. 관에 놓인 조부의 얼굴이 기억난다. 그때 처음으로 죽은 사람을 보았다. 초등학교에서 교사들은 누구나 죽음을 피할 수 없음을 강조했지만, 그들이 그런 이야기를 했던 정확한 이유는 잘 기억나지 않는다. 내가 아홉 살 때 집에서 기르던 고양이가 죽었을 때, 눈물을 참을 수 없어서 "울거야"라고 하니 누나들 중 한 명이 "바보 같은 소리 하지 마"라고 했다.

3학년이나 4학년 때는 편도선염에 걸려 일주일 동안

누워있었다. 죽을 것이라는 생각이 들지는 않았지만 고열을 겪으며 창밖의 단풍나무 잎사귀를 보면서, 내가 죽는다면 저런 색의 초록이 눈에 들어올지도 모른다는 상상을 했다. 그런 감상은 그 나이에서는 흔한 종류일 것이다. 그러나 열 살 때는 조금 색다른 경험을 했다.

그때 나는 집에 혼자 있었는데, 모든 것은 사라지게 되어 있고 나 역시 그렇다는 점에 대해 갑자기 생각하기 시작했다. 내가 죽은 다음에도 세상은 지속될 것이다. 사람들은 평소처럼 푸른 하늘 아래 거리를 걷고 있을 것이며 단지 내가 거기에 없을 뿐이다. 언젠가는 내가 존재하지 않는 풍경이 올 수도 있다는 것을 그 순간 깨닫게 된 것이다.

물론 이것은 너무나 당연한 사실이다. 누구나 태어나기 전에는 존재할 수 없는 것처럼 말이다. 그러나 그때는 전에 몰랐던 중요한 것을 깨달았다는 느낌이 들었다. 그리고서 내가 존재하지 않는 상태에 대해 계속 생각했는데, 이상하게도 기분이 점점 도취되면서 마침내는 황홀한 상태가 되었다. 한참 후 그 상태에서 깨어났다. 며칠 뒤 나는 다시 집에 혼자 있게 되었고, 다시 그런 상태에 도달하기 위해 같은 종류의 상상을 하기 시작했다. 그것이 무엇인지 설명할 수 없지만, 그런 상태에 두 번을 빠졌다. 그러나 세 번째 시도를 했을 때, 무언가 속에서 불쾌감이 밀려왔으며 두통까지 느꼈다. 그 뒤로는 그런 실험을 시도하지 않았으며 다른 사람에게 이것을 이야기해본 적이 없다.

어쨌든 그런 체험과는 별개로 세상은 나와 상관없이 존재한다는 것이 큰 깨달음으로 다가왔다. 물론 이것들은 전부 개인적인 의견일 뿐이며 일반화할 생각은 없다.

이후 수학 연구를 할 때, 그 순간만은 죽고 싶지 않다는 순간이 여러 번 있었다. 모든 수학자들은 연구 도중 실수를 하며, 나 또한 예외가 아니다. 논리를 전개하면서 곧 논증 몇몇 부분에서 결함이 있다는 것을 알게 될 것이며, 이를 해결하는 데에는 상당한 시간이 소요될 것이라는 것 깨닫게 된다. 나는 바로 그 단계에서 죽고 싶지 않았던 것이다. 정말로 곧 죽는다는 뜻이 아니라 그런 감정이 든다는 뜻이다. 이것은 "일을 마치기 전에는 죽지 않겠다"는 다짐과는 다르다.

많은 종류의 종교 서적을 읽었지만, 종교적인 믿음을 가져본 적은 한 번도 없다. 단지 그들이 책에서 무엇을 말하고자 하는지가 궁금했을 뿐이다. 나는 특정한 신앙에 헌신하고 싶다는 유혹을 받아본 적이 없다.

같은 반 아이들 중 몇몇은 어린 나이에 결핵으로 사망

했다. 나는 그런 운명을 피해갈 수 있을 만큼은 건강했으며, 공습에서 살아남을 정도로 운이 좋기까지 했다. 따라서 스스로를 소중히 여기며 지내야하며, 살아있다는 것 자체가 놀랍고 감사할 일이므로 더 이상을 요구해서는 안 된다고 생각했었다.

8 나는 어떻게 공부했는가

전쟁의 마지막 달로 돌아와서, 당시의 내가 어떤 식으로 공부의 끈을 놓지 않았는지 설명하겠다. 앞에서 말했듯이 1944년 11월부터 1945년 8월 까지는 여러 장소에서 학생 동원 노역으로 일해야 했다. 학교에는 갈 수 없었지만 상황이 주는 박탈감으로 인해서 배움에 대한 갈증은 더욱 커져갔다. 대부분의 다른 학생들도 마찬가지였으리라 생각한다.

학생들은 여가를 최대한 쪼개어 공부에 시간을 투자하려고 노력했으며, 영문법 책과 물리학 교과서를 읽었다. 그때 나의 최대 관심사는 수학이었다. 왜 수학인가? 나는 다른 어떤 학문보다도 수학에서 새로운 무언가를, 매혹적인 것들을 많이 찾아낼 수 있다고 생각했다. 수학이야말로 창조적인 탐구 활동이며 정립된 이론을 그저 반복하는 종류의 분과가 아니라는 것을, 그리고 무엇보다도 나에게 잘 맞는다는 것을 알았다. 이후 (구제)고등학교[3]를 졸업할 때까지의 약 4년 반 동안 상당한 분량의 수학을 독학으로 섭렵했다. 이것들은 장차 고급 수준의 수학을 공부할 수 있는 기본 뼈대가 되었다.

나에게는 적당한 선생이나 조언을 해줄 사람이 없었으며, 제대로 된 책을 구하는 것조차 쉽지 않았다. 따라서 내가 공부하는 방식은 매우 비효율적일 수밖에 없었다. 당시에 학생 동원 노역으로 일하면서 약간의 급료를 받고는 있었지만 책을 사기에는 부족한 수준의 금액이었다. 우리가 받은 급료의 액수가 터무니없이 적었으므로, 공장의 사장은 많은 이익을 낼 수 있었을 것이다.

1944년 말 즈음에는 갓 출간된 기초 미적분학 책 한 권을 구할 수 있었는데, 아마도 공학도를 위한 책이었던 것으로 기억된다. 설명은 대부분 직관적이었으며 수학적 엄밀함이 떨어졌다. 예를 들면 삼각함수를 급수로 전개할 때, 함수가 그러한 급수들의 합으로 표현된다는 것을 아무런

---

[3] 일본의 구제고등학교 旧制高等学校(1894~1948)는 제2차 세계 대전 전까지 시행되었던 일본의 구체제 교육제도에서 대학교(3년 과정)에 진학하기 전의 고등 교육을 담당하던 기관이었다. 오늘날의 대학교 1~2학년 교양 수준에 해당하는 내용이 가르쳐졌다. - 옮긴이

증명 없이 선언해버리는 식이었다. 그러나 입문자 수준에서는 그런 식의 도입도 나쁘지 않다고 생각된다. 어쨌든 나는 그 책을 즐겨보았다. 그러나 책을 빌려간 동급생이 공습경보 도중에 그만 책을 잃어버리고 말았는데, 나는 남의 소중한 물건을 잃어버린 사람이라고는 눈곱만큼도 여겨지지 않는 그의 태도에 크게 화를 내었다. 하지만 그런 종류의 인간을 믿은 자신을 자책하는 것 외에는 할 수 있는 일이 없었다.

가끔은 쓸 만한 지식을 접하기도 했다. 전쟁의 마지막 시기에 접했던 미적분학 책 중 한 권은 초반 1/3은 일본어로, 나머지는 영어로 써진 것이었다. 심지어 어떤 정리 하나를 증명하는데 시작은 일본어로 했다가 느닷없이 영어로 전환하는 경우도 있었다. 그럼에도 불구하고 그 책에서 많은 것들을 배웠다. 전쟁이 끝나고 1946년에 고등학교에 입학 한 뒤에는 교재를 구하는 일이 상대적으로 쉬워졌다. 어쨌든 그때부터 지금까지도, 나의 수학적 지식은 대개 책이나 논문을 스스로 읽으며 터득한 것이다. 즉, 나는 강의를 통해서 무언가를 배운 적이 없다. 어쨌든 이 시기에는 비록 정통적인 방법은 아닐지언정 만족할 만큼의 수학을 공부했으며, 이후에 도쿄 대학에 진학해서 3년 동안 공부한 것보다 훨씬 많은 양을 공부했다.

전쟁은 1945년 8월 15일에 끝났다. 그해의 여름도 곧 끝나게 될 터였다. 평범한 해의 늦여름이라면 감상적이 될 수도 있었겠지만, 당시의 거리는 화재로 잿더미가 된 풍경이었다. 그러나 교외는 전쟁의 상흔이 그렇게 눈에 띄지 않았다. 내가 머물던 미타카 지구의 아파트는 옥수수, 호박, 고구마가 열리는 넓은 뜰이 있었다. 혼자 들판을 걷고 있었는데, 어디선가 가을을 알리는 선선한 바람이 불어왔다. 그제야 나는 "전쟁이 드디어 끝났구나" 하고 생각했다.

정상적인 시대라면 평범했을, 또렷이 기억나는 몇 가지 장면들이 있다. 그 시기의 어느 일요일에 나는 집안에 있었고 밖에서는 아이들의 목소리가 들려왔다. 아이들이 놀이를 하며 노래를 불렀는데, 정말로 오랜만에 듣는 노래였다. 순간 평화로운 시절이 돌아오고 있다는 느낌에 마음이 울컥해졌다. 그리고 상황이 점차 나아지기를 빌었다.

사람들의 생활이 당장 나아지지는 않았다. 물론 공습에 대한 불안 없이 잠에 들 수 있게 되었다는 것은 큰 변화였다. 2년이 지난 1947년 9월에도 공습의 흔적은 여기저기 생생히 남아있었으며 제대로 된 건물을 찾아보기가 어려웠다. 구리하시栗橋에서는 도네강利根川의 제방이 무너져 도쿄 시가지의 서쪽이 침수되었다. 따라서 운 좋게 화재를 피한 사람들 중 일부는 다시 물난리로 어려움을 겪었다.

전쟁 중에는 항상 식량 부족이 문제였지만, 전쟁이 끝나자 상황은 더욱 나빠졌다. 그중에서도 최악의 시기는 1945년 12월부터 1946년 2월까지였다. 우리는 말 그대로 항상 배가 고팠다. 그 석 달만큼 나쁘지는 않았지만 이후에도 어려운 상태가 거의 3년 정도 더 지속되었다. 그리고 곧 일본 역사상 가장 높은 인플레이션이 찾아왔다. 전쟁 중에 각 가정이 정부에 의해 강압적으로 사들여야 했던 국채는 종잇조각이 되었고, 사채업자들만이 부자가 되어 매사에 큰 영향력을 행사했다.

나는 가난했지만 다행히 따로 일을 해서 돈을 벌지 않아도 공부할 수 있을 정도는 되었다. 1945년 가을에는 신주쿠에서 24킬로미터 정도 떨어진 작은 도시 타치카와立川에 잠깐 머물렀다. 어느 날은 시내 중고서점에서 워싱턴 어빙Washington Irving의 단편소설집 《스케치북The Sketch Book》한 권을 발견했다. 그때는 인플레이션이 시작되기 전이었기 때문에 가격은 그다지 비싸지 않았다. 책을 사기로 결심하고 책방 주인에게 가져가니 "엄청나게 좋은 책을 찾아냈군요."라고 말했다. 당시는 그런 영미권 책들에 대한 수요가 막 생겨나기 시작하던 시기였다.

하지만 그만 책을 분실하고 말았고 몹시 자책했다. '립 밴 윙클Rip Van Winkle'을 읽은 것은 기억나지만 그것뿐이었다. 그러나 그때 내가 그런 책을 읽을 만한 독해 능력이 있었을까? 요즘 다시 어빙의 작품들을 읽어보니, 아마도 아니었을 것 같다. 다른 작가들의 짧은 단편 모음집 정도는 읽을 수 있었을 것이다. 어쨌든 1957년이 되기 전에 우리는 세 번을 더 이사했고, 몇 권의 수학책 등 불필요한 책들을 그때마다 처분했었다. 그러다가 다른 책들 사이에 섞여서 어빙의 책을 잃어버렸을 수도 있다. 혹은 누군가에게 주었을지도 모르겠다. 어쨌든 기괴하지만 나름 흥미로웠던 시절을 회상할 물건 하나를 잃어버린 것은 몹시 아쉬운 일이었다.

그때 나는 학문에 대한 열망에 사로잡힌 소년이었다. 흥미로운 세상이 나를 기다리고 있을 것이라는, 전에는 알지 못했던 많은 것들을 배우게 될 것이라는 기대에 가득 차 있었다. 1946년에 고등학교에 입학하면서 그런 마음이 더욱 강해졌다.

9 사악한 야망과 오만한 마음

당시 일본의 고등학교는 11학년에서 13학년까지였으며, 대학교 과정은 3년이었다. 지금은 학제가 바뀌어서 미국과 거의 같아졌다. 당시에도 일본의 한 학년은 지금처럼 4월에 시작되어 이듬해 3월에 끝이 났다. 그래서 1946년 3월에 나는 도쿄 제1고등학교第一高等学校 입학시험을 보았다. 그때는 공립과 사립을 통틀어 도쿄에 일반 고등학교는 32개밖에 없었으며 전체 정원도 많지 않았다. 일부 사립대학에는 자체 예비학교가 있었는데, 고등학교와 비슷한 역할을 하는 기관이었다.

그해의 지원자들 중에는 군사학교 출신들도 많았다. 정부는 전직 군인들을 한꺼번에 입학시키는 것이 미치는 결과에 대해 우려하면서 합격자 발표를 미루었다. 그때 정부가 어떤 식으로 문제를 해결했는지는 모르겠지만, 어쨌든 나는 결국 합격증을 손에 넣을 수 있었다.

모든 학생들은 의무적으로 기숙사에서 생활해야 했다. 식량 공급에 여전히 어려움이 있었기 때문에 배급에 맞추어 식사를 했다. 기숙사에서 살게 된지 불과 몇 주가 지났을 때, 배급 문제로 일주일 동안의 귀가 명령이 내려졌다. 집에

가기 전에 학생 두 명당 하나씩 미군 부대에서 나온 10파운드짜리 버터 캔이 주어졌다. 우리는 어떻게든 캔을 반으로 잘라서 나누어 가져갔다. 하지만 어떻게 캔을 잘라냈는지는 기억이 나지 않는다.

학교 식당에서는 배급으로 사케酒가 나왔다. 사케는 쌀로 만든 일본식 술이다. 상당수의 학생들이 법적으로 음주가 가능한 스무 살이 넘어 있었지만 전부는 아니었다. 그러나 학교는 나이에 관계없이 편의상 학생 한 명당 180밀리리터씩의 사케를 배급했다. 나는 그때 17세 혹은 18세였으며, 사케를 마실 수 있다는 사실에 특별한 감동은 없었다. 그리고 "왜 안되겠어?" 하고는 그릇에 받은 사케를 기숙사 부엌으로 가져갔다. 사케를 받기는 받았으나 이제 이것을 어떻게 할 것인가 하는 문제가 남았다. 게다가 술이 담긴 그릇을 들고 다시 방으로 돌아가는 것도 어색한 일이었다. 더 좋은 생각이 떠오르지 않자, 나는 한 그릇의 사케를 그 자리에서 들이켰다.

그러고 나서는 아무 일도 일어나지 않았다. 아마 매우 약한 종류의 술이었을 것이다. 학교에는 술을 자주 하는 친구들도 있었지만 나는 거기에 속하지 않았다. 사케를 마시는 데에 문제가 없는 체질이라는 것은 알게 되었지만 알코올에 대한 욕구는 생겨나지 않았다.

일본인들은 남녀노소 할 것 없이 1월의 첫 삼일 동안 약초가 든 사케의 일종인 소량의 토소屠蘇를 마신다. 이것은 꽤 오랜 전통이며 몸에 유익하기도 하다. 학교의 학생들과 교장은 토소를 마신 뒤에 신년 의식을 위해 모여서 애국가를 제창했다.

고등학교의 살벌한 분위기는 첫날부터 감지되었다. 당시 학교의 교장은 나중에 문부대신(교육부 장관)이 되는 아마노 데이유天野貞祐였다. 그는 입학식에서 신입생들에게 다음과 같이 연설을 했다. "여러분은 스스로를 자랑스러워해야 하며 자부심을 가져야 한다. 여러분들은 이 세대의 최고들 중에서 선발된 정예들이기 때문이다." 물론 명문 고등학교의 학생이 되는 것은 영예로운 일이지만 그런 식의 거침없는 발언이 나올 줄은 몰랐다. 그저 "이 학교에 입학했다고 해서 자만하지 말라. 밖에는 여러분들처럼 운이 좋지는 못했지만 훌륭한 학생들이 여전히 많이 있다."와 같은 문장 정도를 예상했다. 교장은 사람을 자극할 줄 아는 감각이 있었다. 나중에 그가 죽은 뒤 그에 대한 기사들을 읽었는데, 그 중 어느 것도 내가 받은 첫인상과 배치되는 것이 없었다. 그는 독일 철학을 전공했지만, 교육자는 그의 천직이었다.

젊은이들에게 적절한 방법으로 격려하거나 영감을 주는 것은 물론 중요하다. 그리고 교장은 그 방법을 잘 알고 있었던 것 같다. 이와 비슷한 것을 13세기 선승 도겐道元의 어록을 모은 쇼보겐조 주이몬키正法眼藏隨聞記에서 찾아볼 수 있다. 다음은 그의 어록 중 일부이다. (여기서 '나'는 도겐 자신을 의미한다.)

"에이잔叡山에서 공부한 뒤 나는 겐닌지建仁寺[4]에 도착했다. 에이잔에 있는 동안에는 무엇이 옳고 그른지 가르쳐주는 스승이 없었기 때문에 나는 사악한 야망을 품고 있었다. 에이잔의 스승들은 나에게 널리 이름을 떨칠 승려가 되라고 했으며, 그래서 나는 위대한 스승, 다이시大師의 칭호를 획득하기 위해 생을 바칠 준비가 되어있었다. 그러나 중국의 고승 두 명의 전기를 읽으면서 진정한 위대함은 스승들의 가르침과 다르다는 것을 깨닫게 되었으며, 이후 수행의 태도를 바꾸기로 결심했다. 평판을 위해서 수행을 해서는 안 되며, 동시대 사람들의 저렴한 칭찬에 귀를 기울이지 말아야 한다. 대신 역사상 가장 높은 경지에 도달한 선승들을

---

[4] 교토 가모강鴨川 강변에 있는 사찰

기억하며 그런 수준에 도달하기 위해 노력해야 한다. 이것을 깨닫고 나니 다이시라는 것이 시시하게 느껴졌으며 예전과는 다른 마음과 태도를 가지게 되었다."

이것은 도겐이 13살 무렵 가졌던 생각을 정리하여 이후 서른여섯 즈음에 제자들에게 말한 내용이다. 이와 같은 사상은 특히 그의 만년 시절에서 쉽게 엿볼 수 있다. 도겐의 시대 이전에 다이시의 칭호를 얻은 승려는 모두 네 명이었다. 도겐이 어린 시절을 회상하여 내용을 정리하던 시기는 그가 다이시들의 가르침이 틀렸다는 사상을 비로소 정립하던 때와 일치하므로, 13살이라는 나이에 저 모든 것을 생각했다고 액면 그대로 받아들일 수는 없을 것이다. 그러나 나는 도겐이 회상하는 젊은 시절 자체에 관심이 있으므로 그런 세부 사항들은 깊이 고려하지 않겠다.

그의 스승들은 그에게 "열심히 공부하라. 그리하여 결국 다이시로 불리게 될 명망가의 지위를 얻도록 노력하라." 하고 다그쳤다. 그런 선동에 휩쓸려 그는 "사악한 야망"을 가지게 되었지만, 무엇이 올바른 것인지 분별할 수 있었기에 더 높은 이상을 목표로 하는 방향으로 나아갈 수 있었다.

그러므로 만약 누군가가 다른 사람을 가르치고 부추긴다

면, 그것은 올바른 방식으로 행해져야 한다. 또한 '동시대인들의 저렴한 칭찬'이라는 표현은 현재에도 그대로 적용되는 것 같다. 왜 우리는 노벨상 등이 그런 종류의 것이라고 말하지 못하는 것인가.

가슴에 손을 얹고 말하건대, 나는 도겐이 젊은 시절에 그랬던 것과 같은 사악한 야망을 가져본 적이 없다. 나는 결코 세상에 이름을 떨칠 위대한 학자가 되기를 소망해본 적이 없다. 그런 종류의 소망은 10분의 1도 가져본 적이 없다. 게다가 도겐처럼 주변에서 가르침을 주는 스승들 자체가 없었다.

좀 더 구체적으로, 1949년 도쿄 대학에 입학하던 당시를 말해보겠다. 입시에는 지필 고사가 있었으며, 합격자들의 이름이 적힌 포스터가 대학교 내에 대자보로 붙었다. 합격자가 발표되는 날에 나도 결과를 보러 가서 수학과 합격자 명단이 걸린 게시판을 확인했다. 거기서 중고등학교 동창 한 명을 만났는데, 그는 농학과에 합격했다. 그는 "축하해. 그런데 수학과에는 무엇을 위해 진학하는 거야?"라고 물었다. 나는 순간 당황해서 아무 말도 하지 못했다. 그러자 그는 "아, 알겠다. 교수가 되려는 거야. 그렇지?"라고 덧붙였다. 나는 그 말에도 대답하지 않았다. 그저 웃으면서 그를 축하하고 같이 합격한 다른 친구들에 대해 이야기했다. 그러나 속으로는 "뭐? 교수가 되는 게 목표라고? 멍청하기는!" 하고 생각했다.

나는 순전히 지적 호기심을 위해서 수학을 택했으며, 수학에서 무엇인가 할 수 있을 것 같았고, 그것이 전부였다. 물론 언젠가는 생계를 꾸려야 한다는 것을 알고 있었지만 그런 종류의 일은 별다른 계획을 세우지 않아도 처리가 될 것이라고 생각했다. 결국 나는 그의 예언대로 교수가 되기는 했지만 그것은 내가 목표했기 때문이 아니라, 그동안 벌어진 다양한 일들의 자연스러운 결과일 뿐이다. 이제까지 나의 경력에 도움을 준 이들을 많이 만났으며 그들 덕분에 지금 이런 자리까지 올 수 있었다.

어쨌든 합격자 발표일이 지나고 며칠 뒤, 기숙사 룸메이트였던 고등학교 동창 중 하나가 자기 집에서 시간을 보내자고 나를 초대했다. 그의 집은 시즈오카현静岡県의 해안 도시에 있었으며, 도쿄에서 서쪽으로 130킬로미터 정도 떨어진 곳이었다. 그는 도쿄대가 아닌 다른 국립대학의 수학과에 합격했다. 그와 함께 마을의 해안을 걷다가 그를 아는 동네 어부를 만났다. 그는 우리에게 어느 학과에 입학했냐고 물었다. 우리가 둘 다 수학과에 진학했다고 하자 그는 "그거 잘됐구먼. 나중에 재무성에 들어가서 고위 공직자가 될 수 있을 거야."라고 하는 것이었다. 나중에 우리는 모두 국공립학교의 교수가 되어 정부에서 임금을 받게 되었기 때문에 그의 말이 완전히 틀린 것은 아니었다. 여담이지만, 나의 박사 제자 중 한 명은 미국 연방 사회보장국Social Security Administration에서 일하고 있으며, 그가 상대하는 일본 측 관계자 역시 수학을 전공했다고 들었다.

다시 도겐의 이야기로 돌아가자면, 그는 겐닌지에 몇 년간 머무르면서 일본에서는 진정한 불교를 배울 수 없다는 생각에 도달하여 송나라로 가게 된다. 그리고 그곳에서 수많은 사찰을 방문하고 학식과 평판이 높은 승려들을 많이 만났다. 그러나 스승으로 삼을 만큼의 인물은 만나지 못했다. 2년이 지난 뒤 드디어 그럴 만한 인물을 만났지만, 그 직전에 일본과 중국에서는 결국 자신보다 나은 사람은 없다는 생각에 귀국을 준비하고 있었다. 이런 내용은 그의 옛 전기의 필사본에는 기록되어있으나 공식적으로 공인된 전기에는 기록되지 않았다. 따라서 필사본의 내용이 그가 말한 내용을 충실히 반영했으며, 이후의 저자들이 그를 오만하게 보이지 않게 하기 위해서 해당 내용을 누락했다고 생각할 수도 있을 것이다.

나는 그런 식의 야망이나 생각은 가져본 적이 없다. 그러나 1963년에서 1964년경에 느꼈던 인상 한 가지를 기억한다. 도겐이 가졌던 오만함과는 다르지만, 비슷한 측면도 조금 가지고 있다. 1962년에 두 번째로 미국을 방문하고 이후 약 2년 동안 여러 곳을 돌아다니며 미국의 수학자들과 교류했다. 당시 미국의 수학자들은 명석하고 유능했지만 대단한 아이디어를 가지고 있지는 못했다. 이렇게 생각하게 된 몇 가지 사건들이 있었다. 1963년에는 콜로라도 볼더Boulder에서 열린 학회에 참가했고, 1964년에는 익사할 뻔했던 우즈홀에서 또 다른 학회에 참가했다. 그때마다 나는 참석자들에게 많은 내용을 설명했는데, 미국의 수학자들에게는 대부분 새로운 수학이었던 것이다.

1963년의 어느 날 나는 메사추세츠공과대학MIT에서 콜로퀴엄 강연을 했다. 존 테이트John Tate는 당시에 하버드에 있었으며, 나는 이미 파리에서 그와 마주친 적이 있었다. 그때 그가 나를 본인의 연구실로 불러서 특별한 종류의 가환다양체Abelian varieties에 대해 질문했으며, 나는 그것에 대해 설명했다. 나중에 그의 제자 중 한 명이 내가 그때 들려준 생각을 바탕으로 박사 논문을 썼으며, 논문에서 지도 교수 테이트에게 감사를 표한 것을 보았지만 나에 대한 언급은 없었다. 그리고 비슷한 시기에 어느 만찬장에서 라르스 알포르스 Lars Ahlfors를 만났다. 그는 나에게 다변수 함수의 해석에 대해서는 아무것도 모른다고 했다. 분명히 그는 내가 하는 연구를 알고 있었으나 어색한 상황을 피하려고 애쓰는 것 같았다. 나는 그들의 그런 태도를 별로 상관하지 않았지만, 무언가 이상하다는 점은 느꼈다.

그런 몇 가지 사건을 겪으면서, 적어도 내 분야에서는 당시의 미국인들에게서 아무것도 배우지 못할 것이라고 생각하게 되었다. 나는 이것을 오만이라고 생각하지는 않았으며, 실제로도 그렇지 않았다. 단지 내가 일하고 있는 주제에 천착하며 지켜본 대로 판단을 내렸을 뿐이다.

나는 사악한 야망도 없었으며, 오만하지도 않았다. 그렇다고 내가 도겐보다 나은 사람이라는 뜻은 아니다. 나는 도겐의 어록에 담긴 사려 깊은 내용에 깊은 인상을 받았으며, 그때 그의 나이가 겨우 30대 중반이었다는 것에 놀랐다. 같은 나이의 나는 훨씬 더 미숙했었다.

도겐의 야망과는 조금 다른 이야기를 해보자면, 다음과 같은 잘 알려진 농담이 있다: 어느 이집트 학자가 파피루스 하나를 해독했더니 거기에 "요즘 젊은 것들은 버릇이 없다"라는 구절이 나왔다고 한다. 즉, 인류는 수천 년 동안 "요즘 젊은 것들은 …"을 반복해온 것이다. 실제로 고대 이집트 제국의 역사를 보면 종교 등에서 많은 변혁이 있었다. 다신교 신앙이 지배하다가 어느 순간 유일신교가 등장하더니, 다시 다신교로 되돌아갔다. 따라서 파피루스는 당시의 종교가 타락하여 그의 이상과 다르다는 사제의 슬픔 같은 종류가 기록된 것일 수도 있다. 어쨌든 이것을 거꾸로 말하면 "요즘 늙은 것들은 타락했다"라고 할 수도 있을 것이다.

도겐이 당시의 가르침에 실망했던 것도 이와 비슷한 측면이 있다. 나 또한 20대와 30대에 "요즘의 일본 수학자들은 아무것도 이해하지 못하고 있다"라는 생각을 했었다. 우리 세대의 다른 사람들도 그렇게 생각했을 것이다.

고등학교에 입학하던 시점으로 돌아가서, '오래된 수학자'가 하는 말로 여겨질 수도 있는 이야기를 하나 하겠다. 고등학교 첫 해에 수학 과목은 두 개가 있었는데, 그 중 하나는 주로 원뿔 곡선을 다루는 해석 기하학이었다. 오카다 아키라岡田章가 수업을 맡았으며, 그는 집합론을 소개하는 것부터 시작했다. 여기까지는 이상하지 않았다. 교사들 중 한명은 '집합set'의 독일어인 '멩거menge'라는 별명을 가지고 있었는데, 그는 집합을 정의할 때 멩거라는 용어를 사용하면서 미적분학 과목을 시작했다. 어쨌든 오카다 선생은 몇 시간 동안 집합론에 대해 설명한 뒤 이차원 에우클레이데스 기하학을 공리에서부터 유도하기 시작했다. 그때 도쿄대학 수학부의 이야나가 쇼키치彌永昌吉 교수가 정확하게 그 주제로 강의를 하고 있었다. 오카다는 이야나가 교수에게 큰 존경심을 가졌으며, 그에게서 이론을 배우고 우리에게 강의를 했던 것이다.

오카다가 한 일은 구식의 해석 기하학보다는 나은 것이었지만, 다음과 같은 세 가지 중대한 문제점이 있었다.

1. 에우클레이데스 기하학을 공리적인 방식으로 도입하는 것이 고등학교 교과에서 의미가 있는지 불확실하다.

2. 가르칠 가치가 있냐는 것과 별개로, 에우클레이데스 기하학을 공리적으로 유도하는 것이 수학적으로 의미가 있는지 역시 불확실하다.

3. 오카다 자신이 그 이론을 완전히 이해하지 못하고 있는 것 같다.

마지막이 가장 명백했다. 학기말 시험 문제가 전혀 엄밀하지 못했기 때문에, 나는 오카다가 이론을 제대로 이해하고 있지 못한다는 것을 알게 되었다. 나는 오카다를 신념이 있는 인간이라고 불렀는데, 그는 스스로 이해하지도 못하는 것을 이해한다고 여기는 인간이었기 때문이다. 어쨌든 그는 나름 진지하고 특이한 사람이었다.

10 도쿄 대학에서의 3년

대학에서야말로 높은 수준의 수학을 접할 수 있으리라는 기대는 학부의 첫 학기에 바로 배신을 당하고 말았다. 특히 첫해에 배운 것은 고등학교에서 독학으로 깨우쳤했던 내용보다 딱히 새로운 것이 없었으며, 교수들은 무엇을 가르쳐야 하는지에 대해 거의 고민을 하지 않는 것 같았다. 중학교 1학년 때와 비슷한 종류의 한심함이 느껴졌다. 모름지기 수업에서 다루어야 하는 내용은 옛것의 반복이 아니라 당대를 반영하는 내용이어야 한다. 이것은 학문의 유행을 따르거나 강의실에서 최신 이론을 소개해야 한다는 뜻이 아니다. 가르치려는 사람은, 심지어 초등학교 수준에서도 주제를 선정할 때는 신중해야 한다. 앞에서 두루미-거북이 다리를 세는 문제의 어리석음을 말했는데, 비슷한 종류의 행위가 대학교 수준에서도 반복되고 있었다. 차라리 미래파에 대해 들려주었던 초등학교의 미술 교사가 나았다고 할 수 있겠다.

그나마 나은 강의에 속했던 이와사와 겐키치岩澤健吉 교수의 수업에서 무엇을 다루었는지를 잠깐 소개하겠다. 그는 이미 자신의 이름을 딴 이론을 가진 저명한 수학자였다. 1945년이 오기 4년 전에 아르틴Emil Artin과 웨이플스George W. Whaples는 중요한 논문을 발표했는데, 이와사와의 강의는 해당 논문을 따라가는 것이었다. 그래서 값매김 이론valuation theory의 도입부터 시작해서 논문의 내용에 맞추어 진도를 나갔다. 즉, 한 학기 강의의 전체가 해당 논문을 이해하는 데에 맞춰진 것이었다. 값매김 이론에 대한 부분은 나중에 출간된 그의 일변수 대수함수론 교재와 내용이 거의 같았으며, 이와사와는 한창 책의 집필을 준비하고 있었다. 강의는 꽤 명확했으며 그다지 형식적이지도 않았다. 하지만 아쉬운 부분이 없는 것은 아니었다.

그는 초심자도 알아들을 수 있는 기본적인 정의에서부터 시작하지 않고 바로 본론으로 들어갔다. 심지어 처음 도입하는 개념을 설명하고도 그것에 대한 예제를 소개하지도 않았다. 단지 정의-정리-증명으로 이어지는 논리의 연속이었다. 한 마디로 그는 학생들을 위해서가 아니라 스스로의 배움을 위해 해당 강좌를 개설했던 것이다.

더 큰 문제는 아르틴-웨이플스의 원 논문 자체가 다소

엉성했다는 점이다. 마치 힐베르트David Hilbert[5]가 쓴《기하학의 기초Grundlagen der Geometrie》를 보는 듯 했다. 그러니까 일정한 공리와 정의에서 출발하여 몇 가지 정리들을 얻어내고는 있었지만, 그 결과들은 이미 잘 알려진 것이었다. 그리고 그 외에 별다른 내용은 없었다.

당시 32세의 이와사와는 연구에서 새로운 결과를 얻어내려 고군분투 하고 있었다. 그의 수학적 견문은 그리 넓지 못했지만, 도쿄 대학의 동료 교수들보다는 훨씬 나았다. 그는 리군Lie groups과 대수적 수론algebraic number theory에 어느 정도 익숙한 편이었다. 그가 쓴 대수함수론 교재는 당시에는 꽤 괜찮은 입문서였다. 그러나 그는 정말로 자신의 것이라 내세울 수 있는 수학적 성취에는 도달하지 못한 상태였으며, 그 뒤의 5년도 그런 상태에 계속 머무르게 된다.

사실 아르틴-웨이플스의 논문 대신에 이와사와가 선택할 수 있었던 다른 훌륭한 주제들도 많이 있었다. 그는 1950년 시카고에서 열린 국제 수학자 대회International Congress of Mathematicians에서 짧은 논문 하나를 발표한 적이 있었다. 논문에서 이와사와는 헤케 L-함

---

[5] 독일의 수학자이며, 20세기 현대 수학의 틀을 닦은 수학자로 평가된다. – 옮긴이

수Hecke L-function의 해석학적 성질이 아델adèle과 이데알Ideal을 통해 도출될 수 있다는 것을 보였다. 오늘날에는 이것이 표준적인 논리로 정립되어있다. 따라서 값매김 이론 대신 이런 주제를 파고들었다면 나름의 업적을 낼 수 있었을지도 모르겠다. 물론 그가 이론을 고등한 수준까지 엄밀하게 발전시키는 것은 무리였을 테지만, 적어도 기본적인 아이디어에 도달하는 것까지는 가능했을 것이다. 그랬다면 학과에 수준이 높으면서도 흥미로운 강의들이 개설될 수도 있었을 것이다. 그러나 애석하게도 이와사와는 당대에 발표된 다른 학자들의 논문을 익히는 데에 더 관심이 많았다.

아르틴-웨이플스 논문의 허술함은 얼마 지나지 않아서, 혹은 발표 당시에도 명확했다. 그리고 우리 세대의 그 누구도 해당 논문에 관심을 갖지 않았다. 아르틴은 1955년에 일본을 방문했던 적이 있지만, 젊은 학자들은 그가 하는 말에 관심이 없었다. 그의 이야기는 예전에 했던 말의 반복이었으며 새로운 무언가를 가지고 있지 않다는 것을 모두 느끼고 있었기 때문이다. 그는 단지 '당대의 일본 늙은이들'에게 둘러싸여 있을 뿐이었다.

그 외의 수업들은 그저 오래된 내용들의 반복이었다. 어떤 교수도 새로운 것을 가르쳐야 한다는 필요성을 느끼지 못하는 것 같았다. 따라서 나는 수학과에 개설되는 강의들을 진지한 태도로 수강하지 않았으며, 그저 졸업 요건에 맞게 학점을 채우기 위해 노력했을 뿐이었다.

당시의 강의들이 어떻게 진행되었는지 몇 가지 예를 들어 보겠다. 복소 해석학complex analysis 강의에서 교수의 설명은 능숙했지만 수업 방식은 집중도를 떨어뜨렸다. 강의에서 다루게 될 문제들이 일주일 전에 공지로 나와 버리기 때문이었다. 어느 날 알 수 없는 이유로 강의가 시작되기 10분 전에 수강생들의 대부분이 강의실에 도착해버리고 말았다. 그러자 학생들은 교수가 도착하기 전에 칠판에 문제의 풀이들을 모조리 적어버리기로 했다. 잠시 후 도착한 교수는 조금 당황했지만, 곧 칠판에 적혀있는 풀이들을 하나씩 살펴보더니 모두 정답임을 인정하고는 수업을 끝내버렸다. 그 사건이 영향을 주었는지, 교수는 다음 시간부터 통상적인 내용보다 조금 더 심도 있는 주제들을 가져오기 시작했다. 그래서 수업의 마지막은 '값 분포 이론value distribution theory'의 소개까지 진행되었으며 기말 고사의 문제 하나도 거기서 출제되었다.

실변수 해석학real analysis을 강의하던 교수는 측도론measure theory의 일반화 이론을 연구하는 전문가였으며, 비숱한 시기에 해당 주제에 대한 두꺼운 교재를 출판하기까지 했다. 수업은 통상적인 교재가 아닌 그 책의 일부를 가지고 진행되었다. 그리고 교수는 "지금은 여러분들이 깨닫지 못하겠지만, 20년이 지나면 전 세계의 수학자들이 나의 이론을 공부하게 될 것이다"라고 이야기했다. 또한 그는 "책에 나오는 내용들만 충실히 공부하면 된다"라고 했지만, 정작 기말 고사에는 측도론이 아닌 실수축에서의 일반적인 르베그 적분Lebesgue integral에 대한 문제가 출제되었다. 사실 그는 르베그 적분에 대한 교재도 출판했던 적이 있었다. 나는 그의 독특한 용어에 익숙해지기 위해 250엔을 주고 따로 그 책을 사야 했다.

실변수 해석학의 기말 고사에는 총 네 문제가 출제되었다. 그 중 하나에는 "이 문제는 매우 어려우므로 다음을 힌트로 준다"라고 되어있었다. 시험을 마친 사람은 직접 그의 연구실까지 가서 답안지를 제출하도록 되어있었으므로 나도 그렇게 했다. 그러나 나는 교수의 힌트를 사용하지 않은 풀이를 제출했고, 그것이 교수를 불쾌하게 했다. 그는 나의 풀이에서 실수를 찾아내려 한참을 애썼지만 성공하지 못했다. 그리고는 "납득은 가지 않지만 오늘은 넘어가겠다"라고 하는 것이었다. 이후 나는 즉시 중고서점으로 가서

130엔을 받고 그의 책을 팔아버렸다. 나의 필사본이 더 나아보였기 때문이다. 몇 년 뒤 그 교수가 학생에게 수업을 잘 이수했다는 두루마리를 주었다는 소문을 들었다. 거기까지는 괜찮았지만, 차마 글로는 옮길 수 없는 다른 일화도 들었다.

또 다른 부교수 한 사람은 미분 기하학differential geometry을 가르쳤다. 그는 무명의 유럽 수학자가 쓴 이류 교과서를 읽고 있었으며 그의 강의는 그 책을 일본어로 옮기는 것 이외에는 아무 것도 없었다. 그러나 그는 강의에 등록한 학생 모두에게 '잘했음'이라는 단 하나의 학점만을 매겼다. 그는 신문과 잡지들에 수학에 대한 여러 편의 짧은 기고들을 썼다. 아마도 1950년대의 일본에서 대중적으로는 가장 널리 알려진 수학자였을 것이다.

이런 식으로 나는 각 과목들에 적절히 대응하면서 한편으로는 나름의 지식을 스스로 쌓아나갔다. 이를테면 리 군Lie group에 대한 슈발레Claude Chevalley의 책을 독학했는데, 그것은 엄청나게 유익했으며 헤르만 바일Hermann Weyl의 표준적인 책들보다도 얻는 것이 많았다. 그렇게 책들을 독파해 나가는 한편 나름의 조그마한 연구를 시도해보기도 했는데, 슈발레 책에 나오는 연립 편미분 방정식 해의 존재성에 대한 증명을 교재에 유도된 것과 다른 방식으로 이끌어낼 수도 있었다. 여기 정수의 무한 수열에 대한 두 가지 흥미로운 내용을 잠깐 소개해보겠다.

첫 번째는 고정된 양의 정수의 거듭제곱에 대한 것이다. 이를테면 3을 예로 들어보자. 3의 제곱근들은 다음과 같다:

$3^1 = 3$,
$3^2 = 9$,
$3^3 = 27$,
$3^4 = 81$,
$3^5 = 243$,
$3^6 = 729$,
$3^7 = 2187$,
$3^8 = 6561$,
...

여기서 우변은 첫 번째 숫자가 첫 번째 열에 놓이도록 정렬되어있다. 이때 임의의 세로열은 언제나 (0을 포함하는) 무한 수열을 이룬다. 이를테면 위에서 두 번째 열을 이루는 숫자들을 뽑아내면 다음과 같은 수열을 이룬다.

$$7, 1, 4, 2, 1, 5, 9, 9, 7, 3, 5, 7, 4, 3, \cdots \tag{1}$$

이제 임의의 정수 k를 생각하자. (k는 0이어도 상관없다.) 여기서 질문은 임의로 택한 정수 k가 나오는 빈도는 무엇인가이다. 이때 해당 수열의 m번째 숫자까지에서 k가 등장하는 횟수를 $f(m)$이라고 하자. 그러면 $k = 5$일 때 $f(1) = f(2) = \cdots = f(5) = 0$, $f(6) = \cdots = f(10) = 1$, $f(11) = 2$ 등이 될 것이다. 이제 다음과 같은 질문을 할 수 있다. $lim_{m \to \infty} \frac{f(m)}{m}$은 존재하는가? 만약 존재한다면 극한값은 얼마인가? 정답을 말하자면 극한값이 존재하며, 그 값을 결정할 수 있다. 사실 이 문제는 배경 지식이 있으면 그렇게 어려운 것이 아니다. 위에서 언급한 부교수를 흉내내어 '힌트'를 주자면, 이것은 균등분포 uniform distribution 의 특별한 예에 해당된다. 독자가 이 문제를 스스로 해결하려 시도한다면 꽤 재미있는 사실들을 발견할 수 있을 것이다.

두 번째는 정수 계수를 갖는 다항식 $F(x)$에 대한 것이다. 예를 들어, 다음과 같은 다항식을 생각하자.

$F(x) = x^3 + x^2 - 2x - 1$

이제 임의의 정수 n에 대하여 $F(n)$이 어떻게 소인수분해 되는지를 살펴보자. n은 음수여도 상관없지만, 여기서는 n

이 양의 정수일 때만을 생각하자. 그러면 다음을 얻는다.

$F(1) = -1,$
$F(2) = 7,$
$F(3) = 29,$
$F(4) = 71,$
$F(5) = 139,$
$F(6) = 239,$
$F(7) = 13 \times 29,$
$F(8) = 13 \times 43,$
$F(9) = 7 \times 113,$
...

이때 $F(n)$의 인수를 이루는 소수prime number들을 모두 모으면 다음과 같다.

$$7, 13, 29, 43, 71, 113, 139, 239, \cdots \tag{2}$$

이제 질문은 이 소수들은 도대체 무엇인가이다. 우선 여기에 등장하는 소수들 중 7을 제외한 임의의 소수 p에 대하여, $p+1$이나 $p-1$은 7로 나누어떨어진다는 것을 증명할 수 있다. 역으로, 이런 소수들은 특정한 양의 정수 n에 대하여 $F(n)$의 인수가 된다.

유체론class field theory을 독학하면서 주요 정리들에 대한 간단한 예들이 위에서 설명한 $F(n)$의 소인수들로 기술될 수 있다는 것을 깨달았고, 그 순간 나는 짜릿함을 느꼈다. 이러한 다항식 F는 임의로 취할 수 없다. 위의 다항식 $F(n)$에 대한 방정식 $F(x) = 0$는 $2\cos(2\pi/7)$를 해로 가지는데, 이것이 중요한 성질을 준다. 그러나 임의의 정수 a에 대한 보다 간단한 다항식 $F(x) = x^2 - a$는 이차 상호법칙quadratic reciprocity law을 사용하면 쉽게 풀이가 가능하다.

소위 복소 곱셈complex multiplication에 대한 나의 후기 연구들은 위의 (2)와 같은 수열에 대응되는 F를 어떻게 찾아낼 것인가 하는 질문과 밀접하게 관련되어있다. 정수의 무한 수열에 대한 위의 두 가지 문제들은 수학 퍼즐이 아니라 진지한 수학에 해당한다. 나는 일반적인 퍼즐 놀이에는 관심이 없었다.

이런 식으로 나는 나름의 지식 체계를 스스로 쌓고 있었으므로 시간을 허비하고 있지는 않았던 셈이다. 그러나 대학교에서 보낸 3년을 돌아보면 대체로 즐거운 시기는 아니었다. 다행히도 이 기간 동안 수학과는 관련이 없지만 멋진 하루를 보낸 적이 있는데, 이것에 대해서는 뒤에 이야기하겠다. 그러나 여기서 당시에 일어난 정치적 상황의 주요 측면에 대해 언급하겠다.

1950년 6월에는 한국전쟁이 발발했다. 8월에는 북한

군이 UN군을 압도하여 부산을 둘러싼 좁은 지역으로 몰아넣었으며, UN군의 패배가 거의 임박한 것처럼 보였다. 그러던 시기의 어느 날, 교외의 기차역에서 역시 대학생이던 고등학교 동창 한 명과 우연히 마주쳤다. 내가 "한반도가 곧 공산주의자들에게 넘어갈 것 같아."라고 하니, 그는 "맞아. 승리가 눈앞에 있어. 며칠만 기다리면 될 것 같아." 하고 대답하는 것이었다. 놀랍게도 내가 처참한 상황이라고 여기는 것을 그는 승리라고 여기고 있었다. 나는 속으로 "이런 놈에게 말을 건 것이 잘못이다"라고 생각하고서 대화의 주제를 바꾸었다.

지금 시대의 사람들에게는 이상하게 들릴지 모르겠지만, 그런 생각이 당시의 대학생들 사이에서는 흔했으며 진보적이라는 지식인들 사이에서도 퍼져있었다. 많은 학생들이 공산주의자이거나 그것에 동조했으며, 다른 학생들에게도 영향을 끼쳤다. 그들 중 하나는 고등학교와 대학교의 1년 선배였는데, "5년 안에 혁명이 일어날 거야."라고 말하는 것이었다. 나는 그런 사상을 진지하게 받아들이지 않았으며, 그들의 구호와 행동에서 모순되거나 불순한 동기를 감지했다. 따라서 대체로 그들과는 거리를 두고 지냈지만, 기차역에서 마주친 동창은 비교적 온건한 녀석이라고 생각했기 때문에 꽤나 충격을 주었다.

그러나 공산주의 나라들, 이를테면 북한이 유토피아라고 생각하는 사람들이 1975년까지도 많이 있었는데, 그들 중 상당수는 우리보다도 더 어린 세대의 사람들이었다. 나에게 다가와서 "너는 좋은 사람이야, 반동분자가 아니라면 훨씬 나은 사람일 텐데"라고 말하는 사람도 있었다. 몇 년이 지난 뒤 같은 인물을 만나 당시의 대화를 떠올려주니 그는 당황해서 사과를 했다. 그는 현재 모 유명 사립대학에서 총장을 지내고 있다. 당시에 적지 않은 수의 지식인들이 전쟁을 도발한 것이 북한이 아니라 남한이라고 생각하고 있었다. 그 중의 하나인 어느 오다기리씨는 1985년이 되어서야 잡지의 기고문을 통해 "남한 쪽에 책임이 있다고 믿었는데 그렇지 않다는 것을 이제 깨달았다"라고 썼으며, 대중들은 이에 냉담한 반응을 보였다. 그가 35년이나 잘못된 믿음을 유지했다는 것은 믿을 수 없는 일이지만, 적어도 그는 자신의 잘못을 인정할 만큼은 정직했다. 한때 오류를 범했던 것에 어떠한 유감의 말도 남기지 않는 이들이 훨씬 많았다.

1950년대부터 1970년대까지 일본의 많은 지식인들은 공산주의에 대한 믿음을 표명하고 있었다. 일본은 미국이나 소련에 치우치지 않고 중도를 택해야한다는 의견을 표하는 사람들도 있었다. 나에게 그런 식의 의견은 명백한 위선으로 비춰졌다. 그것이 반미주의를 표하는 그들의 방식이었으며 대개 반미는 반공보다 대중, 특히 대학생들에게 더 먹히는 구호였다. 다수의 지식인들은 우익으로 비춰지는 것에 대한 두려움을 가지고 있었으며, 그런 식으로 사회주의를 추종하는 사람들이 정치학자, 경제학자, 정치 평론가, 주요 신문 편집자들의 다수를 차지하고 있었다. 그들 중 일부는 그런 노선을 택하는 편이 학계나 언론계에서 살아남기에 낫다고 판단했을지도 모르겠다.

소설 《버마의 하프ビルマの竪琴》로 유명한 다케야마 미치오竹山道雄는 정반대의 노선을 취했다. 그는 공산주의 국가들의 악습과 기만을 폭로하는 기고를 많이 썼으며, 극동국제군사재판International Military Tribunal for the Far East의 과정과 결과가 부당하다고 정면으로 비판했다. 그는 자신이 어떻게 보일지를 두려워하지 않고 써야한다고 생각하는 것을 썼다. 그가 옳았다는 것이 분명해진 오늘에 그의 용기를 기억하는 이들은 거의 없고, 그의 노력을 논하는 사람은 더더욱 적다는 사실은 무척 유감이다.

나는 또한 사회주의를 추종하던 당시의 지식인들이 소련이 다른 나라, 특히 일본에 저지른 잘못들에 대해서는 외면했다는 사실을 지적하지 않을 수 없다. 전쟁이 끝난 직후 소련군은 일본군 병사들을 차출하여 시베리아로 데려가 강제로 노역을 하게 했다. 토지 개발을 위한 동원 노역은 치밀하게 계획되어 실행되었으며, 병사들은 혹한에서 약간의 식량 배급에만 의존하며 힘든 노동을 감내했다. 나는 나의 세대가 그들이 살아온 시대를 제대로 파악하기를, 그리고 젊은 세대 또한 지난 역사의 중요성을 제대로 인식하기를 희망한다.

이와 관련하여 대학의 마지막 해에 수강했던, 스스로를 자랑스러워하던 부교수의 또 다른 수업에서 겪은 기괴한 사건 하나를 언급하겠다. 학생들은 그가 내준 주제에 대해 소논문을 써야했으며 나도 그렇게 했다. 당시에 나보다 몇 년 일찍 입학했지만 졸업을 하지 못하고 있던 학생 두 명이 있었다. 그들을 K와 G로 부르기로 하자. 어느 날 K가 나에게 와서 "G와 나 둘 다 올해 졸업할 작정인데, 나는 알아서 할 수 있지만 G는 학기말 과제를 작성할 능력이 안 될 거야. 네가 G 대신 과제를 써줄 수 있겠니? 그러면 G가 정말로 고맙게 생각할거야" 하고 말했다. 나는 이미 내 것을 작성한 뒤였기 때문에, 제안이 탐탁치는 않았지만 소논문을 하나 더 작성해서 G가 사용할 것이라고 믿고 K

에게 건네주었다.

그리고 난 뒤 졸업식 즈음의 어느 날, 나는 졸업생 명단에서 K의 이름은 찾아냈지만 G의 이름은 찾을 수 없었다. 그러나 그 시절의 나는 여전히 순진한 상태에 있었기 때문에 웬만한 사람은 짐작할 수 있는 이유를 바로 알아챌 수 없었다. 물론 이후 몇 달 동안 K가 나를 계속 피하는 것을 겪고 나서야 사건의 전모를 이해할 수 있었다. K와 G는 둘 다 5년 안에 혁명이 일어날 것이라고 공언했던 인물들이었다. 아마도 K는 한때 일본 공산당의 당원이었을 것이다. 그의 행동은 그가 추종하던 공산주의자들과 같은 수준의 악랄함은 아니었으나, 그들에게 일관된 원칙이 없다는 나의 생각을 강화시켜주었다.

정치 활동과는 별도로, 당시 대학생들 사이에서 흔했던 여가 활동은 등산이었다. 하지만 요즘처럼 등산인구가 많지는 않던 시대였다. 1950년 여름, 나는 두 급우와 함께 나가노현에 있는 해발 2600미터 이상의 봉우리들에 몇 번 올랐다. 1951년에는 혼자서 야마나시현山梨県에 있는 비슷한 높이의 산을 등반했던 적이 있다. 기차역에서 내리자마자 걷기 시작하여 해발 1400미터의 고개를 넘어 한 밤 중에 산장에 도착했다. 그리고 다음 날 정상에 올랐다. 하산하는 길은 꽤 위험했으며, 저녁 8시가 다 되어서야 숙소로 예정했던 호텔에 도착했다. 호텔은 쇼센쿄昇仙峽라는 유명한 협곡의 끝에 있었다. 마지막 날에는 계곡을 굽이치는 급류의 장대한 풍경을 감상했다. 등반에는 총 3일이 꼬박 소요되었는데, 산의 정상에서 마주친 두 사람을 제외하고는 마지막 날의 호텔에 도착할 때까지 사람이라고는 볼 수 없었다. 호텔에는 협곡을 보러 온 관광객들이 많이 있었다.

그런 종류의 산을 혼자 오른다는 것은 다소 무모한 시도였다. 등산하는 과정에서 본 자연은 아름다웠지만, 이후 나는 조금 더 조심해야겠다고 생각했다. 높은 경지에 도달하겠다는 열망을 가진 사람은 스스로를 조금 더 소중히 여길 필요가 있다.

그밖에 전쟁의 앞뒤에 흥미로운 일들을 많이 겪었는데, 평범한 시기라면 결코 일어나지 않았을 일들이었다. 앞에서 그중 몇 가지를 언급했지만 여기 하나를 더 추가하겠다. 전쟁이 끝난 지 4년 혹은 5년이 되었을 때, 하루는 형이 나에게 전축을 하나 만들어달라고 부탁했다. 형이 그런 생각을 왜 떠올렸는지는 기억나지 않는다. 어쨌든 대중 과학 잡지에서 전축을 만드는 방법을 설명한 기사를 발견하고는 도쿄 중심부의 칸타神田 지구에 가서 턴테이블과 픽업을 샀다. 그리고 잡지에 나온 배선도에 따라서 집에 있는 라디오 진공관의 꼭대기에 동선을 납땜했다. 라디오의 스피커를 전축에 사용했던 것이다. 그리고 원래는 과자가 담겨 있던 나무 상자에 턴테이블을 고정시켰다.

마침내 우리는 수제 전축 하나를 갖게 되었다. 다음 문제는 재생을 해보는 것이었다. 당시 칸타에는 중고 음반을 파는 가게들이 많았다. 1930년대 초반에는 레코드회사가 많았으며 애드벌룬 같은 가요나 서양 음악의 전집들을 판매했다. 앞에서도 말했지만 그들의 생산량은 어마어마했다. 공습으로 사라진 회사들도 있었지만 상당수의 음반사들은 전쟁이 끝나고도 남아있었다. 형은 흥미로운 음반을 골랐는데, 도쿄제국대학 교수였던 시마즈 히사모토島津久基의 낭독 음반이었다. 음반의 앞면에는 《겐지 이야기源氏物語》 중 스마須磨편의 구절이 적혀있었으며 반대쪽은 《헤이케 이야기平家物語》 중 오하라 고코大原御幸편의 내용 일부가 있었다. 각각의 구절은 와카의 형식을 띄고 있었다. 우리의 전축은 완벽하게 작동했다. 낭독의 운율이 마음에 들었기 때문에 음반을 계속해서 들었다. 나중에는 교수의 억양 뿐 아니라 모든 구절을 암송할 지경이 되었다. 그래서 해당 부분은 이들 옛날 소설들 중 내가 암송할 수 있는 유일한 구절들이 되었다.

그러나 우리만 같은 레코드를 반복해서 감상한 것은 아니다. 당시 방송국은 단 하나의 공영 방송 밖에 없었으며 방송국이 가진 음반의 숫자는 적었다. 이를테면 '신세계 교향곡' 이외의 드보르작은 나오지 않았으며, 푸치니의 오페라는 '어느 갠 날Un Bel Di Vedremo'이 전부였다. 그리고 크라이슬러Fritz Kreisler의 앙코르 피스가 하루 종일 흘러나왔다. 음악 학교나 일부 개인들이 더 많은 음반들을 소장하고 있었겠지만, 공영 방송국은 전쟁이 끝나고 5년이 지나도록 새로운 음반을 구매할 예산이 없었을 것이다.

예산과는 다른 문제도 있었다. 음악, 예술, 문학에 대한 일본 지식인들의 편협한 사고방식은 자기들만이 좋아하는 극소수의 취향을 과장해서 다른 모든 것들을 하향 평준화시키고 있었다. 내가 지금 이야기하는 것은 1950년대와 1960년대의 일본이다. 당시에는 조르주 루오Georges Rouault가 유행이었으며 다른 어떤 화가들보다 많이 언급되었다. 심지어 1967년까지도 그런 경향이 지속되었는데, 그해 출간된 25권의 일본 대백과사전을 봐도 그것을 잘 알 수 있다. 백과사전에서 루오의 항목에는 그의 작품들만 두 페이지를 가득 채워 실려 있는데, 한 쪽은 천연색으로, 다른 쪽은 흑백으로 되어있었다. 실제로 그는 1950년대에 프랑스에서 특색 있는 예술가로 주목을 받은 적이 있기는 하다. 물론 그런 명성에는 그가 죽었을 때 몇 살이었는지 같은 몇 가지 부가적인 요소들이 영향을 주었지만, 어쨌든 1958년 그의 장례는 프랑스 국가장으로 치러졌다. 당시 조르주 루오에 대한 일본의 관심과 열정은 다소 과했으며, 편중되어 있었다고 생각된다.

문학에 대해 말하자면, 1950년대에 일본에서 사랑받던 작가들에는 알베르 카뮈Albert Camus, 앙드레 지드Andre Gide, 장폴 사르트르Jean-Paul Sartre 등이 있었다. 뒤에서 다시 언급하겠지만, 나는 1957년 11월에 처음으로 파리를 방문하게 된다. 그래서 1956년에서 1957년까지 도쿄의 '프랑스-일본 학교L'Institut Franco-Japonais'에서 프랑스어를 공부했다. 스스로 찾아서 읽은 작품도 몇 개 있지만 대부분은 프랑스 교사가 과제로 내어주는 책들을 읽었는데, 알베르 카뮈의 《이방인L'Étranger》과 베르코르Vercors의 《바다의 침묵Le Silence de la mer》을 읽었다. 어느 날은 아무런 예고도 출처에 대한 설명도 없이 받아쓰기를 했는데, 나중에 해당 지문이 조르주 심농Georges Simenon이 쓴 《누런 개Le Chien jaune》의 첫 번째 단락이라는 것을 알게 되었다. 천주교 사제였던 교사는 그날 무엇을 해야 할 지 제대로 준비를 해오지 않고서 책들 중에서 아무것이나 하나를 집어 첫 단락을 읽어주었을 것이다. 그는 나쁜 사람은 아니었지만 학생들에게 존경을 받을 수 있는 인품은 부족했다.

어느 여교사는 앙리 드 몽테를랑Henry de Montherlant의 소설 《독신자Les Célibataires》의 본문을 가지고 수업을 진행했다. 소설의 시작 부분에는 주인공인 독신남자가 옷의 단추를 잃어버리고 클립과 안전핀으로 상의를 고정시켜서 마치 갑옷을 입은 사람처럼 보인다고 묘사했다. 나는 그것을 읽고 일본어로 번역하는 것을 과제로 받았다. 과제를 제출한 뒤에 교사는 나에게 "그가 그렇게 한 행동의 동기는 무엇이었을까요?"라고 물었다. 나는 질문이 어리석다는 것을 알았으므로 아무런 대답을 하지 않았다. 그러자 그녀는 "당신의 읽기와 번역은 괜찮지만 그런 점을 이해하지 못한다면 제대로 배우고 있는 것이 아니다"라고 했다. 어쨌든 나는 그녀의 기괴한 강의를 따라갈 수밖에 없었다.

얼마가 지난 뒤 같이 수업을 듣던 반의 대부분은 그녀가 자질이 부족하다는 것을 깨닫게 되었다. 하지만 당시 도쿄 대학의 부교수로 재직중이던 고바야시 다다시小林正는 그곳에서 훌륭한 선생이었다.

프랑스어에 능통한 것을 자랑으로 여기던 수학과의 다른 교수 하나는 어느 날 나에게 요즘 어떤 프랑스 문학을 읽고 있냐고 질문을 해왔다. 그때 마침 아나톨 프랑스Anatole France의 단편집을 읽고 있었다. 그는 나의 대답을 듣고는 "아나톨 프랑스도 나쁘지 않지만, 앙드레 지드를 읽어야 한다"라고 말했다. 그의 대답은 두 가지 문제점이 있었다. 우선 지드는 '당대'의 저자였다. 즉, 그의 대답은 "세잔P. Cézanne도 나쁘지 않지만, 조르주 루오를 감상해야 한다"라고 말하는 것과 비슷하고 할 수 있다. 그런 식으로 당시의 교수 세대 중에는 권위를 과장하기 위해 별 내용도 없는 말을 거만하게 내뱉는 이들이 많았다.

그때 나는 이미 도쿄 대학에서 가르치고 있었으며, 내가 학생일 때 배운 것만큼이나 많은 것들을 학생들로부터 배웠다. 특히 무엇을 해야 하며 무엇을 하면 안 되는지를 배웠다. "납득은 가지 않지만 오늘은 넘어가겠다"라던 교수처럼 진실을 거부하고 트집을 잡는 것에 관심이 많은 사람들이 있다. 나는 그런 식의 인간이 되지 않도록 스스로에게 끊임없이 주입시켰다.

보브나르그Vauvenargues의 격언 중에는 다음과 같은 것이 있다. "무엇에도 열정을 가질 수 없다는 것은 평범함의 표시이다." 이것이 정확한 인용인지는 알 수 없으며, 실제로 그가 한 말은 조금 더 구체적인 표현이었을지도 모르겠다. 이 말은 존재 자체가 드러나지 않는 착한 사람보다는 모리스 르블랑Maurice Leblanc의 소설에 나오는 아르센 뤼팽Arsène Lupin처럼 위대한 도둑이 되는 것이 낫다는 뜻이다. 그러나 나는 그 격언을 "무언가를 솔직하고 대담하게 인정하지 못한다면 당신의 존재는 아무런 의미가 없다"로 바꾸고 싶다. 미적지근한 말투로 갖가지 핑계를 대며 무언가를 인정하지 못하는 사람들을 너무나 많이 만났다.

딸 시무라 도모코와 저자. 1960년 4월 도쿄 미타카.

제 III 장

수학자가 되어

11 수학의 궤도에 오르다

1952년에 도쿄 대학 학부를 졸업한 후, 대학원에 진학하면서 동시에 도쿄 대학 교양학부의 조교로 근무하게 되었다. 이것은 종신 직장으로 절대로 잘릴 일이 없는 공무원이며, 결정적으로 극도로 빈약한 급여를 받게 되어 있었다. 학과에서 스물여섯 살이 넘는 이들은 모두 미적분학을 가르칠 능력이 되었지만, 애초에 나는 그중의 하나가 될 의도가 없었다. 1952년에서 1953년 사이에는 어떤 연구 주제를 잡아야 할지 모호한 상태에 있었다. 그러나 1953년 초반에 명확한 주제 하나를 잡았고, 그해 10월 즈음에 연구를 완료했다. 나의 수학자로써의 경력은 그 연구를 계기로 시작되었다고 할 수 있을 것이다. 연구에 대해 설명하기 전에, 그 전에 일어난 두 가지 일을 언급해야겠다.

그해 클라우드 슈발레가 일본을 방문하여 도쿄 대학에서 대수적 군이론을 주제로 일련의 강의를 했다. 그는 당시에 주로 선형대수군 linear algebraic group에 대한 이론을 쌓아가는 중이었다. 강의는 잘 준비되었고 해당 분야 연구자들에게 유용할 몇 가지 새로운 초식들을 포함하고 있었지만, 전체적으로는 신선도가 부족했다. 나는 정말로 새로운, 나에게 새로운 지평을 열어줄 무언가를 갈망하고 있었다.

슈발레는 강의에서 선형대수군의 함수체 function field에 대한 기본적인 정리들을 증명했으며, 이것은 나중에 논문[1]으로도 발표되었다. 그는 또한 초월확대체 tanscendental extension field에 대한 보조정리[2] 하나를 이끌어내었는데, 결과는 명확하고 흥미로웠다.

그의 강의를 듣던 중에, 나는 해당 보조정리의 더 단순한 증명을 발견했다. 아마도 1953년 봄에 일어난 일이었을

---

[1] J. Math. Soc. Japan 6 (1954) 303-324
[2] 논문에서는 '보조정리 2'로 표기되었다.

것이다. 사실 내가 밝혀낸 것은 더 간단한 경우에 한정한 것이지만 어쨌든 슈발레를 찾아가서 새롭게 발견한 증명에 대해 의견을 물었다. 나중에 슈발레는 논문에서 원래의 내용을 나와 논의한 것으로 대체하고는 "다음 보조정리에 대한 증명은 시무라씨와 논의한 결과이다"라고 덧붙였다. 해당 논문은 당시 많은 수학자들의 관심을 끌었으며, 나의 이름이 수학자 사회에 처음으로 알려지게 된 계기가 되었다.

좀 더 앞서서, 같은 해 3월 말에는 교토 대학의 아키즈키 야스오秋月康夫 교수가 작은 학회를 열었다. 이것은 도쿄 대학과 교토 대학에서 대수기하학과 정수론을 연구하는 젊은 수학자들의 모임이라고 할 수 있었다. 나는 예정된 연사가 아니었지만, 예정보다 시간이 남는다고 생각한 아키즈키 교수가 나에게 "자네도 뭔가 발표하는 게 어떤가?"라고 물었다. 나는 아무런 준비를 해오지 않았지만, 즉흥적으로 위에 언급한 보조정리의 더 단순한 경우에 대한 증명을 발표했다. 사실 나는 그 주제가 아닌 다른 사소한 정리 하나를 증명했는데, 오늘날에는 관련 주제가 잘 알려져 있지만 당시에는 생소한 것이었다. 아키즈키 교수는 아마도 그것을 염두에 두고 발표를 부탁했을 것이다.

그때 학회에 참석했던 이들의 명단은 다음과 같다. 교토

대학에서는 나카이 요시카즈中井喜和, 나카노 시게오中野重雄, 이구사 준이치井草準一, 마츠무라 히데유키松村英之, 그리고 아마도 니시 미에오西三重雄가 참석했으며, 도쿄 대학에서는 사타케 이치로佐武一郎와 쿠가 미치오久賀道郎가 참석했다. 도쿄 대학의 타마가와 츠네오玉河恒夫, 나고야 대학의 나가타 마사요시永田雅宜는 참석하지 않았다. 33세의 나카이가 가장 연장자였으며, 나머지는 모두 서른 살이 되지 않았다.

슈발레와의 일이 있고 몇 개월 뒤 일어난 또 다른 일이 기억난다. 슈발레의 논문이 게재된 저널과 같은 호에 대학 2년 선배 하나도 논문을 제출했는데, 해당 논문의 심사 요청이 나에게 왔던 것이다. 나는 직전 해에 학사 학위를 취득한, 아직은 대학원생 신분의 초심자였기 때문에 기분이 조금 이상했다. 그러나 당시에는 수학자들의 숫자도, 논문들의 숫자도 지금에 비해서는 훨씬 적었다. 아마도 저널의 편집자는 내용을 평가하기에 적절한 인물을 찾아내기 어려웠을 것이고, 결국 나에게 심사 요청을 보냈을 것이다. 논문을 심사하기로 수락하고서 본문을 읽다가 곧 실수 하나를 발견했다. 사소한 것이었지만 고치지 않으면 게재될 수 없는 종류의 것이었다. 저널에 해당 오류에 대한 짧은 해설을 보냈고, 내용은 저자에게 바로 전달되어 수정 절차는 깔끔하게 해결되었다. 그리고 논문이 게재된 이후 저자로부터 감사의 편지까지 받았다.

이와 같은 작은 종류의 일들로 연구자로 점차 각인되고는 있었지만, 나의 경력에서 확실한 역할을 하게 되는 큰일은 따로 있었다. 그것은 내가 맨 위에 언급했던 연구의 완성으로, 여기서는 자세히 설명하지 않겠다. 사실 1953년 10월에 완성된 연구는 뒤에 이어질 더 긴 과정의 시작으로, 이 단계에서 새로운 관점을 얻지는 못했다. 돌파구를 얻기 위해서는 여러 가지 사전 작업이 필요했으며, 반드시 거쳐야 하는 과정 중에서 '법 축약reduction modulo'이라는 방법론이 있는데, 이것이 내가 나중에 완성하게 되는 이론의 이름이다. 어쨌든 1953년에는 적어도 가야 하는 방향까지는 알고 있었고, 막연하더라도 연구의 계획을 세워놓은 상태였다.

그리고 1953년 12월에 논문의 최종본을 완성했다. 이야나가 쇼키치彌永昌吉 교수의 조언에 따라, 나는 시카고 대학에 있던 앙드레 베유André Weil에게 논문을 보냈다. 베유는 1953년 12월 23일에 답장을 보내왔으며, 그 내용은 다음과 같았다:

시무라 씨에게,

당신의 원고에 매우 감명 받았습니다. 이것은 상당히 중요한 진전이며, 대수기하학을 정수론에 응용하는 데에 이정표가 되는 결과라고 생각됩니다. 저 역시 이 문제에 지대한 관심이 있습니다. 축약 이론의 아주 초등적인 결과조차도 복소 곱셈complex multiplication에서 얼마나 유용하게 쓰일 수 있는지는 막스 듀링Max Deuring의 논문(**Math. Ann. 124 (1952) 393**)을 보아도 잘 알 수 있습니다. 이 연구 결과는 현재의 복소 계산 이론을 개선하여 단순화시키는 데에 유용하게 쓰일 것이 분명합니다. 또한 헤케Erich Hecke의 모듈러 함수 이론과, 그것의 다변수 함수로의 확장을 위한 도구로 쓰일 수도 있을 것 같습니다. 그런 확장은 현재 아이클러 교수 등이 활발히 연구하고 있는 유망한 분야이기도 합니다.

이것을 계기로 나와 앙드레 베유[3] 와의 오랜 관계가 시작되었다. 이 편지 교환에 대한 더 자세한 내용은 책의 맨 마지막에 'A5. 앙드레 베유와 나'로 첨부된 기고를 참조하라. 베

---

[3] 현대 대수기하학의 기초를 닦고 그것을 정수론과 접목시킨 인물이다. 또한 수학자들의 비밀 결사체인 '니콜라 부르바키Nicolas Bourbaki'의 창립 회원이었다. – 옮긴이

유가 마지막에 언급한 내용은 마르틴 아이클러Martin Eichler의 잘 알려진 1954년 논문이었으며, 나도 결국 그 방향으로 연구하기 시작했다.

이런 답장을 받아서 무척 기뻤지만, 춤을 추거나 하지는 않았다. 나는 잘 드러내지는 않지만 쉽게 화가 끓어오르는 편이며 민망할 정도로 눈물이 많은 편이다. 그러나 기쁨에 몸을 내맡기지는 못한다. 그것이 나의 본성이다.

어느 일본인 철학자에 대해 전해오는 다음과 같은 일화가 있다. 그가 어릴 적에 칸트의 《순수이성비판》을 읽고 있으면 그의 어머니가 옆에서 축제일에 먹는 팥밥을 정성스레 지어주었다고 한다. 일본의 다른 수학자에 대해서도 비슷한 이야기를 들은 적이 있지만 나는 그런 종류의 것과는 전혀 동떨어진 환경에서 자라났다. 가족들에게 수학 이야기를 한 적도 없으며, 보통은 내가 무슨 일을 하고 있는지 다른 사람들에게 잘 이야기하지 않는다. 내가 하는 일을 스스로 잘 알고 있으면 그것으로 충분하기 때문이다. 몇 년 뒤 내가 프랑스로 처음 떠나게 되었을 때, 어머니는 지인들에게 "막내가 내일 프랑스로 떠난다는군." 하고 말할 뿐이었다. 물론 이는 약간의 과장을 보탠 것이지만, 어쨌든 나는 남들에게 나에 대해서 이야기하는 것을 별로 좋아하지 않는다.

베유의 답장을 이야나가 교수에게도 보여주었던 것 같다. 그 외의 다른 사람에게는 이야기하지 않았다. 그렇지만 감정의 동요가 전혀 없었거나 흥분이 되지 않았던 것은 물론 아니다.

학부 시절부터 나는 도쿄 서쪽의 교외를 자주 걸었다. 한 번 산책할 때 보통 한 시간 이상이 소요되었으며 특별한 목적지는 없었다. 산책을 하다 보면 에도 시대에 세워진 불교의 도깨비신 쇼멘콘고靑面金剛를 기리는 석판 조각들을 여기저기서 볼 수 있었다. 언젠가 그런 석판들의 위치와 연대를 기록한 지도를 제작한 적이 있다. 봄에는 멋진 벚나무들이 늘어서있는 다마묘지多磨靈園를 찾아가 흩날리는 벚꽃을 맞으며 서있기도 했다.

베유의 답장을 받고서 이듬해 1월의 어느 맑은 날, 나는 다시 그 길을 걸었다. 전날 약간의 눈이 내려 도쿄 전체에 온화한 느낌이 들었다. 밝은 햇빛 아래 눈이 녹아내리는 길을 걸으면서 나는 내가 해낸 것을 생각했다. 그리고는 만족감을 느꼈다.

12 선생으로써

나는 1954년에 도쿄 대학 수학과의 강사가 되었으며, 1957년에는 부교수로 승진하여 선형 대수와 미적분학을 가르쳤다. 한때 고급 과목을 가르치기도 했다. 가르치는 이들이라면 누구나 특정 유형의 학생들에게 어려움을 겪은 일화 한두 가지는 있을 것이다. 나도 그런 경험이 있으며, 세상에는 어떤 종류의 가르침도 거절하는 인간들이 존재한다는 것을 깨닫게 되었다. 이를테면 다음과 같은 문제가 있다고 하자:

평면 위에 정의된 좌표계에서 두 개의 점 $(3, 5)$ 와 $(3, 8)$ 을 연결하는 직선의 방정식을 구하시오.

답은 물론 $x = 3$ 이다. 그러나 구하는 직선의 방정식을 무턱대고 $y = ax + b$ 일 것이라 놓고 풀이를 시도한다면 0으로 나누어야 하는 상황이 발생하여 답을 구하지 못하게 된다. 사실 수업에서 다룬 문제는 3차원이지만 여기서는 단순함을 위해 2차원 평면의 예를 들었다. 나는 학생들에게 공식을 무턱대고 적용해서는 안 된다는 것을 이러한 예를 들어가며 강조했다. 그리고 그와 같은 문제를 기말고사에 출제할 것이라고 예고까지 했다. 그러나 시험이 끝나고 나면 "직선을 $y = ax + b$ 라 놓고 대입하면 0으로 나누어야 하는데, 그런 것은 불가능하므로 두 점을 연결하는 직선의 방정식은 존재할 수 없다." 따위의 답안들을 보게 되는 것이다. 다음 해에 나는 다시 한 번 반복해서 그런 바보 같은 논지를 펴지 말라고 신신당부를 한다. 그러나 또다시 답안지에는 그런 답이 적혀지는 것을 보게 된다. 이런 학생들은 중고등학교에서 수학이란 주어진 문제에 공식을 대입하는 과정일 뿐이라고 배웠을 것임에 틀림이 없다. 나는 그러한 태도를 결코 바꿔놓을 수 없었다.

이후에 나는 오사카 대학으로 옮겼다. 그때 어느 주립 대학에서 오사카 대학으로 편입하고 싶은 학생 한 명이 있었다. 학교 규정에는 정원의 여유가 남고 지원자가 임시 시험을 매우 좋은 성적으로 통과할 경우에 편입이 허용된다는 규칙이 있었다. 내가 그 절차를 담당했고, 위에서 서술한 직선 위에 대한 문제를 포함한 네 개의 문제를 출제했다. 또한 그가 추상 대수학abstract algebra의 쉬운 개념을 알고 있는지를 파악해야 했기 때문에 다음의 문제도 포함시켰다:

> 어떤 군에 대한 부분군의 정의를 말하시오. 그리고 두 부분군의 교집합 역시 부분군임을 증명하시오.

이것은 아무 생각 없이 즉시 대답할 수 있어야 하는 종류의 문제이다. 다른 교수들에게 문제를 보여주자 그들은 문제가 너무 쉬운 것이 아닌가 염려했다. 그러나 나는 문제의 선택이 괜찮을 것이라고 확신했다. 그리고 그 학생은 두 문제에서 모두 실패하고 말았다. 교수들의 일치된 의견은 편입이 불가능하다는 것이었으며, 결과를 통보하자 그는 "억울하게 덫에 걸렸다"는 말을 남기고 떠났다. 그는 이런 과정을 통해 교훈을 얻을 수도 있었겠지만, 결코 교훈을 얻지 못할 종류의 인간이었다.

1960년대 말이나 1970년대 초에 일본의 젊은 수학자와 나눈 대화도 생각난다. 그는 프린스턴 고등연구소의 새 회원이었으며, 환영회에서 행복한 어조로 나에게 말했다.

"이 나라에서는 정말로 많은 게임들이 팔리고 있는 것 같아요."

당시에는 컴퓨터 게임이 존재하지 않았으므로 그가 언급한 것은 프린스턴의 잡화점에서 팔던 보드 게임, 직소퍼즐 같은 것들이었다. 나는 다음과 같이 대답했다.

"아, 그건 단순히 물건을 팔아서 돈을 벌려는 사람들이 많다는 뜻이죠. 미국과 같은 나라에서는 게임을 사는 대신 게임을 발명해서 다른 사람에게 되파는 것이 더 현명할 걸요."

그러자 그는 침묵에 잠겼고, 이후 나에게 한 마디도 건네지 않았다. 아마도 그는 내가 자신을 공부보다 게임에만 관심이 있는 어린 아이처럼 대한다고 느꼈을지도 모르겠다. 물론 나의 의도는 그런 것이 아니었다. 나는 무언가를 다른 시각으로도 볼 수 있다는 예를 농담을 보태 들려주려고 했을 뿐이다. 그러나 요점은 그가 무언가를 배우고자 하는 욕망이 없었으며, 그것을 거부했다는 것이다.

여기 위 대화의 두 가지 가상의 속편이 있다. 그 중 하나는 다음과 같다:

"그럴지도 모르지요, 그러나 저는 게임을 많이 해볼 수 있는 것으로 충분해요."
"그래서 마음에 드는 보드 게임은 찾아냈나요?"

다른 하나는 다음과 같다:

"그게 수학의 세계에도 적용되나요?"
"물론이죠. 미국에는 값싼 내용의 수학이라도 기꺼이 사려는 사람들이 많거든요."

어떤 식으로든 대화를 이어나갔다면 우리는 서로가 가진 생각을 더 많이 나눌 수 있었겠지만, 한 번 조개처럼 마음을 닫아버리면 아무것도 할 수 없게 된다. 나는 그것을 어떻게 다시 열어야하는지 몰랐으며, 그렇게 할 방법을 결국 찾아내지 못했다.

앞에서도 언급했지만, 공무원의 봉급 수준은 매우 낮았다. 또한 도쿄 대학 수학과의 선배 교수들은 수학자로써의 야심이라고는 전혀 없었으며, 젊은이들에 대한 질투심도 없었다. 그들은 친절하게도 우리가 여분의 돈을 벌 수 있는 방법을 알려주었다.

그중의 하나였던 야마자키 사부로山崎三郞는 한때 나에게 러시아어를 가르쳐 준 적이 있으며, 대학 입시를 준비하는 수험생들이 다니는 입시 학원의 강사 자리 하나를 소개해주었다. 에도 시대에 섬길 영주를 잃은 사무라이는 로닌浪人[4]이라고 불렸다. 쇼와 시대에는 고등학교를 졸업했지만 대입에 낙방한 학생들을 로닌이라고 불렀다. 그들 중 몇몇은 그해에 좀 더 낮은 수준의 학교에 입학했지만, 학원에 등록한 로닌들은 한 해 재수를 해서 다음 해의 입시에 다시

---

[4] 낭인 - 옮긴이

도전하고자 하는 이들이었다.

입시 학원에서는 일주일에 한 번 아침에 50분짜리 수업 네 개를 하기로 되어있었다. 그러나 실제로는 다음과 같은 이유로 훨씬 더 많은 수업을 했다. 모든 대학 입시들은 3월 중순이면 끝이 난다. 그러면 2주 안에 입시를 전문으로 하는 회사들에서 그해 각 대학의 입시에서 출제된 모든 문제들과 해답을 모은 두꺼운 문제집을 내어놓는다. 그러면 강사들은 문제집에서 수업 시간에 다룰 문제들을 선정하는 것이다. 학원에서 정확하게 몇 주를 강의했는지는 기억나지 않지만 아마도 4월부터 7월까지의 약 13주 정도를 가르쳤던 것 같다. 내가 문제집에서 52개의 문제들을 선택하면, 수강생들은 풀이 없이 문제들만 인쇄된 책자를 받게 된다. 그러면 나는 한 번의 수업에서 네 개의 문제를 풀어주고, 그것을 하루에 네 번 반복하는 것이다.

독자들은 단기간에 52개의 문제를 선택하는 작업이 얼마나 어려운 일인지 짐작할 수 있을 것이다. 그것도 모든 문제를 꼼꼼하게 하나씩 점검해가면서 말이다. 나는 내가 그런 작업을 하게 되었다는 사실에 놀랐다.

나는 많은 종류의 시험 문제들이 인위적이며 기발한 트릭이 필요하다는 것을 발견했다. 그리고 되도록 그런 유형들을 제외하고서 표준적인 기법과 기본 지식만으로 해결할 수 있는 문제들을 고르려고 노력했다. 수학올림피아드에 참가하는 학생들은 대개 매우 어렵고 기교적인 유형의 문제들을 연습해야만 한다. 물론 그런 종류의 경쟁들도 나름대로의 존재의 이유 raison d'être는 있겠지만, 수학에 진지하게 임하려는 사람이라면 그런 종류의 시험들은 무시하더라도 잃을 것이 없다고 믿는다.

학원에는 매 수업이 끝날 때마다 나에게 찾아와서 질문을 해대는 학생 한 명이 있었는데, 모든 강사들이 싫어할 만한 종류의 성가신 타입이었다. 학원에서의 마지막 학기가 끝나자 더 이상 그를 마주치지 않아도 된다는 사실에 마음이 놓였다. 그리고 이듬해 봄방학이 끝나고 도쿄 대학 새 학기의 첫날이 되어 수업을 하러 들어갔는데, 놀랍게도 그가 강의실의 첫 번째 줄에 앉아있었다. 동료 교수들에게 이 이야기를 하자 모두들 나를 동정해주었다. 그러나 반대로 학생의 입장에서 생각해보면, 실컷 대학에 입학했더니 다시 학원 강사에게 수업을 받아야 하는 상황이 불만이었을 수도 있다.

입시 학원은 여름에도 내내 운영되었으며, 도쿄 밖에서도 많은 학생들을 유치했다. 그리고 그들 중 다수는 로닌이 아니었을 것이다. 어떤 이유인지 강사들은 여름 동안에 평소보다 더 많은 급여를 받았다. 입시 학원에서 벌어들이는 금액과는 별게로, 나는 동료 교수들과 집필한 몇 권의 수학 교재들에서도 약간의 인세를 받고 있었다. 나중에 모아보니 그것들은 상당한 액수가 되어있었는데, 언젠가는 이 돈이 필요할지도 모른다고 막연하게 생각했다. 그리고 정말로 그럴 일이 일어났다.

앞에서 언급한 것처럼 나는 1953년에 앙드레 베유와 서신을 교환했다. 1955년에는 대수학적 정수론에 관한 도쿄-닛코日光 국제 학회가 열렸으며, 베유는 아홉 명의 외국인 참가자들 중 한 명이었다. 그래서 그와 자연스럽게 만날 수 있었고, 그때부터 베유는 나를 일본의 다른 나이든 수학자들보다 훨씬 전도유망한 젊은 학자로 대하기 시작했다. 베유는 1956년 초에 나에게 1957년부터 파리에서 지내는 것이 어떻겠냐고 제안했는데, 1957년에서 1958년까지 베유 자신이 거기서 지내기로 되어 있었기 때문이다. 베유의 권유에 따라, 앙리 카르탕Henri Cartan은 나에게 CNRS[5]의 연구원chargée de recherches 자리를 제안했다. 그때까지도 일본

---

[5] 프랑스국립과학연구원Centre National de la Recherche Scientifique

의 수학자들이 프랑스를 방문할 때는 대개 부르시에boursier, 즉 프랑스 정부 장학금과 여행 경비를 받는 학생 신분으로 취급되었다. 그러나 그것은 연구원에게 적합한 방식이 아니었기 때문에 베유는 CNRS에 정식으로 소속되는 직위를 생각해낸 것이다. 어쨌든 프랑스에 가게 된 것은 내가 원해서 그렇게 된 것이 아니다. 나는 수학을 할 때에 그 누구에게도 방향성에 대한 지시를 받지 않고서 내가 하고자 하는 것을 한다. 그러나 그 외의 경우에는 대개 사건이 스스로 흘러가는 대로 내버려두는 편이다.

연구원의 급여는 프랑스 정부에서 나오는 것이지만, 프랑스까지 가는 여행의 경비까지 제공되지는 않았다. 당시 도쿄에서 파리로 가는 비행기의 요금은 거의 700달러에 달했는데, 그것은 내가 도쿄 대학에서 받는 한 해의 급여 전체보다도 많은 금액이었다. 수학과 선배 교수의 조언에 따라 일본 문부성에 지원금을 신청했지만, 그들의 느린 업무 처리 속도 때문에 지원금을 받을 가망이 없어보였다. 다행히 강사 아르바이트 등을 통해 모아둔 금액이 딱 그 정도였다. 그리고 다른 선배 교수의 도움으로 아시아재

단 The Asia Foundation[6]에서 지원금을 받을 수 있었다. 그들이 일하는 속도는 훨씬 빨랐으며, 총 250달러를 지원받을 수 있었다. 이때 나를 담당하던 재단의 직원은 그의 형이 고등추상대수학을 연구한 에이브러햄 앨버트 Abraham A. Albert의 제자라는 이야기를 해주었다.

프랑스에서 받은 급여는 꽤 괜찮은 수준이었다. 심지어 연말 수당까지 받았는데, 그 돈은 나중에 파리에서 뉴욕으로 갈 때의 비행기 값으로 사용했다. 이후 뉴욕에서 도쿄로 돌아올 때 다시 비행기를 탔는데, 이때는 항공료의 전액을 스스로 부담했다. 내가 일본을 대표해서 영국에서 열리는 학회에 참석했을 때는 파리에서 에딘버러까지 가는 항공 운임의 약간을 일본 정부에서 지원받았지만, 뉴욕에서 도쿄로 돌아오는 여행에서는 일본 정부로부터 한 푼도 지원받지 못했다. 그러나 흥미롭게도, 프랑스와 미국에서 머무는 동안에 나는 계속 일본 정부로부터 교수 급여를 받고 있었다. 나와 같은 처지에 있는 다른 일본인들도 그런 식으로 계속 급여를 받았다. 그들은 내가 외국의 연구 기관에서 따로 급여를 받는다는 사실은 개의치 않았다. 아마 그들은 한 사람의

---

[6] 1954년에 설립된 미국의 비영리단체 – 옮긴이

수입으로 가족 전체의 생계를 책임져야 하는 사람에게는 계속 급여를 지불해야한다고 생각했을 것이다. 혹은 어떤 기이한 관료적인 이유 때문에, 나의 여행 경비를 외국의 기관이 부담했다는 것이 그들을 기쁘게 했는지도 모르겠다. 어쨌든 나는 입시 학원에서 문제를 선정하고 성가신 학생들을 상대하는 데에 더 이상 시간을 허비하지 않아도 되었다.

그때 프랑스어를 배우며 작성한 나의 노트에는 "프랑스어를 배우고 파리에 가게 된 이 모든 상황이 우스꽝스럽다"는 문장이 적혀있다. 즉, 나는 이 모든 것을 예상하지 못했던 것이다. 나의 무표정을 감지한 선배 교수 하나는 "자네는 외국에 나가는 것을 별로 기뻐하지 않는 것 같구먼"이라고 말했다.

13 파리에서

1957년 11월 23일, 나는 하네다 공항에서 에어 프랑스의 쌍발 엔진 비행기에 올랐다. 당시에는 비행기를 타는 여행객의 수가 매우 적었는데, 기사가 딸린 에어 프랑스의 차가 미타카三鷹에 있던 집에까지 와서 나를 태우고 하네다 공항까지 갔다. 일본인 승객이 몇 명 더 있었지만 파리까지

가는 사람은 나밖에 없었다. 비행기는 마닐라, 사이공, 방콕, 카라치, 테헤란, 로마에서 한 번씩 멈추었다. 로마에는 나중에 두어 번 더 방문했고, 테헤란은 무려 삼십 칠년 뒤에나 방문하게 되지만, 나머지 도시들은 48시간의 그 기나긴 여행 이후로는 다시는 방문하지 못했다.

파리의 앵발리드 공항 터미널 l'Aérogare des Invalides에 도착한 시간은 자정이었다. 그리고 파리의 겨울은 몹시 어두웠다. 도쿄에서 프랑스어 작문과 회화 수업을 가르치던 프랑스 여자는 "파리에 도착하고 나면 마음이 뛰고 흥분될 것이다. 그러나 며칠이 지나고 나면 어둠의 늪에 빠져 일본을 그리워하며 울게 될 것이다."라고 말했다. 막상 도착하니 그렇게 마음이 뛰거나 흥분되지는 않았지만, 파리의 어둠에 대한 그녀의 말은 옳았다.

파리에서 10개월을 보낸 뒤에는 미국으로 떠났다. 돌이켜보면 처음으로 경험한 다른 나라가 프랑스였다는 것은 여러모로 잘된 일이었다고 생각된다. 파리에서 머무는 동안 스위스, 독일, 이탈리아, 스코틀랜드를 여행할 수 있었으며, 다양한 나라들에서 여러 가지 경험들을 할 수 있었다. 그것이 바로 미국으로 가는 것 보다는 더 넓은 관점을 가지게 해준 것 같다.

당시 파리의 지하철은 오늘날과 크게 다르지 않았다. 그러나 지금은 찾아보기 힘든 것들이 몇 가지 기억난다. 각 역의 플랫폼 끝에는 열차가 도착하고 나면 터널을 닫아버리는 거대한 문이 있었는데, 뒤에 따라오는 열차가 돌진하는 것을 막기 위한 용도였다. 그리고 각 열차의 문은 자동으로 닫혔지만, 열 때는 승객이 직접 손잡이를 꺾어 문을 열어야 했다. 일본에서는 열차의 문이 자동으로 열리고 닫혔기 때문에 기이하고 불편하다고 생각했다.

각 지하철역은 해당 역과 이웃하는 역의 이름들이 큰 글자로 또렷하게 표시되어 있었지만, 도시와 도시를 연결하는 교외선의 기차역은 그렇지가 않았다. 프랑스를 방문한 일본인에 대해 전해 내려오는 다음과 같은 이야기가 있다. 그는 배를 타고 마르세유에 도착했으며, 이후 기차를 타고서 파리로 가게 되었다고 한다. 그리고 기차에서 창밖을 바라보면서 놀라운 발견을 하게 되는데, 모든 역의 이름이 Sortie[7]라는 한 가지 이름으로 되어있다는 점이었다. 나도 나중에 기차를 타고 다니면서, SORTIE라는 글자에 비해 각 역의 이름이 거의 눈에 띄지 않는 크기로 되어 있다는

---

[7] 출구

것을 알게 되었다. 아마도 그 일본인의 일화는 사실이었을 것이다.

그리고 일본에서는 보지 못했던, '볼펜'이라고 불리는 신기한 필기구도 보았다. 그때까지도 일본에서는 볼펜을 사용하지 않았었다. 그래서 왜 일본은 이런 것을 늦게 받아들이는 것일까 생각하며 살짝 당황했다.

당시 파리의 거리와 지하철에는 술에 취한 거지들이 많았으며, 떨리는 손을 내밀며 구걸을 했다. 각 지하철 열차에는 "하루에 1리터의 와인을 마시면 알코올 중독자가 됩니다"라는 경고문이 큼지막하게 붙어 있었다.

한번은 손님의 대부분이 노동자들인 식당에서 점심을 먹은 적이 있었다. 각각의 탁자에는 작은 병들이 놓여 있었는데, 코르크 마개도 없는 채로 적포도주가 가득 채워져서 빈 유리잔과 함께 테이블 위에 놓여 있었다. 원래 그 병들은 맥주가 담겨 있는 종류의 것들이었다. 그리고 음식을 주문하고 나면 손님은 병에 담긴 와인을 원하는 만큼 마시는 것이다. 계산서에는 그가 마신 병의 숫자가 기록된다. 메뉴에는 에스카르고 Escargot[8]도 있었다.

---

[8] 식용 달팽이

나중에 파리에서 '메종 두 자폰Maison du Japon[9])'의 관장을 역임하게 되는 고교 동창 토바리 도모오는 당시에 파리에서 공부하고 있었으며, 나에게 프랑스의 관습 같은 것을 설명해주었다. 그러나 토바리도 그런 종류의 식당에는 가본 적이 없었기 때문에 내가 그 이야기를 해주자 매우 재미있어했다.

그보다 한 달 쯤 전인 3월에, 나는 푸엥카레 연구소Institut Henri Poincaré에서 세미나를 마치고 베유, 로제 고드망Roger Godement과 함께 생미셸가Boulevard Saint-Michel의 카페를 들렀다. 두 프랑스 신사는 맥주를 시켰으며 날씨가 쌀쌀했으므로 나는 뱅쇼vin chaud 한 잔을 시켰다. 나중에 베유가 나의 주문에 얼굴을 찡그리더라고 토바리에게 말해주었더니 그는 "아마 뱅쇼란 미망인의 잠옷 같은 것이라서 그랬을지도 몰라"라고 대답했다. 토바리는 그런 재치 있는 표현을 즉석해서 잘 지어내었다.

나는 클라우드 슈발레를 다시 만날 수 있게 되어 무척 기뻤다. 그와는 1953년 도쿄에서 한 번 만났던 적이 있다. 슈발레는 내가 앞서 언급한 1946년 그의 저서 《리군

---

[9]) 1929년에 파리 국제대학촌Cité Internationale Universitaire de Paris에 설립된 학생 기숙사. 파리니혼칸パリ日本館이라고도 한다. - 옮긴이

이론Theory of Lie groups》을 출간할 때 프린스턴 대학교의 조교수였다. 그리고 컬럼비아 대학교의 정교수가 되었다가 다시 파리로 복귀했던 것이다. 프린스턴에 있을 때 슈발레는 첫 번째 아내와 이혼을 했었다. 그때 그의 동료 하나가 "지난주에 안보이던데, 어디 갔던 거야?" 라고 묻자, 그는 "리노Reno[10]에 갔었지!" 라고 대답했다. 그러자 그의 동료는 "아, 거기서 무슨 강연이라도 한거야?" 라고 되물었다. 이런 것은 전형적인 프린스턴식 농담이었지만, 요즘은 모두 잊힌 것 같다. 슈발레는 이야나가 쇼키치彌永昌吉 교수와 친했으며, 일본에 몇 차례 더 방문해서 나고야 대학 등에서 특강을 하기도 했다. 그는 바둑을 즐겼는데, 나는 그와 도쿄와 파리 등에서 최소한 두 판 이상 대국을 했던 것 같다. 당시에 나를 제외한 일본인 수학자들은 슈발레에 비해 기력이 월등했기 때문에, 결국 내가 그의 바둑 상대로 낙점되었던 것이다.

수학에 관해 말하자면, 파리에 오기 전에 도쿄해서 하던 몇 가지 연구가 있었다. 그 중 하나는 모듈러 함수체modular function field와 모듈러 대응modular correspondences에 대

---

[10] 미국 네바다주 리노는 결혼과 이혼이 자유로운 네바다주 법 때문에 빠른 결혼/이혼 수속을 밟으려는 사람들로 붐비는 곳이다. - 옮긴이

한 것이었다. 1956년 7월에는 확실한 결과를 증명할 수 있었지만, 그것들을 정립된 이론으로 공식화하기까지는 몇 달이 더 걸렸다. 그리고 다니야마 유타카谷山豊와 공동으로 집필하던 일본어 서적의 9장에 해당 내용을 포함시켰는데, 책은 1957년에 출간되었다. 이 결과를 베유에게 알리자 그는 내용을 요약해서 《콩트 랑뒤Comptes Rendus》에 게재하라고 조언했다. 그래서 도쿄에서 파리로 출발하기 전에 논문 원본을 베유에게 보낸 상태였으며, 논문은 나와 거의 같이 파리에 도착했다. 이것의 더 자세하고 긴 확장 논문 역시 프랑스어로 작성되어 1958년에 게재되었다. 그리고 이들 연구에 담긴 기본 아이디어는 이후 1971년에 출간하게 되는 내 책에서 중요한 부분을 차지하게 된다.

다른 하나는 극성화 가환 다양체polarized abelian variety 위에서의 모듈라이 체field of moduli를 바르게 정의하는 것으로, 이것은 복소 곱셈 이론의 핵심을 이루는 내용이다. 그 결과는 1957년 10월 즈음 도출해냈는데, 파리에 도착해서 베유와 논의한 첫 번째 주제이기도 했다. 그렇게 파리에서의 나의 수학은 순조롭게 시작되었으며, 베유도 그것을 기뻐했다. 또한 이전부터 고민하고 있던 특별하고 단순한 경우들에 이러한 결과들을 적용하는 것으로 나만의 연구에 다시 착수

하기 시작했다. 베유와 나의 개인적인 관계에 대해서는 A5절에 더 자세히 소개하였다.

나는 연구의 방향성에 대한 막연한 구상은 가지고 있었지만 전체적인 지도는 가지고 있지 않았다. 물론 생각했던 방향으로 연구를 진행하면 무언가 나올 것이라는 확신은 가지고 있었다. 해당 문제들에 어떻게 접근해야 할지 미리 알 수는 없지만, 본능적으로 각각의 주제에 대해서 비교적 올바른 길로 나아가고 있다는 것은 느끼고 있었다. 물론 그런 방향이 최선이 아닌 것으로 나중에 밝혀질 수도 있다.

대개는 특정 분야의 수학자들에게 널리 알려진 당대의 문제들이 있으며, 연구자들은 주로 그런 문제들을 해결하려고 시도한다. 그러나 나는 전혀 다른 방식으로 연구를 진행했는데, 결과가 어떤 종류의 진술을 낳게 될지 예측하지 않고서 무작정 나아가는 것이다. 각각의 단계에서 내가 할 수 있는 것이 무엇인지는 알았지만, 내가 탐구하고 있는 것은 더 큰 이론의 일부일 것이라는 막연한 느낌만을 가지고서 조금씩 나아갔다. 연구의 결과가 나올 때쯤이 되어서야 비로소 내가 무엇을 하고 있었는지 전체적인 상을 그려낼 수 있었으며, 그렇게 되기까지는 거의 10년이 걸렸다. 그리고 당시에 해당 주제에 관심을 기울이던 연구자는 나 밖에 없었다.

내가 연구한 것들의 기술적인 내용에 대해서는 A4절 '소감'에 자세히 설명하였다. 해당 글은 1996년도에 저널에 투고한 기사의 원문이기도 하다. 나의 연구는 푸엥카레가 1886년에 기이하고도 갑작스러운 방식으로 발견한 푹스군Fuchsian group과 프리케Robert Fricke에 의한 그것의 일반화, 그리고 헤케의 1912년 학위 논문과 관련이 있다. 1958년 3월까지 나는 푸엥카레 군의 가장 간단한 경우를 다룰 수 있었으며, 그 결과를 에든버러에서 열리는 세계 수학자 대회ICM에서 내가 하게 될 강연에 포함시키기로 했다. 그러나 당시의 청중 중에서 그 내용을 이해할 수 있는 사람은 거의 없었던 것 같다.

관련된 연구자들 중에서 헤케는 특히 나의 연구 결과에 부정적인 견해를 가지고 있었다. 1996년에 투고한 해당 기고문에서 나는 "헤케의 사후에 그를 깎아내릴 의도로 이러한 사실들을 언급하는 것이 아님을 강조하고 싶다"라는 구절을 삽입했다. 물론 반은 농담이지만, 내가 '유체의 구성 등에 대하여'(1967)[11] 등의 논문을 끝냈을 때는 진심으로 그가

---

[11] Shimura G., "Construction of class fields and zeta functions of algebraic curves", Ann. of Math., **85** (1967), 58-159.

살아있기를 바랬다. 그러나 헤케는 그보다 20년 전에, 60세의 나이로 사망한 뒤였다.

성취한 연구들만 나열하고 있으므로 독자는 내가 많은 일들을 크게 힘들이지 않고 이루었다고 착각할 수도 있지만 실제로는 전혀 그렇지 않다. 어떤 수학자도 그런 식으로 해오지 않았을 것이며 그렇게 할 수도 없다. 연구는 수많은 시행착오 끝에 얻어지는 결과이며, 대개의 시도는 실패로 끝난다. 그러나 그런 과정을 통해서 많은 것을 배우게 되는 것이다.

파리에서의 생활은 즐거웠다. 베유는 "자네의 프랑스어는 내가 기대했던 것보다 훨씬 나은 상태였지만 파리에 머무르는 동안에는 조금도 나아지지 않았어."라고 나중에 이야기한 적이 있는데, 유감스럽게도 그것은 사실이었다. 프랑스로 떠나기 전에는 어학 공부에 많은 시간을 할애했지만 막상 그곳에서는 어학 보다는 수학에 훨씬 더 많은 공을 들였기 때문이다. 베유는 프랑스 신문과 영화들을 많이 보라고 추천했고, 후자에 대해서는 그의 권고를 따랐지만 전자에 대해서는 그렇게 하지 않았다. 당시에는 유행하는 영화를 만화책 형식으로 소개하는 타블로이드판 잡지가 있었으며, 어느 이발관에서 그것을 발견했다. 그런 것이라도 읽었으면 도움이 되었겠지만 나는 그 정도의 노력도 하지 않았다. 한 번은 프랑스 소녀와 교제할 기회도 있었으며 그랬다면 프랑스어가 훨씬 나아졌을 것이다. 하지만 왠지 삶이 지나치게 들뜨게 되는 것에 몸을 사렸고, 그래서 그런 쪽으로는 아무것도 하지 않았다. 헤밍웨이는 《파리는 날마다 축제 A Moveable Feast》라는 소설을 썼음에도 불구하고 파리에 머무는 동안 프랑스어를 거의 하지 못했다고 한다. 적어도 헤밍웨이보다는 나의 프랑스어가 나았을 것이니, 그 점으로 위안을 삼고자 한다.

토바리 도모오와 저자(왼쪽). 1958년 3월 파리.

14 프린스턴에서

파리에서의 10개월이 지난 후, 1958년 가을부터 나는 프린스턴 고등연구소Institute for Advanced Study의 회원이 되었다. 동시에 앙드레 베유는 그곳의 교수가 되었으므로, 이후의 7개월 동안 거의 매일 그를 볼 수 있었다. 나는 파리에서부터 해왔던 대수적 군에 대한 탐구, 특히 모듈러 형식modular form에 대한 연구를 계속했다. 그리고 베유의 목표는 지겔Carl L. Siegel의 이차 형식을 더 나은 형태로 바꾸는 것이다. 이와 같이 연구의 주제가 서로 달랐음에도 그는 내가 조언을 구할 때마다 진지하게 이야기를 들어주었다.

베유는 참을성이 부족하기로 유명했으며, 종종 다른 이들에게 고함을 질렀다. 나에게도 두 번 소리를 친 적이 있다. 나는 그에게 고함을 지른 적은 없지만, 다소 단호한 방식으로 쏘아붙인 적은 있다. 1970년 즈음에 일어난 일이다. 나는 그때 어떤 특정 이론을 만들어내었고, 다른 누군가가 그것을 다시 재구성했다. 그때 베유가 와서는 "그의 수식화가 마음에 들어. 자네가 처음에 보인 방식보다 더 괜찮은 것 같던데."라고 말했다. 그의 말은 신경을 거슬렀으며, 나는 다음과 같이 답변했다. "그런 새로운 정식화에 무슨 수학적 가치가 있는지 전혀 모르겠네. 누구나 다른 사람이 한 일을 다시 재구성하거나 고쳐 쓸 자유가 있겠지. 그러나 나는 그런 종류의 사람이 아닐세. 나는 단지 새로운 대상을 발견하고, 그것을 이론으로 발전시키는 데에 관심이 있을 뿐이라네." 그는 몇 분 동안 침묵하더니, 다른 주제로 화제를 돌렸다.

1958년부터 1959년까지 프린스턴에서 머무는 동안, 나는 모듈라이 등에 대한 연구를 지속했다. 그 결과물은 도쿄로 돌아와서야 논문으로 정리할 수 있었다. 그리고 높은 가중치weight를 갖는 보형 형식automorphic form 함수의 주기성에 대한 새로운 아이디어 한 가지를 얻었으며, 1958년 봄에는 이것에 대한 논문 한 편을 썼다. 베유는 이 연구에 인상을 받은 것 같았다. 그러나 새로 발견된 주기성을 다른 각도에서 바라볼 필요가 있다는 것은 나중에서야 깨달았다. 그러므로 프린스턴에서 한 연구들은 대체로 완결된 것은 아니었지만 몇 년 뒤의 더 큰 성과를 이룰 수 있게 해준 기초를 쌓은 셈이 되었다.

　프린스턴에서 일어난, 수학과는 관계없었던 경험 하나를 소개하겠다. 어느 날 유나이티드 웨이United Way 혹은 적십자에서 일하는 여인이 아파트에 기부금을 받으러 왔다. 이런 일은 처음이었기 때문에, 우선 어느 정도의 금액을 요구하는지 물었다. 그랬더니 "글쎄요, 당신 나이에는 1달러 정도면 충분하겠네요."라는 대답이 돌아왔다. 당시의 1달러는 그렇게 나쁘지 않은 액수였지만, 나는 왠지 비참하게 느껴져서 2달러를 주고 말았다. 며칠 후 이웃을 만났는데 그는 "1달러를 주고 보내려고 했더니, 당신이 2달러를 줬다고 하더

구만. 그래서 ..." 라고 불평했다. 그가 얼마를 내었는지는 기억이 나지 않는다.

프린스턴에 도착한 직후에 옐로 페이지Yellow Pages를 뒤져서 동네에 프랑스 식당이 있는지를 확인했다. 거기서 하나를 발견하고 다른 날 저녁에 식사를 하러 갔다. 메뉴판은 프랑스어로 되어 있었고 주문을 할 때 종업원이 커피를 바로 마시겠냐고 물었는데, 그때 꽤 충격을 받았다. 당시의 미국에서는 식사 도중에 커피를 마시는 것이 이미 보편화되어있었다. 요즈음은 둔감해졌지만, 그때는 미국인들의 미각이란 정말로 특이하다고 생각했다.

여전히 수학하고는 관련이 없지만, 커피보다 더 중요했던 한 가지를 언급해야겠다. 내가 살았던 1인용 아파트에는 가구가 딸려 있었으며 주방과 작은 냉장고도 있었다. 그러나 무엇보다도 난방이 잘되었고 온도 조절 장치가 있다는 것이 좋았다. 그래서 원할 때마다 목욕을 할 수 있었다. 평생을 추위에 떨어야 했던 나 같은 사람에게는 천국과 같은 곳이었다. 물론 도쿄에도 고급 아파트가 있었고 내가 배웠던 프랑스어 교사도 거기에 살았지만, 그런 종류의 주거지는 대학교 선생에게는 어림도 없는 것이었다.

프린스턴에는 카네기 호수Carnegie Lake라는 작은 호수가 있다. 그리고 시냇물이 연구소 근처에서 호수로 흘러들어간다. 겨울에는 물이 얼어서 호수에서 스케이트를 탈 수 있었다. 나도 스케이트를 하나 샀는데 동료 연구원 중 하나가 친절하게도 스케이트 타는 법을 직접 가르쳐 주었다. 우리는 얼어붙은 개울을 건너 호수까지 걸어서 갔고 거기서부터 스케이트를 타기 시작했다. 그렇게 호수에서 시간을 보낸 뒤 욕조의 따뜻한 물에 몸을 담글 때의 기분이 아주 좋았다.

난방과 온수 이외에도 프린스턴에 머물러서 좋은 것은 한 가지 더 있었다. 당시에 나는 프린스턴 대학교와는 직접적인 관련이 없었지만, 고등연구소의 연구원들에게는 회원증이 발급되어 대학의 각종 매점에서 할인을 받을 수 있었다. 어느 날 구내 서점에서 알프레드 아인슈타인Alfred Einstein이 쓴 《모차르트, 성격과 작품Mozart. Sein Charakter, sein Werk》의 영문판을 한 권 샀다. 이 책은 모차르트 관련 서적 중에서 음악사적으로 가장 중요한 책으로 여겨지고 있으며, 지금도 열심히 읽고 있는 책이다. 이 책의 일본어판은 1961년 말이 되어서야 출판되었다.

나는 1959년에는 일본으로 돌아갔으나, 1962년에 다시 프린스턴으로 복귀했다. 이후에는 일본에 있었다면 읽지 않았을 영어로 된 책을 많이 읽었다. 책들은 공립 도서관과 대학 도서관에서 대출하거나 대학의 구내 서점 등에서 직접 사서 읽기도 했다. 근처에 적당한 가격의 미술 책들이 많이 있는 중고 서점 하나도 발견했다. 도쿄에도 외국어로 된 책을 취급하는 대형 서점들이 있지만 프린스턴에서는 별다른 노력 없이 언제나 그런 책들을 살 수 있었다. 도시의 규모는 작았지만 세계적인 음악가들과 예술가들이 자주 찾아오는 극장도 있었다. 그곳에서 직접 본 마르셀 마르소Marcel Marceau의 판토마임이 무척 좋았다. 그런 식으로 프린스턴의 문화적인 인프라는 도쿄나 오사카보다는 훨씬 나았다.

프린스턴 고등연구소에서의 이야기를 계속 하자면, 나는 당시 그곳의 초대 소장이었던 로버트 오펜하이머Robert Oppenheimer를 직접 만난 적이 있다. 그는 대중에게 주로 최초의 원자폭탄을 만든 사람으로 알려져 있을 것이다.[12] 그에 대한 표준 전기에서는 언급되지 않은, 알려지지 않은 몇 가지 사실들을 공개하겠다. 연구소에 처음 도착하고 나서 나는 소장과의 면담을 준비하라는 요청을 받았다.

---

[12] 이론물리학자 로버트 오펜하이머는 뉴멕시코주 로스앨러모스에서 정상급의 물리학자들을 모아 비밀리에 진행된 맨해튼 계획Manhattan Project을 총괄 지휘하여 원자 폭탄의 설계 및 제작을 주도했다. - 옮긴이

아마도 그는 연구소의 소장으로써 새로 오는 연구원들을 맞이하는 것을 일종의 의무라고 생각했던 것 같다. 그래서 약속된 날에 그의 연구실로 찾아가 그와 악수를 했다. 내가 문을 열자 그는 나의 신상이 적힌 문서를 읽고 있다가 "여기 오기 전에 파리에 있었다고 들었소."라고 말했다. 우리는 둘 다 알고 있는 몇몇 수학자들에 대해 약간의 대화를 나누었으며, 그 이상 무슨 이야기가 오고 갔는지는 잘 기억나지 않는다. 그는 55세의 남자치고는 그런 종류의 일에 서툴렀다. 그때 나는 28살이었다.

이후 연구소에 머무는 동안 더 이상 오펜하이머와 대화를 나눠본 적이 없다. 1959년 여름, 오펜하이머가 도쿄를 방문했을 때 다시 그와 마주칠 기회가 있었다. 당시 도쿄 인터내셔널 하우스International House of Japan의 대표인 마쓰모토 시게하루松本市一郞는 프린스턴 고등연구소를 거쳐 간 모든 일본인 학자들을 부부 동반으로 초대하여 만찬을 열었다. 만찬의 내용은 거의 기억에 남아있지 않지만, 마쓰모토가 따뜻한 날씨에도 트위드 재킷을 입고 있었던 것만은 기억이 난다. 마쓰모토는 원활한 진행을 위해 최선을 다했지만 참석자들 사이에 딱히 오고간 대화가 없었으므로 어색한 순간도 없었다. 오펜하이머는 거의 말을 하지 않았으며 어떤 이야기도 먼저 꺼내지 않았다.

1963년 여름, 우리 가족은 콜로라도주 볼더에서 두 달 동안 휴가를 보내면서 오펜하이머 소장의 동생이 살던 집에 머물렀다. 소장의 동생은 콜로라도 대학교 볼더University of Colorado Boulder의 물리학과 교수였으며, 그의 형과 매우 닮은 사람이었다. 심지어 파이프 담배를 피우는 모습까지 형과 비슷했다.

이것들은 내가 오펜하이머나 그의 동생과 관련되어 직접 겪은 일의 전부이다. 이후 많은 사람들에게서 그에 대한 이야기들을 들을 수 있었는데, 대부분은 그의 학문적 성취와 관계없는 괴팍한 성격에 대한 것들이었다. 확실히 말할 수 있는 것은 그를 좋아하는 사람은 아무도 없었다는 점이다. 많은 경로들을 통해 들은 바를 종합해보면, 그는 대개 수학자들에 대해 경멸적인 태도를 취하면서 "교양 없는 자들"이라고 말하고 다녔다고 한다.

고등연구소에서는 새로운 사람이 들어오면 전체 연구원들을 상대로 본인의 연구에 대해 소개하는 한 시간 가량의 짧은 발표를 하는 것이 관례였다. 오펜하이머는 발표에 앞서 그날의 강연자를 본인의 연구실에 따로 불러내어 내용에 대한 사전 설명을 듣고는 했다. 그러면서 신임 연구원의 연구 중 강점과 약점이 무엇인지를 직접 따져 묻는 것이다. 이것은 다른 사람도 아닌 연구소의 소장이 요구하는 절차이므로, 젊은 학자들은 이에 충실히 따를 수밖에 없었다.

그리고서 강연이 시작되면 오펜하이머는 강의실의 맨 앞줄에 앉아 있다가, 강연이 다 끝나고 나면 청중을 돌아보며 이 강연자의 연구 내용 중 강점과 약점이 무엇인지를 아까 자기 방에서 들은 것과 똑같은 내용으로 설명하는 것이다. 그에 대해 돌아다니는 이런 종류의 일화들이 전부 다 사실은 아닐지라도 나는 적어도 일말의 진실 이상은 포함하고 있으리라 생각한다.

저명한 물리학자 유진 위그너 Eugene Wigner[13]와는 프린스턴 고등연구소 시절부터 때때로 마주쳐 이야기를 나누고는 했다. 그는 거만한 사람이었으며 스스로를 무척이나 대단하게 여겼다. 이것은 그와 이야기를 나눠 본 이들이라면 모두 공유하는 인상이었다. 언젠가 고등연구소 자연과학부에서 개최한 파티에서 위그너는 마치 나를 처음 보는 듯이 수학의 어느 분야를 연구하냐고 물어본 적이 있었다. 당시의 나는 프린스턴 대학교 수학과의 정교수가 되어 그의 동료 교수가

---

[13] 헝가리 출신의 물리학자이며 입자물리학에서의 대칭성을 발견한 공로로 1963년 노벨 물리학상을 수상했다. - 옮긴이

된지 6년차 혹은 그 이상이 되었을 때였다. 나는 "주로 모듈러 형식에 대한 연구를 하지요."라고 대답했다. 그러자 그는 "오, 모듈러 형식이군요. 우리 물리학자들은 그런 것은 필요로 하지 않지요." 하고 경멸적인 말투로 대답했다.

물리학자들 중에서 모듈러 형식에 관심이 있는 사람이 전혀 없는 것은 아니었다. 당시 프린스턴 대학교 물리학과의 박사 과정이던 에드워드 위튼Edward Witten[14]은 지겔 모듈러 형식Siegel modular forms에 대한 나의 대학원 수업을 수강한 적이 있는데, 수업 중간 중간에 날카로운 질문을 던지고는 했다.

물론 함께 있으면 유쾌해지는 사람들도 있었다. 수학과 건물은 16층으로 된 탑으로 되어 있으며, 거기서 북쪽으로 불과 몇 백 미터 떨어지지 않은 곳에는 저명한 천체물리학자 라이먼 스피처Lyman Spitzer가 있는 천문학과가 있다. 그는 젊었을 때 등산을 무척 즐겼으며, 명예 교수가 되고 난 뒤에도 수학과 건물에 자주 와서 탑의 12층 까지를 걸어서 오르고

---

[14] 프린스턴 고등연구소IAS의 교수이며 양자장론의 수학적 정식화 및 일반 상대성 이론의 특정 성질에 대한 새로운 증명으로 비수학자로써는 최초이자 최후로 1990년 필즈상Fields Medal을 수상했다. 1980년대 중반 이후에는 끈이론에 입문하여, 현재 끈이론을 포함한 이론 물리학 전반을 대표하는 지도자적인 인물로 여겨진다. – 옮긴이

는 했다. 나는 당시에 (그리고 지금도) 수학과 건물 5층에 연구실이 있었으며, 엘리베이터를 타지 않고서 계단을 자주 이용했다. 그래서 종종 스피처와 계단에서 마주쳐 대화를 했다. 그럴 때마다 그는 지난주에 일본에 다녀왔다는 등의 말을 꺼냈고 그러면 우리는 서로가 아는 사람들에 대해 이야기하는 식으로 대화를 이어가는 것이다. 그는 무척 신사적이었으며 그를 아는 다른 사람들도 대부분 그렇게 느끼고 있었던 것 같다.

다카기 데이지 高木貞治는 유체론에서 약간의 기여가 있는 수학자이다. 그는 한때 일본에서 가장 위대한 수학자로 추앙받았다. 1955년에 일본에서 열린 국제 학회의 만찬장에는 많은 일본인 수학자들이 모였다. 12절에서 언급했듯이, 몇몇 외국 수학자들도 학회에 참가했지만 그들은 만찬장에 나타나지 않았다. 다카기와 나는 서로 다른 테이블에 앉아 있었지만 나는 그가 하는 이야기를 들을 수 있었다. 그는 케케묵은 농담을 하며 혼자 즐거워하고 있었다. 그 직후에 나를 포함한 네 다섯 명의 젊은 수학자들이 그의 집으로 찾아가서 그와 이야기를 나누었다. 그는 80세였고 귀가 어두웠기 때문에, 우리가 이야기를 할 때마다 그의 친척이었던 중년 여성이 그의 귀에 내용을 읊어주었다.

그는 그저 무뚝뚝한, 말 많은 늙은이일 뿐이었다. 나는 그가 예전에 말했던, 1940년대의 수학이 과도기였다고 한 이야기가 무슨 뜻인지 물었다. 이것은 대화의 주제를 고민하다가 꺼낸 말이었으며 정말로 그의 의견이 궁금해서 물은 것은 아니었다. 여인이 그에게 문장을 전해주자 그는 불쾌한 표정을 지었다. 그리고는 화난 말투로 빠르게 문장들을 내뱉었다. 그때 그가 무슨 말을 했는지는 기억나지 않으며, 아마도 화를 내며 설명하기를 거부했던 것 같다.

그렇게 그와 두어 번 정도 대면하고서 몹시 실망하게 되었다. 공자孔子는 사람을 군자君子와 소인小人의 두 부류로 나누었다. 논어論語에는 "군자는 마음에 속임이 없어 평화롭고 오만하지 않으며, 소인은 오만하며 언제나 걱정꺼리를 가지고 있다."는 구절이 있다. 나는 그때 마음이 오만하며 평화롭지 않은 예를 마주 했던 것 같다. 나중에는 그가 그의 가족들로부터도 외면 받게 되었다는 이야기를 들었다.

중국의 오래된 격언에 "열 사람이 같은 소리를 하면 그 말은 옳다"라는 것이 있다. 물론 이것은 한 인간의 인품이나 그가 가진 기준에 대한 평가를 뜻하며 그가 성취한 결과의 예술적, 혹은 과학적 가치를 논할 때 쓸 수 있는 말은 아니다.

나는 아르틴, 슈발레, 아이클러가 군자였다고 말할 수 있다. 카를 지겔은 다소 비열했으나 소인이라고 까지는 할 수 없었다. 리하르트 브라우어Richard Brauer 또한 신경질적이었으나 소인이라고 할 수는 없으며, 이야나가 교수도 이에 동의하였다. 그러나 나는 여기서 다카기 데이지를 소인의 범주에 넣을 수 있을 것 같다.

15 도쿄로 돌아오다

1959년 봄, 나는 프린스턴에서 다시 도쿄로 돌아왔다. 하네다 공항에서 차를 직접 몰고서 미타카에 있는 오래된 집으로 갔다. 운전 도중 차창 밖으로 보이는, 집들이 줄지어있는 거리의 열악한 풍경이 마음을 우울하게 했다. 그것은 전에는 느껴보지 못했던 감정이었다. 일본은 여전히 가난한 나라였으며, 나 또한 그러했다. 가난은 인생의 다음 몇 년 동안 해결해야 할 주요 문제로 떠올랐지만, 몇 가지 중요한 일들이 더 있었다. 그해 여름, 나는 이시구로 치카코와 결혼했다. 우리는 1953년 이래로 서로 알고 지냈지만 그녀와 결혼을 하게 되리라고는 예상하지 못했다. 그러다가 어느 날부터 그녀와 결혼할 수도 있겠다는 생각이 서서히 떠올랐으며, 결국 그렇게 된 것이다. 이것이 사건의 가장 정확한 설명이다. 그녀의 조상들이 섬기던 영주는 일본에서 가장 가난했던 지역을 다스리던 집안이었다. 이시구로가의 족보는 너무나 복잡해서 에도 시대에 전문가를 고용해서 정리했을지도 모른다는 생각이 들 정도였다. 그중 가장 눈에 띄었던 것은 아버지의 죽음에 복수하려는 동료 사무라이를 도왔다는 어떤 조상의 기록이었다. 다소 각색이 된 이야기일 수도 있고, 혹은 있는 그대로의 사실일 수도 있다.

치카코는 도쿄에서 태어났으며, 오쿠보에 있던 우리 집에서 십여 분 떨어진 동네에서 자랐다. 그녀가 다녔던 초등학교는 도야마가하라戸山ヶ原들판과 인접한 도야마 초등학교였다. 그러므로 나는 같은 기리에즈 출신이지만 다른 영주를 섬기던 집안의 소녀와 결혼을 하게 된 것이다. 치카코가 다니던 초등학교와 내가 다니던 학교의 학생들끼리는 서로를 놀려댔다. 그런 것은 도쿄에서 흔한 일이었으므로 아무도 우리를 로미오와 줄리엣처럼 생각하지는 않았다.

도쿄에 돌아와서는 자연스럽게 다시 도쿄 대학에서 가르치게 되었지만 이는 큰 고통이 되었으며, 결국 나중에 도쿄를 다시 떠나게 되는 이유가 된다. 여기서는 그 사이 2년 동안 이루어진 수학 연구에 대해 언급하고자 한다. 1957

년에는 다니야마 유타카와 함께 일본어로 된 《현대 정수론近代的整数論》을 출판했다. 그리고 책에 짧은 서문을 썼는데, 그 전반부는 다음과 같다:

"대수기하학의 진보는 정수론에 지대한 영향을 끼쳤다. 크로네커의 고전적 복소 곱셈 이론을 고차원으로 일반화하고 헤케에 의해 제기된 문제를 매듭짓는 것은 오랜 기간 풀리지 않은 과제로 남아 있었다. 그러나 최근에 발전된 대수기하학의 언어를 사용하여 해당 분야의 연구에 새로운 방향성을 제시할 수 있게 되었다. 아직 이 새로운 관점이 완전한 형태로 정립되었다고 말하기는 이르다. 그럼에도 목표로 하는 수준에 도달하고자 하는 여정에서, 현재까지의 발자취를 정리하고 다음 목표 지점을 설정하는 것은 필요한 과정이라고 할 수 있을 것이다."

책에서는 당대까지 진전된 연구 결과들을 집대성하여 가환 다양체의 복소 곱셈 이론을 최대한 소개하려 노력하였다. 그 과정에서 1953년에 내가 베유에게 보낸 '법 축약reduction modulo' 이론이 본질적인 역할을 했다. 내가 해당 이론을 발전시킨 것도 장차 복소 곱셈 이론에 그러한 방법론을 적용하기 위해서였다. 서문에 쓴 것처럼 본문에는 당시까지의 연구들이 아직 완결되지 않아서 서술이 완전하지 못한 부분이 몇 군데 있었다. 그중 하나는 '모듈라이 체'의 올바른 정의에 관한 것이다. 이 문제는 내가 파리로 건너간 이후인 1958년 10월이 되어서야 해결을 볼 수 있었으며, 그 즉시 베유에게 결과를 공유했다. 따라서 1959년 봄에 도쿄로 돌아오자마자 시작한 일은 이 새로운 정의를 이용하여 전체 이론을 더 나은 형태로 작성하는 것이었다.

다니야마와 나는 처음에 영어로 된 책을 쓰기로 계획했지만, 가환 다양체abelian variety에서의 미분 형식differential form에 대해 내가 작성한 짧은 절을 제외하고는 집필에 전혀 진전이 없었다. 1957년의 어느 날 나는 해당 원고를 다니야마에게 건네주었으나, 그는 1958년 11월에 사망하게 된다. 그리고 나중에 그의 형제 중 한 명을 만났을 때 원고를 돌려받았다. 우리가 계획한 영문판은 다니야마와의 공저로 1961년에야 출간되었지만, 본문의 전부는 내가 작성한 것이며 그에게 기여도가 있는 것은 아니었다.

나는 그에게 조심성이 부족하다는 것은 알고 있었지만, 1959년에 이 프로젝트를 시작하고 난 뒤에 문제가 생각보다 심각하다는 것을 깨달았다. 최종적으로는 그가 일본어로 쓴 상당한 분량을 책에서 덜어내야 했다. 1989년에 나는 다니야마의 생애에 대한 칼럼을 런던수학회보London Mathematical Society에 기고했는데, 거기에 "그럼에도 그는 명민한 인간이었으며, 올바른 방향으로 된 수많은 실수를 저지르는 특별한 능력을 타고났다"라고 썼다. 또한 1961년 출간된 영문판의 서문에는 "이것은 일본어판의 단순 번역이 아니며, 모든 내용은 처음부터 끝까지 다시 작성되었다. 이를테면 17절에 추가된 새로운 결과들이나 몇 가지 명제들에 대한 추가된 증명 등 이전 판에서 누락되었던 많은 부분에 추가와 개정이 이루어졌다."라는 내용이 들어갔다.

35년 뒤인 1996년에는 단독으로 책을 출판했는데 전반부는 위 책의 개정이었으며 나머지 절반은 아벨 적분abelian integral의 주기성에 대한 새로운 연구 결과를 담았다. 이 주제 또한 내가 나중에 연구하게 되는 다른 주제들과 다양하게 연관되어 있지만, 여기서는 더 이상 언급하지 않겠다.

1961년에 출간한 책 이외에도 1959년 말에는 고이즈미 쇼지小泉正二와 공동 논문을 발표했다. 그리고 1960년 봄의 어느 날, 알렉산더 그로텐디크Alexander Grothendieck[15])가 편지를 보내왔다. 그와는 1958년 파리에서 마주친 적이 있었다. 그가 보낸 내용은 내가 고이즈마와의 논문에서 증명한 주장propositions에 반례가 있다는 것이었다. 나는 해당 주장의 선언 부분에 모든 조건을 다 써넣지 않았다는 점을 깨달았고, 그에게 해당 조건을 포함시킨다면 주장이 성립한다고 답장을 보냈다.[16]) 사실 그로텐디크가 편지를 보낸 것이 처음은 아니었으며, 예전의 편지에서 그는 나의 1955년 논문, '법 축약'의 결과에 상당히 회의적이었다. 답장에서 나는 그가 간과했을 지도 모르는 특별히 강한 조건이 논문의 중간에 제대로 언급되어 있음을 설명했다. 아마도 그로텐디크는 답장의 내용을 이해하고, 논지를 받아들였을 것이다. 어쨌든 그는 나의 초기 논문들을 읽은 소수의 사람들 중 하나였다. 그로텐디크는 율 브리너Yul Brynner와 흡사한, 완전히 면도한 머리를 하고 있었다. 프랑스 수학자 몇 사람은 실제로 그로텐디크가 그 배우의 영향을 받아서 머리를 면도했을 거라고 했지만, 그 말이 맞는지는 잘 모르겠다. 그와는 1972년

---

[15]) 20세기의 가장 영향력 있는 수학자 중 한 사람으로, 대수기하학의 초석을 다졌으며 1966년 필즈 메달을 수상했다. – 옮긴이
[16]) 나의 논문 전집 중 [59d]의 주석을 참고하라.

네덜란드 안트베르펜Antwerpen에서 열린 여름학교에서 다시 마주쳤는데, 그때도 그는 반-NATO북대서양조약기구 운동을 하고 있었다. 이 일화에 대해서는 너무 유치하고 어리석기 때문에 따로 언급하지 않겠다.

1959년부터 1960년까지는 1961년에 출간될 책을 집필했으며 나는 그 일은 즐기면서 했다. 그러나 도쿄 대학의 교수직에는 점점 염증이 나기 시작했다. 나는 가르치는 것을 싫어하는 사람이 아니었지만 당시 도쿄 대학의 운영 방식은 학생과 교수 모두가 불행해지도록 소모적으로 돌아가고 있었다. 1960년 2월에는 아벨 적분에 대한 책의 원고를 마치고서 최종적으로 서문을 마무리했다. 그리고 푸엥카레의 폭스 군과 관계있는 대수 곡선들에 대한 상세한 결과들을 담은 논문을 썼는데, 이것은 1958년 에든버러에서 열렸던 세계 수학자 대회에서 발표한 결과를 정리한 것이었다.

1960년 6월에는 1952년에 체결된 미일안전보장조약The Japan-U.S. Security Treaty이 개정되었다. 그때 조약에 반대하는 노동자와 학생들의 대규모 시위가 있었으며, 그 여파로 대학은 사실상 문을 닫았다. 여기서 자세히 설명할 것은 아니지만, 그때까지의 10여 년 동안 다양한 종류의 사건을 겪으며 일본인들의 반미 감정이 격화된 것은 사실이다. 물론 그 대부분은 이제는 지나간 일들이 되어 있다.

그 와중에 1957년 1월 30일에 벌어진 사건을 선명하게 기억한다. 일본에 주둔하던 미군의 훈련소들 중 하나는 군마현群馬県에 있었다. 당시에 농부들은 땅에서 탄피들을 주워 모아 고철상들에게 팔고는 했다. 그날 미군 하나가 특별한 이유도 없이 탄피를 줍던 농부 한 명을 10미터 거리에서 총을 쏘아 죽인 일이 발생했다. 병사는 체포되었으며, 8월에 군마현의 법정에서 징역 3년에 집행 유예 4년을 선고받고 그해 12월 미국으로 돌아가 버렸다. 분명히 일본 정부가 판사와 검사를 압박했을 것이다. 그와 비슷한 사건들이 몇 가지 더 있었다. 미군 병사들에 의한 폭행, 상해, 살인 사건들은 1958년까지 공식적으로 보고된 것만 9998건에 달했다.

나는 직접 시위에 가담하지는 않았지만, 어느 날 신문을 보다가 체포된 시위대의 명단 중에 내가 지도를 맡고 있는 학생 한 명의 이름이 있다는 것을 알게 되었다. 그래서 경시청警視庁을 방문하여 담당 검사를 만나 그의 상태에 대해 물었다. 검사는 적대적이지도, 그렇다고 우호적이지도 않았다. 그 학생은 며칠 뒤에 석방되었던 것으로 기억한다.

그해 4월이나 5월 중 어느 날, 도쿄 대학의 학생신문에서 현재 진행하고 있는 연구에 대해 무언가 써달라는 부탁을 받았다. 나는 흔쾌히 수락하고는 짧은 기고 하나를 써서 보냈는데, 푸엥카레가 저술한 《과학적 방법Science et Méthode, 1908》에서 산술 푹스 군arithmetic Fuchsian group의 발견에 대해 언급한 단락을 인용하면서, 내가 하는 연구는 70여 년 전에 푸엥카레가 발견한 것과 밀접하게 연관되어있다고 덧붙였다. 그러나 급변하는 정치적 상황 덕분에 학생들은 내가 보낸 기고에 관심을 보이지 않았으며, 보낸 글이 어떻게 되었는지에 대해서도 아무런 이야기를 듣지 못했다. 카를 마르크스에 비해서 푸엥카레는 그들에게 아무런 의미를 가지지 못하는 이름이었던 것이다.

연구와 별도로, 대수학의 산술에 대한 세미나를 조직하기도 했다.[17] 세미나는 1959년 10월에 시작하여 1960년 12월까지 지속되었다. 세미나에서는 쿠가 미치오久賀道郎, 시미즈 히데오清水英男 그리고 나를 포함한 여덟 명의 연사들이 강연을 했다. 그리하여 1963년에 등사판으로 인쇄한 강연록이 도쿄 대학교 수학과의 이름으로 출간되었다. 서문은 내가 썼으며, 그 마지막은 다음과 같이 되어 있다.

---

[17] 여기서 대수학이란, 한때 '다원수hypercomplex numbers 체계'라고 불리던 분야의 현대의 표준 용어를 뜻한다.

"말할 필요도 없이, 여기서 다루어지는 문제들은 이제 막 발전되기 시작한 산술적 대수군에 대한 논의로 연결된다. 이 모임에 대한 주요 동기도 거기서 비롯되었다고 할 수 있지만, 해당 주제에 너무 치우칠 필요 또한 없을 것이다. 한동안 방치되었던 이 주제에 대한 논의들은 독자들에게 앞으로의 수학에 대한 새로운 관점을 제공할 것으로 믿는다."

세미나는 대단히 성공적이었으며, 해당 분야 연구의 최전선에 뛰어들 사람들이 무장해야 할 표준적인 사항들이 대부분 논의되었다. 파리에 있는 동안 나는 아이클러의 1938년 논문이 현대의 주요 주제인 강한 근사strong approximation를 의미한다는 것을 알게 되었다. 그러나 해당 논문의 중요성은 당시에 일본뿐 아니라 미국에서조차 제대로 인식되지 못하고 있었다. 이 또한 내가 포함시키고 싶었던 '표준 지식' 중 하나였으나, 시간의 제약으로 거기까지는 다루지 못했다. 나는 '요즘의 노인들'은 이런 종류의 일에 솔선수범해야 할 필요가 있다고 생각한다.

1960년 가을에는 연구에 중대한 진전을 보았는데, 푸엥카레 군에 관한 프리케의 일반화와 관련된 곡선을 다룰 수 있는 아이디어 한 가지를 얻었다. 당시에는 전혀 예상하지 못했지만, 나는 이후 10년을 꼬박 이것을 다루는 이론을 발전시키는 데에 바치게 된다.

또한 나는 이차 심플렉틱 군symplectic group을 위한 헤케 연산자 이론을 개발하고 있었다. 이것의 주요 결과 중에는 4차 오일러 곱Euler product이 존재하며, 거기서 연산이 합동 관계congruence relation를 준다는 것이다. 1961년 1월에 나는 도쿄 대학 사범대학의 수학교육학과에서 해당 내용을 가지고 일련의 강의를 했다. 그리고 1963년에는 이것을 요약하여 짧은 논문 하나를 출판했다. 어느 수학자 한 명은 오일러 곱을 독자적으로 발견했다고 주장했는데, 사실 그는 내 강의를 들은 청중들 중 한명이었다. 그는 나에게 찾아와서 5차 오일러 곱을 얻었다고 말했다. 나는 그가 그 잘못된 결과를 언제 철회했는지에 대해서는 알지 못한다.

16 오사카에서의 일년

1961년 봄, 나는 오사카 대학으로 옮겼다. 여기에는 그곳의 교수였던 마쓰시마 요조松島与三의 영향이 매우 크게 작용했다고 할 수 있겠다. 애초에 나는 오사카 대학으로 옮길 생각이 전혀 없었다. 그러나 도쿄 대학의 관료주의를 상대하는 데에 심신이 지쳤기 때문에, 오사카에서는 무언가 다를 것을 기대하고서 옮기게 되었다. 나보다 아홉 살 위였던 마츠시마 교수와 그의 아내 후미코는 우리 가족과 가깝게 지냈다. 그는 나고야 대학과 오사카 대학의 교수들에 대해 거침없이 비판하기를 자주 했으며, 나는 그의 말을 경청하는 측근이 되어주었다. 1963년에는 마츠시마 교수와 공동 논문을 집필하기도 했다.

당시의 일본에도 깊이 있는 수학을 연구하는 수학자가 있기는 했지만, 그 수는 매우 적었다. 그런 극소수를 제외하면 교수와 학생들의 전반적인 수준은 엄청나게 낮았으며 학문을 할 수 있는 분위기가 조성되어 있지 않았다. 오사카에만 한정해서 말하자면, 그곳에 도착하자마자 낙후된 도시의 후진성을 체감할 수 있었다. 나는 주로 필사를 한 후 타자기에 다시 입력하는 식으로 문서를 작업했으므로 언제나 새로운 타자기 리본이 필요했다. 타자기 리본은 도쿄의 웬만한 문구점에서 쉽게 구할 수 있는 물건이었지만 오사카에서는 그런 문구점 하나를 찾을 수가 없었다. 오사카에 있는 많은 무역 회사와 대학에서도 타자기를 사용하기는 했지만 문구류들은 대부분 도매로 유통되는 것 같았다. 즉, 개인이 타자기 리본을 구매할 수 있는 경로가 없었다. 서점과 문구점의 절대적인 숫자는 도쿄에 비할 바가 못 되었으며 전기제품을 파는 가게들은 많았다. 오사카의 전체적인 공기는 마치 지적인 광야에 놓인 기분이 들게 했다.

이상한 점은 또 있었다. 나는 도쿄 대학에서는 부교수였으며 오사카 대학에서는 정교수가 되었다. 하지만 일본 정부에서는 여전히 부교수 봉급만을 지불하는 것이었다. 이것을 전해들은 주변 사람들은 모두 놀랐다. 도쿄에서는 학원가에서 잠시 일하기도 했지만 도쿄 대학의 입학시험 출제에 참여하게 되면서 아르바이트를 그만두었고 1960~1961년에는 한 여자 대학에 강의를 나가기도 했다. 그리고 1960년 5월에는 딸아이가 태어났는데, 오사카 대학에서 매월 지급되는 약 40,000엔 정도의 수입만으로는 세 명의 가족을 부양하기에 빠듯했다. 1958년이 되기 3년 전 부터 프랑스 국립과학연구원CNRS에서 받던 월급은 90,000프랑이었는데 일본 돈으로는 대략 70,000엔 혹은 그 이상이 되는 금액이었다.

어쨌든 오사카에 머물면서 미국으로 다시 돌아가야겠다는 생각을 하기 시작했다. 1961년 봄, 베유가 일본을 방문했을 때 나는 그에게 미국에서 갈만 한 자리가 있는지 알아봐달라고 부탁했다. 이것은 내 평생 누군가에게 자리를 부탁한 유일한 일이었다. 앞에서 썼지만 프린스턴에서 살던 아파트는 난방이 잘되었는데, 평생을 추위에 떨며 지내온 나 같은 사람에게는 축복과 같은 것이었다. 물론 도쿄가 교토에 비해서는 그나마 겨울에 따뜻한 편이었으며, 오사카 역시 교토보다는 따뜻했지만 단열이 잘 되지 않는 일본의 가옥에서 계속 지내는 것은 고역이었다. 한번은 기름 난로를 옆구리에 끼고 책상에 앉아 일을 하다가 다리를 난로에 너무 바짝 갖다 대서 양말 하나를 태우기도 했다.

여러 해가 지난 후 왜 미국에서 살기로 결심했느냐는 일본인들의 질문을 받을 때마다 "일본은 너무 추웠거든요."라고 대답했다. 사람들은 이것을 일종의 은유로 받아들이는 것 같았다. 부분적으로는 은유인 것도 맞지만, 실제로 일본은 나에게 너무나 추웠다. 1956년에는 중요한 수학적 영감 하나를 얻었는데 오사카로 옮길 무렵에는 더욱 뚜렷해졌다. 또한 프리케 군Fricke's group에 대해서도 확실한 아이디어 하나가 떠올랐다. 일본에 계속 머물렀어도 그런 연구를 지속할 수 있었을지는 모르겠지만 양말을 태워가면서 지내고 싶지는 않았다.

베유는 그런 어려운 시기를 스스로 이겨낸 적이 있기

때문에, 문제를 처리하는 방법을 잘 알고 있었다. 또한 그는 모두가 인정받는 저명한 수학자였다. 결국 베유는 프린스턴 대학교 수학과를 설득하여 나에게 교수직을 제의하게 하는 데 성공했다. 그 당시 프린스턴에는 위상수학이나 해석학 쪽에는 훌륭한 수학자들이 많았지만 대수학이나 정수론은 그렇지가 않았다. 또한 나는 정수론, 대수기하학, 모듈러형식에 모두 익숙했지만 당시 미국에는 아직 그런 수학자가 없었다.

1962년 당시에는 미국에 영구 정착하기로 완전히 결심했던 것은 아니었다. 학문적으로는 미국에서 잘할 자신이 있었지만 가족이 외국에서 제대로 생활할 수 있을지에 대해서 확신이 들지 않았다. 명확했던 것은, 나는 수학에서 해야 할 뚜렷한 연구 주제가 있었으며 미국이야말로 내가 연구할 수 있는 최상의 환경을 가지고 있었다는 점이다. 주변의 미국인들에게는 일본 정부로부터 추방당해서 사면장을 기다리고 있다고 장난삼아 이야기했다. 물론 일본 정부의 공무원들은 그런 종류의 문서조차 발행할 사람들이 못되었다. 망명자로써의 삶은 꽤나 편안했으며, 미국의 공무원들은 친절하고 따뜻한 편이었다.

오사카 대학으로 옮겼을 당시를 좀 더 이야기해보겠다.

오사카, 교토, 나라, 고베 등이 포함된 일본 서부 지방은 간사이関西라고 불리는데, 도쿄와 요코하마가 있는 동쪽의 간토関東와는 문화가 꽤 많이 다르다. 나는 1961년 이전에도 간사이 지방에 여러 번 가본 적이 있었지만, 치카코에게 간사이는 그때가 처음이었다.

예전에는 도쿄의 6학년 학생들이 간사이에서 1주일 동안 여행을 하는 프로그램이 있었는데, 언제 시작되었는지는 모르겠지만 학생들과 교사들에게는 중요한 행사였다. 그러나 그런 행사들은 전쟁으로 인하여 1938년에서 1939년 사이에 모두 중단되었다. 그래서 대학생이던 1949년이 되어서야 처음으로 간사이 지방에 가볼 수 있었다. 첫 번째로 인상 깊었던 것은 땅의 색깔이었는데, 교토의 흙은 노란색이었다. 도쿄의 흙은 표면은 검지만 조금 파 내려가면 그 아래는 붉은 갈색의 점토로 되어있었다. 그런 것들은 방공호를 하도 많이 파다가 깨닫게 된 사실이었다.

치카코는 1961년 나와 오사카에 잠깐 동행했을 때를 제외하면 간사이 지방에서 살게 된 것은 처음이었다. 우리는 대학에서 소유한 낡은 집에서 지냈는데, 오사카의 위성도시 중 하나인 이시바시石橋에 있는 곳이었다. 집세는 상당히 저렴했지만 집안에는 도쿄에서는 본 적이 없던 바퀴벌레들로 가득했다. 지인들은 이시바시라는 도시의 이름만 듣고서 "아, 괜찮은 곳에 살게 되었군요." 하고 말했다. 나는 '괜찮음'과는 상당히 거리가 먼 집의 상태를 생각하고는 적당한 답변을 떠올리지 못했다.

도쿄에서는 보통 주부들이 늦은 오후에 생선을 사지만 오사카에는 이른 아침이었다. 후미코가 그것을 설명해주기 전 까지 한동안 치카코는 생선가게에 생선이 보이지 않는 것에 어리둥절했다고 한다. 치카코는 나의 증조부의 두 번째 부인처럼 "오늘은 돈이 모자랄 것 같네" 하고서 대신 팔만한 비단 옷이 있는 것도 아니었기 때문에 크고 싱싱한 가다랑어를 살 수 없었다. 내가 증조부였다면 그런 상황에서는 다른 영주를 찾아 떠났을 것 같다. 아마도 나는 충성스러운 사무라이가 될 수는 없었을 것이다.

유명 수학자 중에는 감옥에 수감되어 본 인물도 있었다. 마스 파동 형식으로 잘 알려진 한스 마스 Hans Maaß도 그 중 하나였다. 그는 꽤나 친절한 사람이었는데, 전쟁이 끝나기 직전에 정치적인 이유[18]로 감옥에서 형을 산 적이 있다고 말했다. 그런 종류의 경험은 자서전을 더 흥미롭게 만들어줄

---

[18] 나치 독일의 공군에서 유체 역학 계산을 수행한 이력으로 잠시 미군의 포로 상태에 있었다. - 옮긴이

것인데, 나도 아주 짧은 시간이나마 감옥에 갇혀본 적이 있다. 1962년 1월 혹은 2월에 나는 오사카 대학 입학시험을 출제하는 교수들 중 하나로 발탁되어 문제를 출제하고 있었으며, 보안상의 이유로 시험지들은 오사카 남쪽에 위치한 거대한 감옥에서 인쇄되었다. 따라서 나를 포함한 교수들 몇 명은 인쇄된 시험지의 교정을 보러 직접 감옥으로 갔다. 높은 성벽으로 둘러싸인 감옥에 도착해서 보안이 철저한 출입구를 몇 개 통과한 뒤, 통행 허가증을 받아들고서 마침내 죄수들이 인쇄기를 돌리고 있는 큰 방에 도착했다. 우리는 죄수들에게 둘러싸여 교정지를 검사했다. 교도소에서는 인쇄기를 돌리는 죄수들이 위험하지 않은 사람들이라고 했다. 그리고 최종 교정을 기다리는 동안, 다른 방에서 동료 교수들과 점심을 먹으며 대기했다. 아마도 교정을 보는 시간 보다 대기하며 기다리는 시간이 훨씬 길었던 것 같다. 그렇게 감옥 안에서 총 두 시간 반 정도를 머물렀다. 몇 명의 수학 교수들과 감옥 안에서 교정을 보고 식사까지 한 것은 꽤나 특이한 경험이었다.

이시바시에서의 생활은 1년 밖에 지속되지 않았다. 당시에 일본과 미국을 오고가는 것은 쉽지 않았으며 많은 비용이 드는 일이었다. 그래서 미국으로 떠난다면 이후에 다시 일본을 방문할 기회는 흔하지 않으리라고 예상했다. 그래서 1962년 5월의 어느 화창한 날에 우리 세 가족은 교토로 여행을 갔다. 그리고 관광객들이 많이 모이는 장소들을 피해서 고류지広隆寺, 다이카쿠지大覚寺, 텐류지天龍寺, 코케데라苔寺 등의 아름다운 정원을 가진 불교 사찰과 아라시야마嵐山등을 방문했다. 이런 곳을 방문하는 것은 이번이 마지막일 것이라는 감상적인 기분까지 들지는 않았지만, 가족들과 기억에 남는 시간을 보냈다는 만족감을 느꼈다.

17 프린스턴 대학교

그리하여 그해 9월에 우리 가족은 프린스턴으로 다시 돌아왔다. 프린스턴을 떠난 지 3년 만이었으며, 거리의 풍경은 거의 달라지지 않았다. 하지만 이번에는 연구소가 아닌 대학에서 가르치게 된 것이다. 당시 프린스턴 대학교 수학과의 학과장은 알버트 터커Albert Tucker와 존 콜먼 무어John Coleman Moore가 공동으로 맡고 있었다. 몇 년 뒤에는 존 밀너John Milnor[19]가 학과장이 되었다. 대학에서는 대체로

---

[19] 미국의 수학자이며, 미분위상수학differential topology에 대한 공헌으로 1962년 필즈상을 수상했다. – 옮긴이

사람들과 원만하게 지냈던 것 같다. 한 학기를 가르친 후, 나는 학생들이 나를 싫어하지 않는다는 느낌을 받았다. 프린스턴 대학교에서 모든 학부 졸업생은 졸업 논문senior thesis을 제출해야 했는데, 몇몇의 학생들은 나를 졸업 논문의 지도 교수로 신청하기도 했다. 나는 거의 매년 상급 학년 과목들을 가르쳤다. 내가 가르칠 수 있는 쉽고도 재미있는 주제는 많았으므로 기꺼이 고급 과목들의 강의를 맡았다. 나는 일방적으로 주제를 전달하는 것 보다 학생들과 직접 대면하며 문답 하는 방식을 좋아했기 때문에 강의는 언제나 즐거웠다. 그래서 프린스턴에서 가르치는 것은 도쿄와 오사카에서보다는 확실히 더 좋았다고 할 수 있겠다.

한 학기 동안의 수업이 끝난 후에는 강의한 과목의 기말고사 시험지를 채점해야 했다. 그런 종류의 일들은 일본에서도 충분히 경험했지만, 프린스턴 대학교 수학과에서 쓰던 공식 채점 양식을 부탁하기 위해 학과 사무실을 방문했다. 당시 나를 담당하던 학과의 비서는 지니 논지아토 Ginny Nonziato로, 그녀는 몇 년 뒤 학과 전체의 비서 업무를 관장하는 부서장이 되었다. 그녀는 18세 부터 학과 사무실에서 일하기 시작했으며 1949년에 출간된 지겔의 《초월수에 대한 강의Lectures on Transcendental Numbers》[20])를 타자로 옮긴 것이 학과에서 첫 번째로 맡은 중요한 업무였다고 한다. 그녀는 그 책의 사본 한 권을 책상 위에 늘 기념으로 가지고 있었으며 나에게 보여주기도 했다.

그녀가 보여준 채점 양식은 터커의 것이었으며 나는 그것을 참고하여 일본에서 했던 것처럼 학생들의 답안지를 채점했다. 수학과에 부임한 뒤 2, 3년이 지난 어느 날, 지니는 나를 학과 사무실로 불러 새로 온 강사가 매긴 채점표를 보여 주었다. 표에 의하면 그의 과목을 수강한 학생의 절반 이상이 낙제를 받았는데, 그녀는 이것이 지나치다고 여겼던 것이다. 그녀는 나에게 일을 바로잡아 달라고 부탁했다. 그래서 나는 강사에게 학생들에게 학점을 주는 통상적인 관례를 설명했다. 처음에 그는 완강히 거절했지만, 결국 그가 학생들에게 좀 더 합리적인 점수를 주게 설득하는 데 성공했다. 나는 이런 경험들을 통하여, 세상에는 상식에 어긋나는 행동을 일관되게 하는 종류의 사람들이 있다는 것을 알게 되었다. 새로 부임한 강사는 그런 사람들 중 하나였던 것이다.

---

[20] Annals of Mathematics Studies No. 16

지니는 명석했으며, 무슨 이야기를 해도 바로 알아듣고는 다시 되묻는 일이 없었다. 그녀는 친절한 사람이었으며 모두가 그녀에게 호감을 가졌다. 그러나 당시 학과 사무실의 부서장이었던 아그네스 헨리Agnes Henry는 전혀 다른 종류의 사람이었다. 처음 학과에 부임했을 때, 나는 다른 조교수와 연구실을 같이 썼다. 연구실에서 사용할 책상이 들어왔을 때, 책상 전등에 달린 전선의 길이가 짧아서 전원을 연결할 수 없었다. 그래서 아그네스에게 가서 연장 코드가 필요하다고 말했다. 그러자 그녀는 "아, 그거 매점에서 팔아요."라고 대답하는 것이었다. 나는 황당한 표정을 하고서 30초 동안 말없이 그녀의 얼굴을 쳐다보았다. 그제야 그녀는 "좋아요, 가져다주지요."라고 말했다.

몇 년 뒤 어느 만찬장에서, 나는 나와 비슷한 세대의 수학자 중에서 학위를 프린스턴에서 한 사람을 만나 이 이야기를 들려주었다. 그랬더니 그는 웃으며 "그녀는 아그네스의 전형이죠."라고 대답했다. 그녀의 성격은 고약하기로 이미 소문이 자자했던 것이다. 여담이지만, 나와 같은 연구실을 쓰던 사람도 약간 이상한 인물이었다. 그는 냉담했으며 나와 아무런 관계도 맺기 싫어하는 것 같았다. 나는 그와 의미 있는 대화를 나눈 기억이 없다. 나중에 다른 사람들도 그에 대해 비슷한 인상을 가지고 있다는 것을 알게 되었다.

1963년 여름에는 콜로라도주 볼더에서 약 2개월을 보냈다. 8월에 콜로라도 대학교에서 열리는 정수론 학회에서 참가해달라는 연락이 왔고, 학회가 열리기 전에 강의를 몇 차례 해달라는 부탁이 있었기 때문이다. 학회는 콜로라도 대학의 사르바다만 차울라Sarvadaman Chowla와 프린스턴 고등연구소의 아틀레 셀베르그Atle Selberg[21]에 의해 조직되었다. 나는 초청을 수락하고서 가족과 함께 콜로라도로 날아갔다. 우리는 거기서 즐겁고도 잊을 수 없는 시간을 보냈다.

학회에는 브라이언 버치Bryan Birch, 헬무트 하세Hermut Hasse, 마르틴 크네저Martin Kneser, 마크 크래스너Marc Krasner, 루이스 모델Louis J. Mordell, 야마모토 고이치山本幸一 등이 참석했다. 크래스너는 파리에서, 크네저는 에든버러에서 1958년에 각각 만난 적이 있지만, 다른 사람들은 처음 보는 이들이었다. 콜로라도에 머무는 동안 차울라 교수와 친해졌고, 그 뒤로도 자주 만나는 사이가 되었다. 학회에서는 당시 75세의 모델 교수가 가장 고령이었던 것으로 기억된다. 그는 진지하고 자의식이 강한 사람

---

[21] 노르웨이의 수학자이며, 소수 정리의 초등적 증명으로 1950년 필즈상을 수상했다. 리만 가설에 대한 연구로도 유명하다. - 옮긴이

이었다. 언제나 강의실의 첫 번째 줄에 앉아서, 강연 하나가 끝날 때 마다 일어서서 청중들을 돌아보며 강연의 주제에 대해 자신의 의견을 덧붙여 말하고는 했다. 모든 것이 잊을 수 없는 장면이었다. 그러나 나의 강연 뒤에는 그렇게 하지 않았는데, 나도 그와 악수를 했던 것 말고는 따로 이야기를 나누지 않았다. 학회에서는 버치와 흥미로운 수학적 대화를 나누었으며, 이것에 대해서는 A3절에 소개한 리처드 테일러에게 보낸 두 번째 편지에 조금 더 자세히 설명되어 있다. 하세는 만나자마자 나에게 무언가 축하의 말을 건네서 다소 놀랐다. 그때는 그가 나의 연구 중에 무엇에 대해 축하를 건네는지를 알지 못했다.

콜로라도에서도 연구는 계속 했으며, 주로 고민하던 문제에 대한 결정적인 단서를 찾아냈다. 이것에 대한 기술적인 설명은 뒤의 A4절에 설명되어있다.

1964년에는 메사추세츠주 우즈홀에서 열린 '대수기하학 여름 학교'에 참가했다. 앞서 4절에서 말한, 수영을 하다 익사할 뻔 했던 바로 그 학회였다. 해당 학회가 열리기 몇 달 전에, 나는 렙셰츠 고정점 정리Lefschetz fixed point formula를 일반화하는 새로운 대각합 공식trace formula을 발견했다. 학회 중간에 존 테이트John Tate[22]에게 새로운 발견에 대해 처음 말했으며, 마이클 아티야Michael Atiyah[23]와 라울 보트Raoul Bott에게도 이야기했다. 뒤의 두 사람은 이야기를 듣고는 나의 결과에 크게 흥분했다. 결국 그들은 나의 연구를 바탕으로 사상map에 관련된 경우를 증명해냈으며, 나는 추가로 대응성에 대한 일반적인 공식을 도출해냈다. 처음에 두 사람은 사상에 대한 그들의 증명이 나의 연구에서 비롯되었다는 것을 인정했지만, 세월이 흐르면서 그들은 나의 공헌을 최소화하려고 노력하는 것 같았다. 2001년에 보트는 내가 그 증명에 관여한 바가 없다고 주장했으나, 나중에 그가 틀렸다는 것을 인정했다. 그리고 아티야는 그의 논문집에서 해당 증명의 기초를 나에게서 배웠다고 언급했다.

학회에서 나는 일련의 강의를 했는데 그 내용 중에는 참가자 대부분에게 생소했을 보형 형식과 헤케 연산자 이론을 소개하는 것이 포함되었다. 학회 기간 동안 등사 인쇄된 강의록이 배포되었으며, 이것은 나중에 나의 《논문 전집》[24]에

---

[22] 미국의 수학자이며, 정수론과 대수기하학에 대한 공로로 2010년 아벨상을 수상했다. - 옮긴이
[23] 영국의 수학자이며, 대수적 위상수학 및 대수기하학의 기반을 닦은 지도자적인 위치의 수학자로 평가된다. 1966년에 필즈상을, 2004년에는 아벨상을 수상했다. - 옮긴이
[24] Shimura G. Collected Papers: Volume I: 1954-1966 (Springer,

[64e]로 포함되어 출판되었다. 청중들 중에는 도쿄와 파리에서 마주친 적이 있는 장피에르 세르$^{\text{Jean-Pierre Serre}}$[25]가 있었는데, 지나치게 뻔한 질문들을 계속해서 퍼부어 대어 짜증이 났다. 그때는 몰랐지만, 나중에 프랑스인 동료들이 다른 연사들에게도 세르가 똑같은 짓을 했다고 말해주었다. 그러나 도쿄와 파리에서 세르를 마주쳤을 때, 그는 신사적으로 행동했다. 1964년이 되기 전까지는 말이다. 누군가가 나에게 그가 나의 연구 결과에 좌절하였으며 심지어 질투하기까지 했다는 말을 해주었다. 훨씬 나중에서야 세르가 생애의 대부분에서 타인을 시기하고 질투했다는 것을 이해하게 되었다. 뒤의 A2절에 페레이둔 샤히디에게 보낸 편지에서 설명한대로 그는 한때 나를 모욕하려는 시도를 했는데, 오히려 이것은 유리 타원 곡선$^{\text{rational elliptic curves}}$에 대한 나의 가설을 널리 알리게 된 계기가 되었다. 나는 그의 '공격'이 내가 학회에서 거둔 성공-우즈홀에서 했던 강의와 거기서 소개된 가설들-에 대한 질투에서 시작되었다고 짐작하고 있다.

2002)
[25] 프랑스의 수학자이며, 대수기하학과 정수론에 기여한 공로로 1954년에 필즈상을, 2003년에는 아벨상을 수상했다. - 옮긴이

흔히 일본인들이 나이보다 젊게 보인다는 말을 하는데, 나도 예외가 아니었다. 1958년에 프린스턴에 처음 왔을 때 수학과는 파인홀Fine Hall이라는 3층짜리 건물에 있었다. 1969년에는 새로 건물을 지어 현재의 위치로 이동했으며, 새로 지은 건물에 다시 파인홀이라는 이름이 붙었다. 옛날에 파인홀이었던 건물은 존스홀Jones Hall이 되었다. 옛날 파인홀의 1층과 2층은 교수들의 연구실과 비서들이 근무하는 사무실이 있었으며 맨 위층에는 도서관이 있었다. 팔머Palmer라고 불리던 건물은 물리학과가 사용하고 있었는데, 2층의 공중 통로를 통해 파인홀 건물과 서로 이어져 있었다. 대부분의 수학 강의들은 두 건물에서 열렸다.

1963년 가을의 어느 날, 나는 팔머의 정문으로 걸어 들어가고 있었다. 정문 모퉁이에 있던 사무실에는 경비원이 앉아있었는데, 그때 그가 나를 멈추게 하더니 "신입생은 이 건물에 출입할 수 없다는 것을 모르는가?" 하고 묻는 것이었다. 어쩐지 내가 어려 보였기 때문에 그가 나를 놀리고 있는 것 같았다. 나는 "그런가요? 그런데 지금은 이미 저의 두 번째 해입니다만." 하고 대답했다.

나는 69세의 나이에 은퇴하게 되었는데, 그 몇 해 전에 일어난 일이 기억난다. 새로 지어진 파인홀에는 도서관 입구

밖에 꽤 큰 홀이 있었다. 거기에는 몇 개의 책상이 놓여 있었으며 학생들이 컴퓨터를 사용할 수 있게 되어있었다. 홀은 복도의 역할도 겸하고 있었다. 이른 가을의 어느 늦은 오후에 나는 홀을 지나 집에 가고 있었는데 학생 한 명이 급하게 나를 잡더니 "저는 신입생인데 물리학 교과서의 한 부분을 이해할 수가 없습니다. 혹시 도와주실 수 있나요?" 하고 말하는 것이었다. 나는 다소 놀라서 "그럴 수 있습니다만, 나를 아시오?" 하고 되물었다. 그러자 그는 "아니요. 하지만 도저히 이해를 못하겠어서요. 그리고 고개를 들자 선생님이 보였고, 도움을 줄 수 있는 분 같이 보여서요." 라고 대답했다. 나는 웃지 않을 수 없었다. 그리고 "좋아요. 문제가 뭔지 봅시다."라고 대답했다. 그러자 학생은 교과서에서 문제의 부분을 보여주었다. 그가 질문했던 것은 편미분 기호를 어떻게 이해해야 하는 가에 대한 것이었으며, 나는 홀의 벽에 있는 칠판에 판서를 하며 요점을 설명했다. 그때 나는 그 학생이 그의 수준에 맞는 학교를 선택한 것이 맞을까 하는 의문도 살짝 들었지만, 어쨌든 이번에는 수학을 설명할 수 있을 것 같이 보이는 나이든 사람처럼 보이는 데 성공을 했던 것이다.

 수학에 대해 이야기하자면, 한동안은 계획된 진도에 따

라서 연구를 진행하고 있었다. 1963년에서 1965년 사이에 발표했던 논문들은 그럭저럭 괜찮은 것들이었지만, 결정적인 내용을 담지는 못했다. 나는 프린스턴에 온 지 3년이 지난 1965년 가을에야 일정한 수준의 명확한 결론 하나에 도달할 수 있었다. 연구의 결과를 정리하여 1966년 6월에 102쪽짜리 논문을 완성했으며, 앙드레 베유의 60번째 생일을 맞아 논문을 그의 이름으로 헌정했다. 게재된 논문의 끝에는 "1966년 6월 6일 수령"이라고 되어 있었다. 나는 논문의 수령일이 그렇게 적힌 것이 당시 수학 연보 Annals of Mathematics의 편집인이었던 패니 로젠블럼 Fanny Rosenblum에 의해 의도적으로 된 것이라고 믿고 있다. 그녀와 그녀의 남편 찰스 Charles는 우리 가족의 좋은 친구였다. 그들은 1972년에 돈 스펜서 Donald C. Spencer의 60번째 생일 기념 파티를 열었으며, 나는 거기에 초대된 손님이었다. 패니는 미소를 지으며 나에게 "도대체 60세가 되는 게 뭐 대단한 일이라고"라고 속삭였고 우리는 크게 웃었다. 그녀는 스펜서보다 훨씬 나이가 많았을 것이다. 한번은 수학 연보의 편집자 중 한 사람을 언급하면서 "도대체 그 인간을 이해할 수가 없단 말이야. 불가사의한 앵글로색슨 Anglo-Saxon이란 말이지."라고 말했다. 그녀는 내가 살면서 만나본 여자들 중 가장 웃기는 사람 중

한 명이었다.

독자는 A5절에서 나와 베유의 관계, 그리고 그에 관한 몇 가지 일화를 찾아볼 수 있을 것이다. 여기 와인에 대한 것을 추가로 언급해보겠다. 아마 1970년대 중반이었던 것으로 기억되는데, 어느 날 나는 앙드레와 그의 아내 에블린Eveline을 집에 초대해서 저녁을 함께 했다. 와인병의 상표를 확인한 앙드레의 아내는 인상적인 톤으로 "오, 뫼르소Meursault군요!" 하고 말했다. 당시에도 뫼르소는 이미 일상적인 용도가 아니었지만 오늘날처럼 엄청나게 비싸지는 않던 시대였다. 약 일 년 뒤, 치카코와 나는 고등연구소에서 열린 만찬에 초대되어 참석했다. 만찬장의 우리 테이블에는 시귀르뒤르 헬가손Sigurdur Helgason과 그의 아내도 있었다. 앙드레는 메뉴판의 와인을 한참 동안 쳐다보았지만 어쩐지 결정을 내리지 못하고 있었다. 그때 에블린이 "고로씨가 선택하게 하는 게 어때요?"하고 말했다. 그러자 그가 정말로 와인 메뉴판을 나에게 넘겼고, 나는 웃으며 두 병을 주문했다. 그 중 하나는 에르미타쥐 블랑Hermitage blanc이었으며 다른 하나는 기억이 나지 않는다. 그때 메인 코스는 생선이었다. 에블린에게 뫼르소를 선물했던 일이 내가 베유보다 와인에 대한 안목이 더 높다고 생각하게 했을지도 모르겠다.

1987년 봄에 베유와 저녁 식사를 할 때의 일화를 하나 더 덧붙인다. 그해 치카코와 나는 두 달 동안 파리에 머물고 있었다. 그리고 에블린은 약 1년 전에 세상을 떠난 뒤였다. 나는 그가 파리에 도착하는 날짜를 알고 있었기 때문에, 그에게 전화를 걸어 같이 저녁을 먹자고 말했다. 그전까지 우리가 파리를 방문할 때는 항상 베유가 저녁을 대접했었다. 1978년에는 아이들도 같이 데리고 가서 베유 부부의 아파트에서 식사를 했다. 언젠가 내가 "이번에는 틀림없이 자네가 내 손님이 될 거야."라고 했더니 베유는 "아니, 아니야. 자네가 파리에 있는 한 언제나 자네가 손님이 될 거라네." 하고 대답했다.

　그러나 그날 내가 전화를 했을 때, 베유는 "그거 좋은 생각이야. 어디가 좋을까?" 하고 대답을 했다. 전혀 예상하지 못한 반응은 아니었지만, 어쨌든 아내가 죽은 뒤에 그에게 큰 변화가 일어났다는 것은 실감할 수 있었다. 그래서 나는 미리 생각해둔 장소를 말했고, 결국 우리는 그가 살고 있는 곳에서 걸어서 10여분 떨어진 곳에 있는, 게이뤼삭가Rue Gay-Lussac의 어느 중국 식당에서 저녁을 함께 했다.

　그날 베유는 분명히 우리 부부와 즐겁게 식사를 한 것처럼 보였지만, 전과 완전히 같지는 않았다. 이후에도 그가 달라졌다는 것을 느끼게 된 사건들이 몇 번 있었다. 어쩐지 그는 마음 한 구석 어딘가가 약해진 사람처럼 되어버렸으며, 이후에 그를 만날 때마다 전혀 다른 종류의 사나이를 만나고 있다는 느낌마저 들었다.

1950년대와 1960년대에 내가 어떻게 이론을 발전시켰는지에 대해서는 "소감"이라는 제목으로 1996년에 기고한 글에 잘 나와 있으며, 이 책에서는 A4절에 내용이 그대로 수록되어있다. 글에서 나는 지겔의 70세 생일을 맞아 그에게 헌정한 논문을 언급했다. 지겔과 나와의 관계는 아이클러에게서 받은 다음과 같은 편지로부터 시작되었다고 할 수 있다.

바젤, 1966년 1월 1일

시무라에게,

새해를 기념하여, 나와 내 아내의 축복을 담아 자네와 자네의 부인께 바치네. 보내준 아름다운 카드는 잘 받았다네. 몇 달 전 에크만B. Eckmann 교수에게서 자네가 1967년에 이 나라를 방문할 계획을 가지고 있다고 들었네. 다시 만날 수 있기를 몹시 고대하고 있다네. 지난 여름과 가을에는 지겔의 70세 생일 기념 논문에 제출할 무언가를 끄적인다고 정신이 없었다네. 하지만 그를 만족시킬 흥미 있는 내용은 하나도 담기지 못하게 된 것 같아. 이 짓을 하느라 n차원 대각합 공식에는 손도 못 대고 있었지. 자네의 그 식 말일세! 크리스마스 휴가 동안 겨우 시간이 나서 잠깐 이쪽 연구로 돌아올 수 있었는데, 해야 할 사전 작업이 상당히 많다고 느꼈다네. 이 모든 것이 잘 되어서, 연구를 올바른 길로 인도해줄 확실한 추측 하나를 얻을 수 있기만을 바란다네.

행운이 가득하기를.

>당신의 충실한,
>
>마르틴 아이클러

아이클러는 "지겔을 만족시킬 내용은 하나도 없을 것 같다"고 했지만 지겔은 그에게 헌정한 나의 논문에는 감사를 표시했다. 이는 그가 1967년 5월 15일에 나에게 보낸 편지에 나와있다. 이 내용 또한 A4절에 재수록한 기고문에서 자세히 설명했다. 해당 기고에서는 지겔이 1958년에 발표한 나의 연구 결과에 몹시 회의적이었다는 것을 언급했다. 그러나 1968년에 발표한 그의 논문[26]에서 그는 나의 논문 네 편을 인용하면서 '시무라의 심오한 결과'에 대해 언급했는데, 따라서 해당 논문을 통하여 그가 공식적으로 나의 연구 결과를 비로소 인정했다고 볼 수 있을 것이다. "소감"에서 나는 지겔이 젊은 세대들에게 충분히 인정받지 못하고 있다는 피해망상을 가지고 있음을 언급했다. 나는 그런 콤플렉스를 가졌던 적이 없으며, 지겔이 생각했던 것처럼 불행하지도 않았다. 단지 나의 연구 결과를 진정으로 이해하고 있는 사람은 거의 없다는 느낌을 항상 가지고 있었다. 그러나 최소한 슈발레, 아이클러, 지겔 그리고 베유는 나의 연구를 이해했으므로 그것으로 충분했다. 그렇다고 하더라도 가끔은 부당하게 무시되고 있다는 느낌을 받은 적이 없지는 않았다.

그런 경험 중 하나를 이야기해보겠다. 우리 세 가족은 1967년의 6월 말 이후부터 약 한달 동안 취리히에서 지냈다. 그곳에는 저 유명한 취리히연방공과대학교 ETH Zürich가 있었으며, 아이클러는 친절하게도 내가 거기서 연구를 할 수 있도록 주선해주었다. 우리는 도시의 서쪽 교외 지역에

---

[26] Gesammelte Abhandlungen, vol. IV, No. 86

있던 아파트에서 살았다. 스위스는 작은 나라이기 때문에 하룻밤이면 주요 여행지는 어디든 갈 수 있었다. 그 시절의 스위스는 목적지 기차역에 도착하자마자 역에 있는 관광 안내소에 요청하면 그 자리에서 바로 적당한 숙소를 잡을 수 있었다. 우리 가족은 주말마다 그런 식으로 여행을 다녔다.

당시에 취리히연방공과대학교 수학과에는 찬드라세카란K. S. Chandrasekharan과 에크만이 교수로 있었다. 그리고 찬드라세카란은 내가 그곳에 머무는 것을 돌보고 있었다. 그는 자부심이 넘치는 사람이었지만, 그의 연구 분야인 해석학적 정수론 이외에는 아무것도 이해하지 못했다. 그는 나에게 냉담했으며, 나에 대해 알려고 하지도, 내가 하는 일에 관심을 가지지도 않았다. 처음에는 깨닫지 못했지만, 시간이 흐를수록 찬드라세카란이 나를 학위를 막 끝낸 초심자처럼 대하고 있다는 것이 분명해졌다. 그러나 내가 지겔과 베유를 기리며 바친 두 개의 논문은 확실히 그의 이해도를 넘어서는 것들이었다.

취리히에 머무는 동안 나는 평소처럼 계속 연구할 수 있었다. 그리고 바젤을 방문하여 아이클러를 만났으며, 카를스루에Karlsruhe에서는 구보타 토미오久保田富雄와 레오폴트Heinrich-Wolfgang Leopoldt를 만났다. 대개 나는 그런 식의 여행을 즐겼으며 아내와 딸도 만족했다. 그러나 어느 순간 그곳의 수학계에서 2등 시민으로 여겨지는 것에 짜증이 나서 원래의 계획보다 몇 주 일찍 프린스턴으로 돌아왔다. 그때 찬드라세카란에게는 아무런 이야기도 하지 않았으며 그는 한참 뒤에야 그때의 나의 심정을 알아차린 것 같았다. 1978년 헬싱키에서 열린 국제 수학자 대회에서 찬드라세카란과 다시 재회했는데, 그때 그는 1967년 당시에 나를 제대로 대하지 않은 것을 후회한다는 취지의 말을 했다. 내가 다소 심술궂은 사람이었다면 그 자리에서 바로 "나도 완전히 동감이다"와 같은 말을 했을 테지만, 나는 며칠이 지나고 나서야 그런 대사가 떠오르는 종류의 사람이다.

위에서 언급한 네 명의 수학자들은 모종의 이유로 나의 연구 결과를 곧바로 받아들일 수 있었지만, 다른 대다수는 내가 한 일을 제대로 이해하지 못했다. 세상에는 대부분의 혹은 상당수의 수학자들에게 잘 알려진 수학적 난제들이 있으며, 그런 문제들에 도전하는 행위는 언제나 중요한 작업으로 여겨지게 된다. 그렇게 되는 이유는 "어려운 문제일수록 좋은 문제이다"라는 편견 때문이다. 어떤 특정 문제 하나가 매우 오랜 기간 동안 풀리지 않고 있다가 갑자기 누군가에 의해 그것이 해결되었다고 가정해보자. 그러면 그 인물은 탁월한 수학자라는 칭송을 받게 될 것이다. 설사 문제 자체와 해결 방법에 실질적인 중요성이 없다고 해도 말이다. 사람들은 오랫동안 풀리지 않고 있던 난제가 해결되면 급격히 관심을 갖지만, '해결'이 수학의 발전에 미치는 진정한 의의를 생각하는 이들은 별로 없는 것 같다.

1960년대에 내가 했던 일은 전혀 다른 종류의 것이었다. "헤케를 사후에 모욕했다"라고도 할 수 있는 나의 연구는 나 자신 뿐 아니라 누구도 예상하지 못한 결과였다. 무언가 흥미로운 결과가 도출되리라는 것은 예상했지만, 확실히 증명해내기 전까지는 어떤 것도 공식화할 수 없었다. 무언가를 서술하는 순간 논리적으로는 명확해지지만 진정으로 이해하기 위해서는 정교한 지식과 함께 맥락에 대한 통찰이 필요한 법이다. 1980년 즈음에 나는 어느 젊은 수학자에게 "1960년대에는 미국 시민권을 가진 어떤 수학자도 나의 연구를 이해하지 못했다네."라고 말한 적이 있다. 미국인이었던 그는 "정말로 그랬을 겁니다." 하고 대답했다.

나의 연구가 일반 대중에게는 거의 이해할 수 없는 종류의 것이었음에도, 나는 자주 다른 동료 수학자들에게 시기의 대상이 된 적이 많았다. 그 점에 대해서는 지금도 의아하게 생각한다. 이에 대한 일화들을 늘어놓자면 끝도 없을 것이다. 하지만 그런 것들을 기록으로 남기는 행위는 대부분 무의미하며 불쾌하기만 할 뿐이므로, 흥미로운 일화 하나만 언급하도록 하겠다. 그 전에, 인간에 대해 관찰하며 알게 된 일반적인 사항에 대해 조금 설명하겠다. 대개 질투를 하는 이의 마음은 비논리적인 부러움으로 가득 차있다. 상대방은 자신이 시기의 대상인지를 전혀 알지 못하지만, 어느 시점에 특정한 사건이 일어나면 그제야 그것을 깨닫게 되는 것이다. 대부분의 경우에 나는 원인 제공자가 아니었으며, 상대방은 그저 나의 존재 자체를 못마땅해 했다. 나의 행동이 원인이 되었던 몇 가지 상황에서도 대개 질투를 하는 사람 자체와는 관계가 없는 경우가 많았다. 앞에서 언급한 세르의 공격이 좋은 예가 될 것이다. 질투하는 사람들 중에는 연구의 분야가 나와 전혀 관계없는 이들도 있었다. 그들은 너무나도 경쟁적이라서 어떤 이는 지나치게 심각하게 받아들였고, 어떤 이는 좌절했으며, 어떤 이는 나의 연구 내용을 이해했지만 어떤 이들은 그렇지 못했다. 여러 가지 일들을 겪었지만 한 가지 공통점은 대개의 경우 내가 할 수 있는 일은 아무것도 없다는 것이다. 그러나 단순히 무시할 수는 없는 것이, 그런 일들이 쌓이다 보면 해당 인물과의 정상적인 관계를 유지하기가 점점 어렵게 되기 때문이다. 관계를 유지하기 위해서는 내 쪽에서의 상당한 노력이 필요하게 되는 것이다.

'흥미로운 일화'는 1979년 가을에 일어났다. 그해에 아페리Roger Apéry는 $\zeta(3)$이 무리수라는 것을 증명했다.[27] 새 학년이 시작되었고, 프린스턴 고등연구소에서는 언제나처럼 연구소장이 개최하는 파티가 열렸다. 그리고 나는 파티에 초대된 프린스턴 대학교 교수들 중 한 명이었다. 그때 고등연구소의 교수였던 하리시찬드라Harish-Chandra[28]가 다가와 다음과 같이 말을 걸었다. "아페리는 자네가 게으르게 낮잠을 자는 동안 대단한 결과를 증명해낸 것 같더구먼. 이제 그런 사람이 등장했으니, 자네도 연구에 전념할 때가 된 것 아닌가." 나는 1963년경부터 그와 친하게 지내왔기 때문에 그의 발언에 크게 놀랐다. 그러나 곧 냉정을 찾고 다음과 같이 대답했다. "물론 좋은 결과야. 하지만 그게 수학적으로 대단하다고 생각하지는 않는다네. 무수히 많은 제타함수의 값들이 초월수transcendental number일 테니 말이지. 숫자 하나가 무리수임을 증명한 것이 새로운 관점을 제공해주지는

---

[27] 리만 제타함수 $\zeta(s) = 1 + 1/2^s + 1/3^s + \cdots$에서 $\zeta(3)$은 아페리 상수Apéry's constant라 불린다. - 옮긴이

[28] 인도 출신의 수학자이다. 양자역학을 구축한 폴 디랙Paul Dirac의 지도 아래 케임브리지 대학교에서 물리학 박사 학위를 취득했지만, 수학으로 전환하여 표현론과 군이론 등에 업적을 남겼다. - 옮긴이

않는다고." 그러자 그는 약간 언짢은 표정을 지으며 "어쨌든 그건 오래된 난제였고 ..." 하고 웅얼거렸는데, 문장의 뒷부분은 잘 알아들을 수 없었다.

분명히 하리시찬드라는 마침내 나를 모욕할 수 있는 거리를 찾아냈다고 생각했을 것이다. 그러나 실망스럽게도 그는 실패하고 말았다. 그가 다른 사람들에게도 그런 식으로 행동했을까? 그것에 대해서는 알지 못하지만 하리시찬드라가 왜 그런 식으로 행동했는지를 이해하기 위해 1964년 가을에 일어났던 사건 하나를 언급하겠다. 앞에서 설명했듯이 아티야와 보트는 나의 아이디어를 바탕으로 특정한 대각합 공식을 증명해냈다. 그리고 보트는 고등연구소에서 강연을 하면서 해당 연구의 시작이 나에게서 비롯되었음을 밝혔다. 강연 도중 그는 이론의 쉬운 응용으로 바일의 지표 공식 character formula 을 도출할 수 있음을 언급했다. 당시 청중석에는 하리시찬드라가 있었는데, 그는 "아, 나는 순서가 반대라고 생각되는데, 아마도 그 수식은 바일의 수식으로부터 도출 될 수 있을 거요."라고 했다. 보트는 당황하여 "어떻게 그렇게 될 수 있는지 이해하지 못하겠군요." 하고 대답했다. 10초간의 정적이 흘렀으며, 하리시찬드라는 "농담이었소."라고 말했다. 청중들 사이에서 약간의 웃음소리가 나왔지만 나는 그의 말투가 하도 어색해서 농담으로도 터무니없다고 생각했다.

하리시찬드라의 정신 상태를 분석하는 것은 부질없는 짓이지만, 어쨌든 그는 그런 종류의 인간이었다. 그는 늘 불안했으며 인정받기를 갈망했다. 이것은 그를 아는 많은 이들도 동의하는 의견이다. 그는 자신의 분야 외에는 많은 것을 알지 못했지만 스스로의 무지를 깨닫지 못했다. 자주 그런 모습을 나타내지는 않았지만 그는 경쟁심이 강한 인물이었다. 그와 연구 분야가 겹치지 않았음에도 불구하고 나는 그에게 눈엣가시 같은 존재가 되어 모욕을 주어야만 하는 인물이 되어버렸던 것이다. 여기까지의 서술들이 다소 지나쳤을지는 모르겠으나, 요약하자면 다음과 같다: 나는 그에게 아무것도 하지 않았음에도 그는 그렇게 했다.

수학 연구를 이해한다는 것의 어려움에 대해 좀 더 덧붙이자면, 잘못된 이해는 종종 무지에 의해 혹은 수학적 정교함의 부족함에 의해 야기되기도 한다. 위의 하리시찬드라의 일화가 그러한 예가 될 수 있을 것이다. 여기 내 연구와는 무관한 또 다른 예가 있다. 베유가 1967년에 출간한 《기초 정수론 Basic Number Theory》은 대수적 수론을 다룬 교과서이며 유체론과 L-함수를 다루고 있다. 이것은 특별하거나 새로운 내용이 아니다. 1970년경에는 고등연구소에 매우 잘 알려진 L이라는 영국의 수학자가 머물렀는데, 그는 초월수에 대해 연구하고 있었다. L은 셀베르그가 주최한 어느 모임에서 배유를 만나 책의 제목에 대해 격렬히 항의했다. 그의 주장에 따르면 유체론을 다룬 교과서에 '기초'라는 단어가 붙어서는 안 된다는 것이었다. 베유는 태연하게 대응했으며, 나는 그저 방관자로써 아무런 말도 하지 않았다. 분명히 L은 유체론에 대해 아는 것이 없었고, 그래서 책의 제목이 자신의 무지를 드러낸다고 느꼈을 것이다. 아마도 그는 1801년에 가우스Carl F. Gauss가 출간한 유명한 정수론 교재에 대해서는 잘 알고 있었을 것이다. 베유의 책, 그리고 유체론은 가우스가 쓴 책의 주요 논리에 대한 자연스러운 확장이지만, L은 그것을 이해할 수 없었다. 당시에는 그런 수준에 머물렀던 수학자들이 대부분이었으며, 따라서 나의 연구를 이해할 수 있는 사람 역시 거의 없었다.

1967년에 수학 연보에 게재한 논문에서 나는 바라던 결과를 얻었지만, 그 결과를 더 일반적인 경우로 확장하고 보다 나은 수식으로 재구성하기까지는 몇 년이 더 걸렸다. 또한 해당 분야에 재미있는 문제들이 많이 있다는 것은 알고 있었지만, 같은 분야에서 계속 연구를 하는 것에 점점 피로감을 느끼게 되었다. 게다가 젊은 수학자들이 나의 이론에 관심을 갖고 분야에 뛰어들어 연구하기 시작했으므로 나는 새로운 분야를 연구하기로 결심했다. 1993년에는 누군가에게 이러한 내용을 담은 편지를 썼다. 당시에는 그가 나의 의도를 이해할 것으로 생각했으나, 그는 나중에 비열한 기회주의자로 판명되었다. 편지에서는 나의 논증의 전개와 1972년 무렵의 심정을 설명했는데, 이때를 수학 경력의 분기점이라고도 말할 수 있을 것이다. 그러나 실제로 나는 몇 번의 전환점을 더 맞이하게 된다. 그때 보낸 편지의 일부는 다음과 같다:

> "그 다음 질문은 물론 표준 모형canonical models에 관한 제타함수에 대한 것이었습니다. 또한 높은 가중치weight를 갖는 ℓ진수 표현ℓ-adic representation을 찾아내는 문제도 있었습니다. 1968년 후반에는 보형 형식에서 ℓ진수 표현에 대해 논한 논문을 완성했지만, 발표하지 않고 그대로 보관하고 있었습니다.[29] 아마 선생도 알고 있을 것이라 생각하지만, 그 이론은 오타 마사미太田雅己의 논문에서 비로소 완성된 형태를 갖게

---

[29] 나중에 해당 논문은 나의 《논문 전집》 II권에 [68c]로 포함되어 출간된다.

됩니다. 제타함수에 대해서는 실이차형식real quadratic F에 대한 $GL_2(F)$의 경우부터 살펴보기 시작했습니다. 여기서 핵심은 유한체 F에서 정의된 모든 2차원 가환 다양체들을 제대로 분류해내는 것으로, 이때 F는 자기준동형사상 대수endomorphism algebra의 부분대수가 됩니다. 1967년에서 1969년 사이에 저는 해당 제타함수가 아사이 테루아키浅井照明가 나중에 자세히 연구하게 되는 형태 (Asai T. Mathematische Annalen **226** (1977) 81)라는 것을 알게 되었습니다. 아사이가 인정했듯이, 그는 나의 제안에 따라 해당 방향으로 연구를 진행했던 것입니다."

"저는 제타함수와 몫대수곡면quotient algebraic surface의 연관성에 대한 연구 결과를 발표한 적이 없으며, 단지 프린스턴에서 열린 '비공개 세미나'에서 한 차례 발표했을 뿐입니다. 그 자리에 카셀만Bill Casselman도 있었던 것으로 생각되지만, 확실하지는 않습니다. 어쨌든 그는 이러한 사실을 언급한 적이 있습니다. (아마도 코밸리스Corvallis 학회에 제출한 논문에서였을지도 모릅니다.)"

"1960년대에는 저의 영향력을 받아서 해당 분야에 뛰어든 몇몇 젊은 학자들을 제외하고는 이 주제를 연구하는 사람은 저 밖에 없었습니다. 랭글랜즈Robert Langlands가 예의 그의 프로그램을 시작한 것은 저의 연구결과를 확인하고 난 뒤의 일이었습니다."

"위에서 언급했듯이, $GL_2(F)$에서의 주요 문제는 특정한 경우의 가환 다양체의 개수를 세는 것입니다. 물론 일반적인 경우에도 그러한 것이 중요하지만, 저는 그런 종류의 수학에는 흥미가 없었습니다. (물론 어렵거나 표준적이지 않은 몫의 연산은 그보다 더한 것이 요구됩니다.) 그리고 저는 다른 주제들에도 관심이 있었습니다. 이를테면 반적분 가중치half-integral weight의 모듈러 형식이나 1955년 이래 관심을 갖고 있던 아벨 적분의 주기성 같은 것들입니다. 그러므로 남은 생애에서는 가환 다양체의 숫자를 세는 것 이외의 다른 새로운 주제를 연구하고 싶었습니다. 또한 랭글랜즈가 해당 주제에 관심을 가지기 시작했으므로 저의 임부는 일단락되었다고도 생각한 것입니다."

"선생이 이 모든 것들을 이해하고서도 여전히 모든

공로를 랭글랜즈의 것으로 돌릴 수도 있겠지만, 그럴 가능성은 낮으리라 예상합니다. 이제는 시무라 다양체Shimura variety라 불리는 표준 모형의 이론을 제가 발전시켰다는 것은 알고 계실 것입니다. 하지만 그것들만을 위해서 이론을 발전시킨 것은 아니며, 1969년의 수학 연보 논문에서 다루었던 것처럼 해당 제타 함수가 보형 형식으로 이어질 것이라는 기대를 가지고 연구를 진행했던 것입니다. 물론 랭글랜즈도 이러한 사실을 알고서 그의 논문(Langlands R. 'Some Contemporary Problems with Origins in the Jugendtraum,' Proc. of Symposia in Pure Math. vol. 28 (1976), 401-404)에서 그것을 언급했습니다. 그러나 그가 제 논문을 직접 인용한 적은 한 번도 없었던 것 같습니다."

"제가 가장 일반적인 경우에 대한 추측의 정확한 형태를 제시한 적이 없는 것은 사실입니다. 하지만 그것이 가장 중요하다고는 생각하지 않습니다. 저에게는 이 분야에 방대한 영역이 존재하며 거기서 흥미로운 결과들이 도출될 수 있음을 제시하는 것이 더 중요했습니다. 또한 자명하지 않은 경우에 대하여 명백한 증거를 제시하는 것에 주의를 기울였습니다. 이제까지 그러한 식으로 연구를 해봤다는 것에 자부심을 가지고 있습니다."

몇 가지를 더 덧붙이겠다. 편지에서 아벨 적분의 주기성을 언급하면서 1955년부터 내가 해당 문제에 관심을 가졌다고 했는데, 이는 뒤의 A5절 '앙드레 베유와 나'에서도 언급한 내용이다. 나는 이 문제에 대한 만족스러운 결과를 얻어낼 수 있었으며, 1977년에서 1980년 사이에 결과를 저널에 게재했다. 1972년 이전에 랭글랜즈는 나의 논문들에 관심을 가졌다고 말한 적이 있다. 랭글랜즈는 '시무라 다양체'라는 용어를 만들어낸 사람이라고 여겨지지만, 그가 나의 논문을 직접적으로 인용한 적은 한 번도 없다. 그가 왜 그렇게 했는지 궁금한 독자는 그에게 직접 그 이유를 물어보기를 권장한다.

이 장을 마치기 전에, 연구 과정에서 발견이란 것이 무의식 중에 어떻게 일어나는지에 대한 개인적 경험 두 가지를 소개하고자 한다. 이것은 푸엥카레가 새로운 종류의 푹스군을 발견할 때와 비슷할지도 모르겠다.

응용수학에서 중요한 특수함수 중에서 합류 초기하함

수confluent hypergeometric functions라는 것이 있다. 이것들은 정수론에도 등장하는데, 1979년 즈음 프린스턴에서 나는 이들의 고차원 일반화가 필요함을 깨닫게 되었다. 그리고 곧 쉬운 경우에 대한 증명을 발견할 수 있었지만 이후 뚜렷한 결과를 얻지 못하여 다른 주제로 눈을 돌렸다. 2년 뒤의 어느 날 아침에, 나는 오후에 가르칠 대학원 과목을 위해서 노트를 만들고 있었다. 그러다가 갑자기 미완성 상태로 있던 해당 문제에 대한 생각이 떠올랐고, 별다른 이유 없이 왠지 그날 연구를 시작하면 문제를 해결할 수 있을 것 같은 기분이 들기 시작했다.

그래서 오후 강의를 끝낸 후 바로 연구에 돌입했다. 결과를 낼 수 있을 것 같은 기분에 고무되어 중단 없이 연구를 지속할 수 있었으며, 일주일 뒤에는 제대로 된 수준의 결론에 이르렀다고 확신할 정도가 되었다. 하지만 연구를 완전히 마무리 짓고 정리하기 까지는 그 뒤로 6개월의 시간이 더 걸렸다.

또 다른 경험은 2001년 7월 즈음에 일어났다. 그때 나는 교토대학에서 일련의 특강을 하고 있었다. 그보다 2년 전인 1999년에 나는 정수를 이차 형식으로 표현하는 문제에 대한 논문을 발표했던 적이 있었는데, 이것은 강의의 주제와는 무관했다.

   정수론에서 주어진 정수를 5 또는 7의 제곱으로 표현하는 방법에 대한 오래된 문제가 있었는데, 이것은 하디G. H. Hardy가 1940년에 출판한 라마누잔Srinivasa Ramanujan에 대한 책에도 등장한다. 라마누잔의 가설 이후 2001년까지 이 문제에 대한 의미 있는 진전이 없었으며, 1999년에 발표한 나의 논문도 이 문제를 해결한 것은 아니었다.

   교토의 호텔에서 어느 날은 프린스턴에서부터 준비해온 강의 노트를 검토한 뒤 휴식을 취하고 있었는데, 아무런 이유 없이 별안간 해당 논문에 있는 방법으로 제곱수의 합에 대한 문제를 해결할 수 있을 것 같다는 느낌이 들었으며, 떠오른 몇 가지 아이디어들을 즉시 노트에 기록했다. 1주일 뒤 교토를 떠나 나가노현의 더 시원한 장소로 옮겨 해당 연구에 착수했다. 모든 것들이 순조롭게 진행되었으며, 놀랍게도 그 오래된 문제를 5주 만에 풀어낼 수 있었다. 앞에서 일어난 사건과 이것과의 차이는 교토의 호텔에 머무르던 그때까지도 나는 이 문제에 도전할 생각을 해본 적이 한 번도 없었다는 점이다. 단지 그것이 미해결 문제라는 것만 알고 있었다.

어쨌든 1972년 이후에 나는 새로운 분야에서 연구하기 시작했다. 혹은 새로운 분야를 개척하는데 성공했다고 말할 수 있을지도 모르겠다. 또한 나는 완결되었다고 알려졌지만 사실은 더 발전 가능성이 있던, 혹은 완전히 잊혔던 오래된 주제들을 발굴하기도 했다. 운 좋게도 그런 주제들에 대한 새로운 연구에 참여하여 분야에 기여를 할 수 있었다. 그렇지만 이 책에서 거기까지 자세히 이야기하는 것은 불필요하다고 생각되므로, 이쯤에서 내가 해온 수학 연구에 대한 이야기는 마무리 짓기로 하겠다.

제 IV 장

긴 에필로그

18 '기고'를 쓴 이유

나는 1989년 런던 수학 협회보 Bulletin of the London Mathematical Society에 '다니야마 유타카와 그의 시대, 개인적인 추억'[1] 이라는 제목의 기고를 썼다. 앞에서도 언급했지만 나는 그와 함께 쓴 책이 있으며, 한때는 그와 끊임없이 이야기를 나누던 사이였다. 그렇지만 그런 기간은 그리 오래 가지 못했다. 1950년 이후로 유타카를 알게 되었지만 그와 수학에

---

[1] Shimura G., "Yutaka Taniyama and His Time", Bull. London Math. Soc. **21** (1989) 186-196

대해 이야기를 나누기 시작한 것은 불과 1954년부터였으며 1957년에는 내가 파리로 떠났다. 그리고 유타카는 1958년 11월에 자살했으며, 2주 뒤에는 그의 약혼녀도 그를 따라 자살했다. 그때 나는 프린스턴에 있었다. 이것에 대한 이야기들은 1989년의 기고에 자세히 서술했다.

그때 내가 기고를 쓴 이유는 무엇인가? 그는 특별한 재능을 타고난 수학자였지만 그것을 강조하기 위해 기고문을 쓴 것은 아니었다. 글의 마지막에 '다니야마의 문제'라는 수학적인 절이 나오기는 하지만, 이는 오로지 편집자의 요구에 응하기 위해 추가했던 것일 뿐이다. 그 직전 본문의 마지막 단락은 내가 왜 그런 기사를 썼는지에 대한 공식적인 답변이 될 수도 있을 것이다. 그러나 (그가 생을 마감하고 30년도 더 지난 시기에) 부고 기사를 낸 진짜 이유는 따로 있었다. 나는 이것을 누구에게도 이야기해본 적이 없으며 대중 앞에 공개하는 것이 주저되기도 한다. 그러나 기억을 기록하기 위해 용기를 내어볼까 한다.

기고문에 쓴 대로, 나는 유타카의 약혼자를 알고 있었다. 치카코 역시 유타카를 알고 있었으며 우리 셋은 우리 부부가 결혼하기 2년 전인 1957년에 함께 저녁 식사를 한 적이 있다. 그때 유타카는 치카코에게 영화 '왕과 나 The King and I'

를 좋아한다고 했었다.

그리고 1986년 12월 초의 어느 날, 나는 치카코와 테이블을 사이에 두고 저녁을 먹으며 마주 앉아 있었다. 이유는 기억나지 않지만 우리는 식사가 끝날 때까지 유타카에 대해 이야기를 했다. 식사를 끝내고 몇 분간 침묵이 흘렀고 나는 계속 그에 대해 생각했다. 그리고 갑자기 뺨에 눈물이 흘러내렸다. 치카코가 "왜 그래? 무슨 일이야?"라고 물었지만 나는 아무 대답도 하지 않았다. 치카코가 다가와서 등을 쓰다듬었으며, 나는 여전히 침묵했다. 그리고 그녀는 자리로 돌아가서 눈물을 흘리기 시작했다. 그렇게 우리는 말없이 서로를 보며 울기만 했다.

우리가 왜 울었을까? 우리는 그를 안타깝게 생각했다. 그것 말고는 더 적당한 표현이 떠오르지 않는다. 다음날 보이지 않는 힘에 이끌려 뒤늦게 부고 기사를 쓰기 시작했고, 열흘 동안 초고를 썼다. 이것이 기고가 왜, 그리고 어떻게 써졌느냐에 대한 이유이다. 즉 나는 눈물을 참기 위해 부고를 쓴 것이다. 독자가 나의 이야기를 이해하는지는 알 수 없지만 이것이 말할 수 있는 전부이다. 이 설명은 기고를 읽지 않은 이들에게는 불필요한 것일지도 모르겠다. 어쨌든 내가 기억하는 것을 여기에 기록으로 남긴다.

19 여러 나라의 인상

먼저 프랑스에 대한 것들을 몇 가지 더 추가하겠다. 프랑스를 몇 번이나 방문했는지는 기억하지 못하지만, 파리 근교의 몇몇 장소들을 둘러보았다. 루아르 고성 가도Châteaux de la Loire를 여행하면서 루아르 계곡 근처에서 하루를 보낸 적이 있다. 베르사유Versailles 궁전에서는 깊은 인상을 받지 못했는데, 지나간 시간에 대한 기념 이상도 이하도 아닌 것으로 보였기 때문이다. 1950년대의 루브르 박물관Musée du Louvre은 현재의 모습과는 많이 달랐다. 방들은 전시물로 가득 차 있었으며, 유리관에 보관된 수백 개의 원통 인장cylinder seal들이 설명도 없이 전시되어있었다. 중세 성인들이 순교하며 피를 흘리는 비슷한 그림 네 다섯 개를 연속으로 걸어놓는 등 큐레이터가 배치에는 별로 신경을 쓰지 않는 것처럼 보였다. 당시에는 공간이 부족해서 어쩔 수 없이 그런 식으로 걸어 놓았는지도 모르겠다. 하지만 옛 루브르만의 독특한 분위기에 대한 향수가 있다. 오늘날에는 그 모습이 상당히 많이 바뀌었다.

　루브르 바로 북쪽에는 골동품 상점들이 많이 있던 르 루브르 데 앙티케르Le Louvre des Antiquaires라는 건물이 있었다.

1970년대에 지어진 건물로 기억하는데, 공예품들을 보고 만질 수도 있었기 때문에 박물관보다 더 자주 방문 했던 것 같다. 거기서 나쁘지 않은 상태의 이마리伊万里 도자기 그릇 하나를 구입한 적이 있다.

개인적으로 장식 예술을 좋아하기 때문에 파리 장식미술관Musée des arts décoratifs de Paris과 세브르 국립도자기 박물관Manufacture nationale de Sèvres을 자주 방문했다. 한 번은 골동품 가게에서 18세기 찻잔과 접시 세트를 보았는데, 며칠 뒤 박물관에서 약간의 흠이 있는 점을 제외하고는 정확히 같은 세트가 전시된 것을 발견했다. 그래서 다시 가게로 가서 세트를 살까 고민하다가 물건에 집착하고 싶지 않아져서 그만두었다.

치카코와 나는 1987년의 두 달 동안 플라스 디탈리Place d'Italie 근처의 아파트에서 살았다. 그때 집에서 쓰던 커피잔을 바꾸려고 식기 가게들이 몰려있는 루 드 파라디스Rue de Paradis에 가본 적이 있다. 하지만 진열된 그릇들은 작은 꽃과 잔가지들이 잠옷 무늬처럼 퍼져 있는 것 외의 다른 디자인들을 찾아볼 수 없었으므로, 프랑스의 주부들이란 너무나 보수적이어서 예외적인 것들은 받아들일 수 없는 것인가 하는 생각이 들었다. 인상주의자들을 막아낸 그런 종류의 억압이 장식품에도 존재할 줄은 몰랐던 것이다. 프랑스의 진보적인 대담성은 적어도 그릇 디자인에는 존재하지 않는 것 같았다. 우리는 보수주의와의 싸움에서 패배한 기념으로 그나마 적당한 커피잔 두 세트를 구매했다.

당시 살던 아파트에는 근처에 생선 가게들도 많았는데 살아있는 성게를 파는 집도 한 군데 있었다. 어느 날 아침 치카코는 "갤러리 라파예트Galeries Lafayette에 다녀올게."라고 말하고 집을 나갔다. 나는 책상에서 연구를 하다가 "흠." 이라는 한 마디 대꾸만 했다. 잠시 뒤 치카코가 돌아오더니 백화점 꼭대기에서 샀다며 머리까지 달린 거대한 가다랑어 한 마리를 보여줬다. 당시 우리에게는 그 정도의 생선을 살 수 있는 돈이 있었으며, 따라서 오사카에서보다는 근사한 식사를 할 수 있었다. 일본에서는 식료품들이 보통 백화점의 1층이나 2층에 있었으므로 생선을 꼭대기 층에서 판다는 것도 신기한 일이었다. 하지만 치카고는 여전히 비단 가운 같은 것은 걸치지 않았으며 라파예트 근처의 옷가게 부샤라Bouchara에서 면으로 된 천을 사서 스커트를 꿰매어 입고 다녔다.

그 두어 달 사이에 우리는 세 번의 소매치기를 당했다. 한 번은 치카코가 지하철역에서 표를 사려고 현금을 뒤지고 있었는데, 소매치기가 나타나 지갑을 낚아채어 달아나 버렸다. 그리고서는 에스컬레이터 맨 꼭대기에서 트로피를 자랑하듯 머리 위로 지갑을 들어 올리자 달리기를 잘하던 치카코는 즉시 그를 쫓기 시작했다. 주변에 있던 사람들이 소매치기가 멀리 달아나지 못하게 막아섰으며 치카코는 곧 지갑을 되찾을 수 있었다. 그 광경을 지켜보던 사람들의 눈이 휘둥그레졌다고 했다. 곧 나도 고액권 지폐를 한 다발 들고 있다가 소매치기를 당했지만 그런 반사 신경이 없었기 때문에 소매치기를 놓치고 말았다. 또 다른 소매치기에게는 영수증 말고 잃어버린 것이 없었다.

1966년의 세계 수학자 대회는 모스크바에서 열렸으며 나는 베유에게 헌정한 논문을 가지고 강연을 했다. 그때 소련이라는 공산국가를 처음으로 방문하게 되어 흥분이 되었다. 관광객으로써는 흥미로운 시간이었으나 당시의 소비에트 연방에서 실제로 살아가는 일은 쉽지 않았을 것이다. 다른 세계 수학자 대회보다 훨씬 적은 숫자의 논문이 제출되었으므로 학회의 프로시딩Proceedings은 채 200쪽이 되지 않았다. 주최측은 내가 보낸 원고에 대하여 9쪽의 수정 사항을 보내주었으며 나는 다시 수정을 가해서 되돌려주었다. 그러나 나중에 프로시딩 논문의 더 많은 부분을 바뀌거나 삭제되었으며 내가 작성한대로 수정이 되어 있지 않은 것을 발견했다. 이것은 교정을 본 뒤에 돌려보낸 논문의 분량이 다시 줄어든 유일한 경험으로 남아있다.

모스크바는 가난해보였으며, 백화점에는 상품들이 별로 없었다. 우리 가족은 메트로폴Метрополь이라는 호텔에서 3일을 묵었다. 메트로폴은 당시 모스크바에서 최상급 호텔 중 하나였으나 오랫동안 보수가 되지 않은 상태였다. 식당의 계산서는 매번 정확하지 않았지만 속임수를 쓰는 것 같지는 않았다. 사람들은 그런 것들에 무심하거나 세세하게 신경을 쓰지 않는 듯했다.

1991년에는 벨로루시의 민스크에서 열린 학회에 참석했다. 아내도 함께 동행했으며 우리는 낡은 호텔의 스위트룸에서 묵었는데, 부엌과 두 개의 화장실이 딸려있는 아파트 같은 곳이었다. 5월 하순이었지만 도시는 여전히 쌀쌀했다. 밤에 난방이 잘 들어오지 않았으며 온수도 나오지 않았다. 게다가 가지고 있던 접히는 우산을 모스크바에서 민스크로 가는 기차에 오르기 전에 잃어버린 상태였다. 비가 오는 날씨가 지속되었기 때문에 나는 학회 관계자에게 문제를 설명했으며 그는 나를 도시의 1달러 가게로 데리고 갔다. 거기서 10달러를 주고 우산을 새로 샀다. 그곳은 외국인들에게만 개방되어있었으므로 일반 시민들은 일상 용품을 어디서 사는지가 궁금해졌다. 어느 날은 길모퉁이에 80명 정도가 줄을 서서 침대 시트를 사려고 기다리는 것을 보았다. 또 다른 날에는 40여명의 사람들이 배추와 토마토를 사려고 기다리는 것을 보았는데, 물건들이 주로 그런 방식으로 판매되는 것인가 하고 생각했다.

학회 참석자 한 명의 아내는 민스크에서 모스크바로 짐을 보내야 했다. 나는 딱히 보낼 짐이 없었지만 일이 어떻게 처리되는지가 궁금하기도 해서 우체국까지 그녀와 동행했다. 소포를 보내기 위해서는 나무 상자 하나를 사서 짐을 안에 넣고 뚜껑을 못으로 박아 상자를 끈으로 묶은 뒤, 왁스 같은 것으로 매듭을 덮고 그 위에 도장을 찍었다. 우체국 안에는 망치가 두 개 밖에 없었기 때문에, 소포를 보낼 사람은 줄을 서서 차례를 기다려야 했다.

1966년에 모스크바의 메트로폴 호텔에서 저녁 식사를 할 때는 캐비어와 샴페인을 자주 먹었다. 사치를 부린 것이 아니라, 그 정도로 흔한 메뉴였기 때문이다. 다른 투숙객들도 같은 메뉴를 시켜 먹었다. 하지만 민스크에는 그런 것이 없었다. 메뉴의 프랑스어 설명에 이끌려 매번 무언가를 주문하기는 했지만 결과는 언제나 예상과는 달랐다. 나중에는 매번 주문 할 때마다 이번에는 무엇이 나올지 기대(?)를 갖게 되었다.

민스크에서 열린 학회가 끝나고는 당시에 레닌그라드라고 불리던 상트페테르부르크로 갔다. 그리고 연구소에서 강연을 했는데, 네 다섯 명의 청중이 들어왔으며 그 중 두 명은 뒤쪽에서 시끄럽게 떠들기까지 했다. 그러나 아무도 그런 것에 개의치 않았기 때문에 나도 아무렇지 않은 척을 했다. 학회의 참가자들은 낡은 구식 호텔에 방을 배정받았으며, 당시의 외국인 관광객들은 주로 잘 꾸며진 현대적인 호텔에서 머물렀다. 1달러는 18루블 쯤 되었는데 가끔 시내에서 1달러를 40루블로 바꾸어주겠다는 사람들을 마주쳤지만 항상 제안을 거절했다.

관광 안내소에서는 외국인이라는 이유로 여러 가지 가격을 달러로 높게 불렀다. 그래서 소비에트 연방 아카데미의 지원을 받아 학회에 참석하러 왔으며, 모든 경비는 루블화로 받았다는 서류를 보여주면 그들은 마지못해 루블화로 제값에 표를 파는 것이었다. 그러나 그 해에 소비에트 공화국이 해체되었으며 옐친6. н. ельцин이 최고 책임자가 되었다.

모스크바 놀이공원에서의 가족 사진. 왼쪽부터 치카코, 도모코, 저자. 1966년 8월.

1984년에는 또 다른 공산주의 국가인 중국에 방문했다. 프린스턴을 방문한 몇몇의 중국 수학자들과 알게 되었고 그들 중 일부와 친해지게 되어 중국에도 방문하게 되었던 것이다. 개인적으로 중국 고전 문학을 즐겼고 언젠가 중국에 가보고 싶다는 생각을 해오고 있었기 때문에 정말로 소망이 이루어지게 되어 무척 기대를 했다. 비록 융숭한 대접을 받았으며 소련을 방문하며 가졌던 불편함은 느끼지 못했지만, 방문의 마지막에 중국이라는 나라는 화해할 수 없는 모순으로 가득 차 있다는 인상을 받았다.

베이징에서 묵었던 호텔은 옛날 러시아 양식이었으며 모스크바의 메트로폴 호텔에서처럼 층마다 열쇠 지기가 있었다. 식사는 중국음식이 나왔다. 두 가지 종류의 은행권이 있었는데, 하나는 내국인용 화폐이며 다른 하나는 외국인 전용이었다. 모든 가정에 소형 텔레비전이 있다고 들었는데 그 가격은 당시 공장 노동자 평균 월급의 다섯 배였다. 믿을 수 없을 만큼 많은 자전거들이 거리를 달리고 있었으며, 대부분은 단일 속력 자전거였다. 변속기가 달린 자전거가 세상에 나온 지 몇 달 밖에 되지 않던 시기였다.

수학과는 대학의 낡은 구식 건물에 있었으며 1950년대의 도쿄 대학을 연상시켰다. 고속도로에서는 나귀가 모는 마차들이 자동차들과 나란히 천천히 움직이고 있었다. 도로 공사의 공정은 무척 단순했으며 기계를 통하지 않고 사람의 손으로만 지어지고 있었는데, 고용을 늘리기 위해서 일부러 그렇게 하는 것이 아닐까 하는 생각이 들었다.

베이징에서 열흘을 보내고 난 뒤 시안西安으로 이동했다. 그리고 저 유명한 진시황秦始皇의 병마용兵马俑을 보았다. 도시 자체는 베이징보다 가난해보였다. 시안에서는 당나귀 한 마리가 작은 마차를 끌고 다녔지만, 베이징에서는 세 마리의 당나귀가 훨씬 큰 마차를 끌고 다니는 것을 보았기 때문이다. 길가에서 채소를 파는 사람들도 있었는데, 파는 양이 너무 작아서 전부를 다 팔아도 얼마 벌지 못할 것 같았다. 시안에서 기차를 타고 상하이까지 가는 데는 24시간이 걸렸다. 객실은 푹신한 좌석과 딱딱한 좌석의 두 가지 등급이 있었는데, 통역과 나는 푹신한 좌석을 샀다. 두 객실의 수준은 예상보다 큰 차이가 있었으며, 내가 해결할 수 있는 일은 아니었지만 어쩐지 마음이 불편해졌다.

도시마다 길에 침을 뱉지 말라는 경고문이 붙어있었지만, 노인 한 명이 그렇게 하는 것을 보았을 뿐 중국인들이 그렇게 하는 것은 거의 보지 못했다. 쑤저우苏州에서는 현지 가이드가 영어 대신 중국어로 말했다. 그리고 택시 회사는 외화를 더 벌어들이기 위해서 우리를 일반적인 택시 대신 세 명이 탈 수 있는 좌석 차량을 붙인 오토바이를 태웠다. 그런 형태의 교통수단은 그 전과 이후에도 한 번도 타본 적이 없었다. 하지만 이것 때문에 중국인들의 일상을 더 가까이서 관찰할 수 있었다.

시안과 상하이에서는 학생들과도 대화를 나누어보았는데, 생각보다 낮은 학생들의 수준에 실망을 했다. 상하이에 있는 대학의 구내 서점에는 미국 유학을 위한 영어 시험 책들이 가득했다. 그러나 외국어로 된 수학책들은 없었다.

나는 고등학교 시절에 영어와 독일어로 된 해적판 수학책들을 가지고 공부했는데, 대부분 상하이에서 인쇄되었다고 적혀있었다. 그러나 1984년에는 그런 책들이 별로 없었으며, 당시의 중국 학생들이 외국어로 된 최신 수학 출판물에 접하기가 더 어려워졌다는 인상을 받았다.

중국에서 3주를 보내면서 여러 가지 불편한 감정, 특히 그 나라의 보편적 빈곤을 느끼고서 도쿄로 돌아왔다. 나 또한 10년 이상 전쟁의 절망감 아래에서 살아보았기 때문에 그들의 삶이 꽤나 고되다는 것을 느낄 수 있었다. 23년이 흐른 지금의 중국이 어떠한지는 알 수 없다. 그러나 나는 현재 그 나라의 수학자들이 제대로 된 대우를 받고 있는지에 대해서는 다소 의심하고 있다.

튀르키예는 내가 가장 좋아하는 나라 중 하나이다. 치카코와 함께 다섯 번을 방문했으며, 개인적으로 이스탄불은 여덟 번을 방문했다. 우리는 파리의 아파트에서 두 달을 머물던 1987년에 처음으로 튀르키예에 갔다. 그 전부터 오랫동안 튀르키예에 가보고 싶다는 소망을 가지고 있었는데, 파리에서 이스탄불까지 겨우 세 시간 밖에 걸리지 않는다는 것을 알게 되었던 것이다. 그래서 봄방학 동안에 호텔 예약 일주일을 제외하고는 아무런 계획 없이 이스탄불행 비행기에 몸을 실었다. 대부분은 시내에서 머물렀지만 부르사Bursa를 방문하는 버스 투어에는 꼬박 하루가 소요되었다. 그때 예상을 뛰어넘는 경험을 했으며 이후 그 나라를 자주 방문하게 되었다.

관광 가이드북에 잘 나오지 않는 특별했던 광경 몇 가지를 이야기하겠다. 이스탄불에는 갈라타^{Galata}라는 유명한 다리가 있는데 다리를 기준으로 구시가지와 신시가지가 나누어진다. 다리는 복층으로 되어 있고 위로는 자동차가 다녔으며 아래쪽에는 보행자의 통로와 식당들이 있었다. 어느 날 아침에 다리를 건너는데 식당 주인 하나가 우리를 세우더니 굽고 있는 물고기를 보여주며 식사를 하고 가라고 했다. 그러나 점심을 먹기에는 너무 이른 시간이어서 거절을 하고 가던 길을 계속 갔다. 그러자 그가 뒤에서 "바카야로, 바카야로!" 하고 특이한 억양으로 외쳤다. 그 말은 "바보야, 바보야!"라는 뜻의 일본어이다.

갈라타 다리 남쪽에는 예니 자미^{Yeni Cami}[2] 라는 거대한 모스크가 있다. 북쪽 문을 통해 안으로 들어가면 일반적인 모스크와 다르지는 않지만 잘 지어진 사원의 내부가 나온다. 그리고 남쪽에 있는 문을 통과해서 밖으로 나가면 야외 시장이 있는 작은 광장이 나오는 것이다. 시장에는 꽃, 새,

---

[2] '새 모스크'라는 뜻이다.

작은 동물을 파는 가게들이 있었으며 찻집도 있었다. 광장의 서쪽과 남쪽은 이집트 시장이라고 불리는 상점가가 있었는데 향신료, 허브, 견과류, 곡물, 주방 기구 등을 팔고 있었다. 처음 시장을 방문했을 때 조용하게 빛을 내는 모스크의 내부를 걷다가 갑자기 마주치는 선명하고 왁자지껄한 풍경의 변화에 깊은 인상을 받았다. 그래서 다음에 이스탄불에 갈 때마다 우리는 항상 그곳을 방문했다.

도시의 남쪽에는 쿰카프Kumkapı라는 지구가 있으며 마르마라 해Marmara Denizi의 해안과 접하고 있다. 바닷가에서 북쪽으로 몇 블록 떨어진 곳에는 작은 광장이 있는데 중앙에 분수대가 있고 생선 요리로 유명한 식당가가 있었다. 우리는 광장에서 십분 정도 거리에 있는 호텔에 투숙하고 있었기 때문에 그곳까지 식사를 하러 자주 갔다. 그리고 저녁에 뒷골목을 산책면서 도미노 같은 게임을 하는 남자들과 모스크에 접한 작은 공동묘지에 있는 튀르키예식 묘비들을 보았다. 다소 어수선하며 대단할 볼거리가 있는 장소는 아니었지만 어린 시절의 우시고메 거리를 떠오르게 하는 분위기가 있었다. 식사를 하기 위해 지나칠 때마다 마주치는 아늑한 거리의 공기가 마음에 들었다.

1992년 4월과 5월에는 앙카라에 방문했으며 나는 중동

공과대학교Orta Doğu Teknik Üniversitesi에서 강의를 하기로 되어 있었다. 튀르키예는 인플레이션이 높기로 유명하지만 대부분의 단기 방문객들은 이를 체감하지 못한다. 앙카라에서 마롱글라세marron glacé를 파는 제과점을 발견했는데 미국보다는 가격이 훨씬 저렴했다. 우리는 열흘에 한 번씩 가게에 가서 마롱글라세를 한 박스씩 샀는데, 그때마다 가격이 오르고 있다는 것을 알게 되었다. 달러로 지불해도 마찬가지였을 것이다. 대부분의 식당 입구에는 메뉴판이 붙어있었는데, 한번은 자주 가던 식당 앞에 메뉴판이 사라진 적이 있었다. 가게가 쉬는 날인가 생각했지만 알고 보니 새 메뉴의 오른 가격을 메뉴판에 써넣고 있던 것이었다.

우리는 흑해 연안의 트라브존에도 가보았는데, 그곳은 기원전 7세기 무렵에 조성된 도시이다. 트라브존에서 서쪽으로 50킬로미터 정도 떨어진 곳에는 거대한 절벽이 파인 자리에 세워진 비잔틴Byzantine 수도원의 흔적이 있다. 우리가 탄 택시는 언덕 사이의 협곡을 따라 난 좁은 도로를 지나갔다. 녹색으로 무성하게 뒤덮인 습기 찬 깊은 골짜기는 앙카라나 이스탄불에서는 볼 수 없는 풍경이었다. 가는 길에 양치기가 이끄는 큰 무리의 양떼들과 몇 번 마주쳤는데, 그럴 때마다 택시가 멈춰 서서 양들이 길을 모두 건널 때까지 기다렸다.

트라브존에서는 우리를 노려보며 무언가를 의논하는 사내들과 마주쳤는데 그 중 하나가 다가오더니 튀르키예어로 어디서 왔냐고 묻는 것이었다. 나는 튀르키예어를 약간 할 줄 알았으므로 일본에서 왔다고 대답했다. 그러자 사내는 의기양양하게 외치며 자기들 무리로 돌아갔다. 사내는 우리가 어느 나라 사람인가 하는 내기에서 이긴 것 같았다.

튀르키예의 어느 곳을 가더라도 모스크의 미나레트에서 나오는 기도 안내를 들을 수 있었으며, 은은하게 울려 퍼지는 이국적인 소리가 좋았다. 사실 나는 교회보다 모스크를 더 좋아하는 편이다. 모스크의 안온함이 좋았으며, 바닥에 펼쳐진 카펫 위에 몸을 뻗고 싶다는 유혹을 항상 느꼈다. 그러나 가톨릭 교회의 차가운 돌바닥은 다소 냉랭한 느낌을 주었다. 물론 튀르키예의 지식인들은 자기들의 종교에 대해 이런저런 의견들이 있겠지만, 나는 외국인으로써 무책임하게 느낀 점을 말할 수 있는 특권을 가지고 있는 것이다. 한번은 튀르키예의 택시 운전수가 자신은 신을 믿는다며 나에게 "당신도 그럴 거 같은데, 그렇지 않소?"라고 물은 적이 있었다. 나는 "맞아요. 하지만 내가 믿는 신은 당신과 다를지도 모르겠군요."라고 대답했으며 그는 침묵했다. 그럼에도 미나레트의 소리는 여전히 아름답다.

외국인으로써 한 마디를 굳이 보태자면, 튀르키예의 도시들에 어린 구두닦이 소년들이 너무 많지는 않은가 하는 느낌을 받았으며, 미성년자의 노동을 금지하거나 의무 교육을 좀 더 연장하는 것이 좋지 않을까 하는 생각도 들었다. 현재의 튀르키예는 그런 것들이 어떻게 달라졌는지 궁금하다.

앙카라에서는 작고 빛나는 조명들로 꾸며진 구멍가게들이 줄지어 있는 것을 보았다. 가게에서는 팔찌, 목걸이, 브로치와 같은 금으로 된 액세서리들을 팔고 있었다. 기념품을 고르다가 어느 순간 모든 가게들에서 같은 물건을 팔고 있다는 것을 깨달았다. 그 중에서 하나를 집었더니 점원이 물건을 저울 위에 올려서 가격을 정했다. 나중에 레바논의 베이루트와 트리폴리, 그리고 키프로스에서도 비슷한 상점가들을 보았고, 그런 종류의 상점이 중동에서 흔한 것인가 생각하게 되었다. 앙카라의 아파트를 청소하던 여인들은 예외 없이 금팔찌를 차고 있었다. 그런 나라들에서는 예금 대신 금으로 저축을 하기 때문에 금붙이를 파는 가게들이 많은 것인지도 모르겠다.

우리는 앙카라에서 다시 키프로스의 북쪽으로 여행했다. 그리고 오페라 오텔로 Otello의 배경과 같은 파마구스타 Αμμόχωστος의 성들을 둘러보았다. 어느 날은 섬의 북쪽

항구 도시 키레니아Girne에 머물게 되었는데, 저녁에 호텔에서 현지인의 결혼식을 보았다. 신부와 신랑은 로비에 붙은 홀의 중앙에 있었으며 거기서부터 사람들이 길게 늘어서서 축하와 축복의 말을 전하는 것 같았다. 그런 광경을 다른 곳에서는 보지 못했다.

그보다 몇 주 전 앙카라 남쪽에서도 결혼식 행렬과 마주쳤었다. 도로 위에서 십여 명이 결혼식 행진을 하고 있었는데, 반대쪽 방향에서 오던 버스가 멈추더니 여고생 같은 사람들이 우르르 내려서 신부와 신랑을 둘러싸고 춤을 추고 노래를 부르기 시작했다. 몇 분 뒤 승객들이 버스에 오르자 버스는 원래 가려던 방향으로 다시 출발했다.

프린스턴으로 돌아오기 전에 우체국에 가서 소포 몇 개를 부쳤다. 우체국에서는 나무상자 대신 플라스틱 상자가 쓰였지만 소포를 보내는 방식은 민스크와 같았다. 하지만 못과 망치는 필요 없었으며 상자들은 제대로 포장되어 집까지 무사히 도착했다.

2000년과 2004년에는 레바논을 방문했다. 나는 베이루트 아메리칸 대학교American University of Beirut에서 몇 차례 강연을 했으며, 우리는 근처의 호텔에서 묵었다. 호텔은 2000년에 막 건축이 끝난 건물이었으므로 아침 식사는 근처의 다른 식당에서 해야 했다. 그때 일요일에 식당이 문을 열지 않자 호텔 직원들이 두 블록 떨어진 다른 식당을 알려주었으며 거기서 커피와 크루아상을 주문했다. 그때 식당 종업원이 커피는 가능하지만 크루아상이 있는 방이 잠겼으며 열쇠를 가지고 있지 않다고 말했다. 그러나 우리의 표정을 보고는 "저쪽 슈퍼마켓에서 사올 수 있을 것 같습니다."라고 하더니 정말로 크루아상을 직접 사왔다. 그래서 여느 때처럼 아침을 먹을 수 있었다. 트라브존의 다른 식당에서도 "지금은 없지만 구해줄 수 있어요"라는 말을 들은 적이 있었다. 나는 방문하는 나라에서 가능할 때마다 인터내셔널 헤럴드 트리뷴The International Herald Tribune 한 부를 샀다. 베이루트에서도 노점을 지나다가 한 부를 샀는데, 날짜가 하루 지난 것이었다.

레바논에서도 빼어난 경관을 가진 역사적인 명소들을 둘러보았다. 베이루트에서 출발해서 시리아의 다마스쿠스까지 가면서 흥미로운 일들을 많이 겪었지만, 전부를 말하면 너무 방대해질 것이므로 1994년에 이란을 방문했던 일을 짧게 언급하며 이 절을 마무리할까 한다. 이란에서 미국으로 온 동료 한 명이 테헤란에서 매년 열리는 이란 수학회에 참석할 수 있게 주선해주어 그해에는 이란을 방문할 수 있었다. 학회 참석자들에게는 미리 이스파한을 관광할 수 있는 기회가 주어졌다. 우리가 도착한 것은 3월 24일이었는데, 이란 사람들은 그곳 달력으로 새로운 해를 맞이하고 있었다. 그때 날씨는 5월의 프린스턴과 같은 따뜻한 날씨였다.

도시에는 강이 흐르고 강변 양쪽으로 풀로 뒤덮인 들판이 펼쳐져 있었으며 시민들이 가족 단위로 소풍을 즐기고 있었다. 부부가 휴대용 난로로 고기를 굽는 것도 보았는데, 기도 시간이 되자 들판에 있던 사람 모두가 무릎을 꿇더니 머리를 땅에 대고 기도를 하기 시작했다. 고기를 굽던 아내는 가끔씩 일어나 고기를 뒤집었다. 우리는 도시 곳곳에 있는 유적지들을 보며 그 아름다움에 감탄했다. "이스파한은 세상의 절반이다"라는 구절이 있는데, 정말로 세상의 4분의 1 정도는 본 것 같은 기분이 들었다.

테헤란의 학회에서는 아침 세션이 시작하기 전마다 프로젝트 화면에 펄럭이는 이란 국기가 아마도 애국가로 추정되는 음악과 함께 상영되었다. 테헤란 시내에서는 일본에서 일했던 적이 있으며 거기서 잘 지냈다고 말하는 택시 기사들과 여러 번 마주쳤다. 또한 많은 사람들이 이란에서 방영된 일본 드라마 오싱おしん과 거기 나오는 주인공의 대단함에 대해 이야기했다. 테헤란에서 탄 택시들에는 미터기가

없었으며, 기사들은 도착지에 따라 2,000리알 혹은 3,000리알이라고 무심하게 말했다.

그렇게 테헤란에서 4일을 보낸 뒤 프린스턴으로 돌아왔다. 치카코는 이란에서 우비를 계속 입고 다녔으며 호텔 밖에서는 스카프로 얼굴을 가리고 다녔다. 심지어 식당에서 식사를 할 때에도 그렇게 했다. 돌아가기 전날 호텔의 식당에는 손님이 우리 밖에 없었고, 세 명의 웨이터가 테이블에 와서 같이 수다를 떨었다. 웨이터들은 이란의 시골이 괜찮았냐고 물었고 치카코는 "네, 아주 많이요. 코트와 스카프를 계속 차고 있어야 한다는 것만 빼고는 말이죠." 하고 대답했다. 그러자 그들 중 하나가 "비행기에 탈 때까지 몇 시간은 더 그렇게 있어야겠군요."라고 말했다. 다른 하나는 "일본에서 일을 하고 싶은데, 가능할까요?"라고 질문했고 나는 "자세히는 모르지만 일본 정부가 쳐놓은 진입 장벽이 꽤 높을 것 같습니다." 하고 대답했다.

위의 사진은 1994년 3월 당시 테헤란 하자라테 압돌
아짐Hazrat-e Abdol-Azim 마우솔리움mausoleum에서 찍은 치카코

이다. 이곳은 테헤란에서 가장 중요한 성지인데, 다른 곳과 달리 스카프와 우비 정도로는 안 되고 성지의 입구에서 나누어주는 모자 달린 가운까지 갖추어 입어야 한다.

3개월 뒤 프린스턴에서 젊은 이란 여성을 만났다. 그녀는 우리에게 드라마 오싱이 이란에서 엄청나게 인기가 있어서 일본은 '오싱의 나라'라고 불릴 정도라고 말해주었다. 무함마드는 딸이 하나 있었으나 젊어서 죽었다. 그녀의 태어난 날과 사망한 날에 방영되는 이란의 텔레비전 프로그램에서 사회자는 이란의 소녀들이게 여성으로써 누구를 선망하는지 물었는데, 일부는 무함마드의 딸, 그리고 일부는 오싱이라고 대답했다. 나중에 프로그램의 제작에 관여한 사람과 잘못된 대답을 한 소녀들은 모두 처벌을 받았다는 이야기를 들었다. 아야톨라 호메이니 Ayatollah Ruhollah Khomeini는 오싱을 부모에게 순종하지 않는 소녀라고 평가한 적이 있었다고 한다.

20 언젠가는 알게 될 일

1962년 가을의 어느 만찬장에서 나는 앙드레 베유에게 다음과 같이 이야기했다. "만약 누군가가 일류 수학자가 되기를 원해서 열심히 노력한다면, 아마도 40에서 45세 정도에 일정한 수준에 도달할 수 있을 것이다. 그 후에는 가능한 오랫동안 그런 수준을 유지해야 한다. 그것이 내가 생각하는 이상적인 경우이다." 그리고는 베유에게 어떻게 생각하느냐고 물었다. 그의 대답은 "언젠가는 자네도 알게 될 거야."였다. 그때 나는 그것을 부정적인 답변이라고 생각했다.

1980년경에 다시 이 이야기를 꺼내니 베유는 당시의 대화를 기억하고 있다고 말했다. 그러면서 그것은 부정적인 대답이 아니었으며 또한 "수학은 젊은이들의 게임이라는 하디의 의견은 터무니없다"라고 덧붙였다. 그러나 나는 1962년 당시에 본인에 대한 확신이 떨어진 56세의 베유가 마음이 착잡해져서 회피하는 대답을 했을지도 모른다는 생각을 여전히 가지고 있다. 그는 "그럴 법한 생각이다"는 식으로 받아칠 수 있었지만 그렇게 하지 않았던 것이다. 어쩌면 그가 자신의 상태에 대해 느끼고 있었는지도 모르겠다.

그와의 또 다른 대화가 기억난다. 1968년에 네 권으로 된 헤르만 바일의 논문 전집[3]이 출판되었다. 나는 옛 파인홀에 있던 도서관에서 처음으로 해당 논문집을 보았는데, 그가 말년에 중요하지 않은 논문들을 한 가득 출판한 것을

---

[3] Gesammelte Abhandlungen I-IV

보고 놀랐다. 베유는 "아마도 바일이 일반 대중을 염두하고 쓴 것이 아닐까"라고 말했지만 그것은 다소 억지였다. 독자들은 이미 눈치 챘겠지만, 나는 나이 든 수학자들의 자기 평가에 대해 다소 가혹한 경향이 있다. 나는 왜 그들이 중요하지도 않은 논문들을 게재하려고 하거나 실질적인 내용이 없는 거만한 발언을 하는지 이해할 수가 없었다. 그런 문제에 있어서만은 지겔이 훨씬 나았다고 생각한다.

그러나 하디가 한 말은 베유가 평가한 수준보다는 더 문제가 있다고 생각한다. 《어느 수학자의 변명A Mathematician's Apology》의 4절에서 하디는 다음과 같이 썼다.

"어떠한 수학자도 다른 예술이나 과학보다 수학이 보다 더 젊은이의 게임이라는 사실을 절대 잊어서는 안 된다."

나는 이것이 다소 거만한 표현이라고 생각한다. '절대 해서는 안 된다'는 말까지 넣은 이유가 무엇일까? 아마도 하디는 그런 식의 표현이 진술을 보다 위엄 있게 만들어 줄 것이라고 생각했을지도 모르겠다. 어쨌든 이것은 오만하고도 매우 잘못된 견해이다. 만약 그가 나에게 "수학은 젊은이들의 게임이다"라고 말했다면 그것은 받아들여질 수 있지만, 그는 '모든 수학자들'에게 수학이 젊은이의 게임이라는 것을 잊어서는 안 된다고 '요구'를 했다. 만약 누군가 그것을 잊어버리거나 혹은 그런 생각을 가져본 적도 없다면 그것이 잘못되었는다는 말인가?

하디가 저런 말을 책에 쓸 때 그의 나이는 63세였다. 그때 그는 창조적인 수학자로써의 그의 경력은 끝이 났다고 느꼈고, 그것은 사실이다. 그러므로 그는 수학자로써의 그의 사망을 변호하거나 정당화하기 위하여 젊은이의 게임이라는 일반적인 원리를 발명해내었을 것이다. 베유가 말한 것 외에는 다른 수학자들에게 하디의 발언에 대한 의견을 들은 것은 없지만, 하디의 주요 공저자인 리틀우드 John E. Littlewood 는 저런 발언에 동의했을 것 같지 않다. 그는 하디보다 나이에 영향을 받은 정도가 적었던 것이다.

하디의 '변명'과 스노 C. P. Snow 가 쓴 해당 책의 '서문'을 읽으면 하디라는 인물은 매우 경쟁심이 강하다는 것을 알 수 있다. 그는 현대 수학자들 중에서 자신의 순위를 항상 의식했으며, 그것은 상당히 이례적이다. 리틀우드나 혹은 다른 수학자들은 그 정도까지는 아니었다.

그런 측면에서 하디에 필적할 만한 다른 수학자는 한

명 밖에 떠오르지 않는다. 1960년대 중반의 어느 만찬장에서 나는 돈 스펜서Don Spencer 옆에 앉게 되었는데, 어느 젊은 수학자 한 사람의 이상한 태도에 대해 이야기를 하고 있었다. 나는 별 생각 없이 "아마도 그는 인지도가 필요할 것이고, 그렇다면 그런 것도 도움이 되겠죠." 하고 말했고, 스펜서는 즉시 "아니, 그럴 리 없소. 일단 한 번 인지도가 올라가기 시작하면 더 많은 인지도가 필요하게 될 것이오." 라고 대답했다. 나는 그의 대답에 잠시 어리둥절했다. 그러나 나중에 그가 노버트 위너Norbert Wiener라는 개인을 염두에 두고 그런 말을 했다는 것을 깨닫게 되었다. 스펜서는 MIT에서 그를 알았고, 그들의 관계는 좋지 못했다. 어쨌든 위너는 동료들에게 "내가 추락하고 있나?Am I slipping?"를 계속 물어보는 사람으로 유명했다. 이후 몇몇 사람들에게서 이 발언의 더 정교한 버전을 들은 적이 있다.

교토에 있는 어느 사립대학에서 1930년부터 1960년까지 교수로 재직했던 철학 교수에게도 비슷한 일화가 있다. 대학을 방문한 어느 독일 철학자가 한 번은 그에게 다음과 같이 물었다. "지금 일본에서 누가 가장 뛰어난 철학자라고 생각하는가?" 그리고 그 교수는 "그건 나지."라고 대답했다고 한다. 다소 당황한 독일 학자가 "그렇다면 두 번째는 누구인가?"라고 물으니 교수는 한참을 생각하더니 "2등은 없는 것 같군."이라고 대답했다고 한다.

일본의 어느 수학자에 대한 다음과 같은 이야기도 있다. 그는 미국에서 세 개의 대학에서 교수를 지낸 뒤 일본으로 돌아와 도쿄 대학에서 다시 10여 년간 더 가르쳤다. 60세의 나이로 은퇴하기 몇 년 전, 그는 젊은 동료 교수들에게 "우리 교수들은 연구를 위해서가 아니라 가르치기 위해 여기 있는 것이다"로 요약할 수 있는 이야기를 했다고 한다. 이것은 그 자리에 있었다가 기분이 언짢아진 젊은 교수들 중 한 명이 나에게 이야기해준 것이다. 그러나 그 노교수도 연구력이 떨어진 자신의 상태를 정당화하려 했을 가능성이 크다고 생각된다.

내가 베유에게 '이상적인 경우'를 이야기 할 당시에는 그렇게 생각했지만, 시간이 지나 '내가 알게 된 것'은 그것과는 조금 다르다. 이제는 '수학자는 (나이에 관계없이) 계속 발전해야 한다'라고 생각하며, 나 스스로는 어느 정도 계속 발전할 수 있었던 것을 다행으로 생각한다.

많은 유명 작곡가들은 그들의 경력을 통틀어 계속해서 발전을 한다. 모차르트는 20대 초반에 훌륭한 곡들을 작곡했으며 말년으로 갈수록 더 높은 단계로 나아갔다. 또한 후기의 작품들이 초기보다 훨씬 나은 화가나 소설가의 사례들도 많이 있다. 수학자라고 왜 그렇게 될 수 없겠는가. 그러나 수학자들과 예술가들이 구별되는 큰 차이가 있다. 작곡가, 화가, 소설가 등은 일반 대중을 청중으로 가지고 있기 때문에 항상 대중에 의해 평가된다. 예술가는 대중에게 인정받지 못한다면 살아남을 수 없는 것이다. 반면에 젊은 시절에 성취한 명성에만 매달려서 말년까지 보낸 수학자와 과학자들도 있다.

오딜롱 르동Odilon Redon은 유령 같은 기묘한 형상을 그려내면서 화가로써의 경력을 시작했지만 당시에는 그의 그림을 찾는 이들이 많지 않았다. 생활고에 시달리면서 그는 대담하고 화려한 꽃 그림들을 선보이며 스타일을 완전히 바꾸었다. 이는 보기에 따라 의견이 갈리겠지만, 그가 그렇게 새로운 방향성을 택한 것을 나는 발전이라고 부르고 싶다.

실제로 많은 수학자들은 박사 학위를 취득한 뒤 같은 분야의 좁은 영역에서만 연구를 지속하면서 살아간다. 그러나 그것은 그들이 선택한 길이니 내가 무어라 할 입장은 아니다. 나는 "어떠한 수학자도 초기에 선택한 분야에 국한되어 연구해서는 안 된다"는 식으로 말하지는 않을 것이다. 그러나 나는 그들이 어째서 다른 주제로는 눈을 돌리지 않는지가 항상 궁금하다. 아마도 그런 것은 기질 때문이 아닐까 추측한다. 한 사람의 발전에 끼치는 영향은 재능보다 기질이 더 클 것이라고 생각된다. 익숙한 노선을 버리고 새로운 길을 택할 수 있는가 하는 것은 재능보다는 주로 기질이 작용할 것이기 때문이다.

21 다른 쪽의 세계

도쿄 대학을 졸업할 때 즈음의 어느 달콤했던 하루가 기억난다. 아마도 인생 전체에서 가장 재미있었던 날 중 하나로 꼽을 수도 있을 것 같다. 당시에 노무라 만조野村万蔵라는 유명한 교겐狂言[4] 배우가 있었는데, 두 아들 다라太良와 지로二朗[5]도 교겐 배우였다. 보통 교겐은 진지한 노能[6]와 함께 공연된다. 하지만 '노무라 학교'는 오로지 교겐으로만 구성되며, 1년에 한 번 봄에만 열리는 공연이다. 어떻게 했는지는 모르지만 형은 항상 표를 구할 수 있었다. 그날 우리는 최소한 세 번 연속으로 공연을 보러 갔던 것 같다. 주 공연은 본래 다섯 개의 교겐으로 구성되지만 대개는 열

---
[4] 일본의 전통 희극 – 옮긴이
[5] 나중에 만노조万之丞 혹은 만사쿠万作가 된다.
[6] 가면을 쓰고 하는 일본의 전통극 – 옮긴이

개의 공연이 열리며, 그중 다섯은 전문 배우가 공연하는 교겐이고 나머지 다섯은 배우가 되기 위해 수련하는 사람들이 하는 교겐이었다. 나는 교겐이 일본에서 가장 세련된 드라마 형식이라고 생각했으며 공연을 보는 것을 무척 즐겼다. 그리고 그날 본 열 개의 교겐은 너무나도 훌륭했다. 나중에도 교겐 공연을 보았고 심지어 프린스턴에서도 관람한 적이 있지만 다시는 그런 수준의 감동을 느낄 수 없었다.

이후에도 여러 가지 즐거운 경험을 했고 그에 따르는 후유증을 겪기도 했다. 앞에서 말했듯이 우리 가족은 1963년 여름 콜로라도의 볼더에 갔다. 6월 말이었으며 아내와 세 살 난 딸을 데리고 프린스턴에서 볼더로 직접 차를 몰았다. 콜로라도는 동부 해안에서는 보기 힘든 갖가지 풍경으로 가득했으며, 로키산 국립공원에서는 해발 4천 미터 이상의 봉우리 근처까지 운전을 하며 여행했다.

그렇게 즐거운 여름을 보낸 뒤에 프린스턴 대학에서 가을 학기 수업을 시작했다. 그리고 오래된 파인 홀에 위치한 연구실의 책상에서 무언가를 끄적이다가 갑자기 몇 주 전의 여행을 떠올렸고, 왜 콜로라도 대신 여기에 앉아서 바보 같은 짓을 하고 있는 지를 자문하기 시작했다. 그 이전에도 과거의 좋았던 시점을 떠올리거나 한 적은 있었지만 현실의 삶에 대한 부정적인 기분으로 휩싸인 것은 처음이었다.

1960년대 초의 미국은 나에게 희망으로 가득 찬 곳이었으므로 그 시절이 더욱 황금빛으로 반짝이는 것 같기도 하다. 그때 우리는 꼬박 5일이 걸려서 볼더에 도착했는데, 모텔 식당에서 식사를 하고 있으면 다른 운전자들이 다가와서 이런저런 질문들을 했다. 가장 많이 들었던 질문은 우리가 미국 시민권을 취득할 것인가 하는 것이었으며 당시의 미국인들은 대부분 친절했다. 그러나 요즘의 사람들은 냉담하지고 덜 느긋해진 느낌이 든다.

이러한 이야기를 꺼내는 이유는 다음과 같다. 전문 수학자인 나는 언제나 무언가를 이해하기 위해 애쓰는 삶을 살아왔다. 그러나 그런 종류의 고민을 하지 않아도 괜찮은 삶도 존재한다. 단순화해서 말하자면, 평온하거나 혹은 깊은 궁리를 하지 않고도 주어진 상황에 적응해서 살아가는 사람들이 있는 것이다. 그들을 다른 쪽의 주민이라고 부르고 내가 있는 곳을 이쪽이라고 부르자. 이런 식으로 양쪽을 규정하는 것이 완전할 수는 없겠지만 그런 것은 중요하지 않다. 독자들이 내가 하고자 하는 말을 대충으로라도 이해할 수 있으면 충분하다.

다른 쪽 사람들 역시 나름의 고충이 있겠지만 나의 것과는 종류가 다르며, 그것이 그들을 살게 해주는 원동력이다. 때때로 나는 그런 종류의 삶을 사는 이들을 관찰하기 때문에 나를 감시하는 사람이라 부를 수도 있을 것이다. 가끔은 그런 삶이 부러웠지만 질투한 것은 아니며, 다른 편에서 살았으면 어땠을까 상상해본 적은 있다.

10대 후반에 한동안 그런 고민을 하다가 거의 잊고 있었는데, 별안간 서른세 살의 어느 날 다른 쪽의 삶을 살아도 괜찮았을 지 모르겠다는 생각이 갑자기 들었던 것이다. 그 뒤에 캐나다에 갔을 때도 사람들은 우리를 보며 행복하고 단란한 가족이라고 생각하는 것 같았다. 다른 이들이 실제로 어떻게 생각하는지를 알 길은 없지만 그때는 마침내 나도 다른 쪽에 도달했다는 느낌을 받았다. 최소한 '감시 받는 쪽'이 되었다는 것은 어느 정도 사실이었다. 그러나 다른 쪽의 시민권을 완전히 얻었다고 생각하지는 않는다. 혹은 다른 쪽 시민권의 신청서가 이제는 처리되고 있는 것인지도 모르겠다.

젊고 아름다운 여인이 문을 열고 우리를 초대했던 어린 시절의 그날을 떠올려보면, 그녀의 입장에서는 우리가 반대편이었을지도 모르겠다. 아니, 이제 와서 생각해보면 어린 시절의 나와 그녀는 모두 다른 쪽에 사는 사람들이었다.

파리에는 빠끄 데 뷔트 쇼몽Parc des Buttes Chaumont이라는 공원이 있는데, 관광객들에게는 거의 알려지지 않은 장소이다. 그곳은 다른 공원과는 달리 높낮이의 차이가 심한 길들이 많았다. 언덕 꼭대기에서 연못까지는 가파른 돌계단으로 연결되어 있는데, 연못가에 도달하면 나룻배 한 척이 마치 도망가는 부부를 기다리고 있는 것 같았다. 꽃들과 잔디는 흔한 종류의 것이었지만 유럽의 다른 공원에서는 보기 힘든 독특한 분위기가 있었다. 처음 공원을 발견한 뒤에도 그 공기를 다시 느끼기 위해 여러 번 가보았으며, 나중에는 15프랑을 내고 페리보트에도 타보았다. 그러나 혼자 공원에 있으면 무언가가 빠진 것 같은 느낌이 들었고, 언젠가 미래의 아내가 생긴다면 다시 이곳에 와야겠다는 마음을 먹었다. 다른 공원이 아니라 반드시 이 공원이라야 했다.

파리에 있는 동안 세 번의 결혼 제안을 받았다. 한 명은 프랑스인이었으며 다른 한 명은 일본인이었다. 나머지 일본 여성은 사진으로만 보았다. 그러나 정확한 이유는 설명할 수는 없지만 아무런 일도 일어나지 않았는데, 그들 중 누구와도 나룻배를 타고 달아나고 싶은 충동이 생기지 않았던 것이다.

그로부터 8년 뒤인 1966년에, 아내와 여섯 살 난 딸과 파리에서 5일을 머무르고 있었다. 그리고 늦여름 어느 화창한 날에 그 공원을 다시 방문했다. 공원은 마지막으로 갔을 때와 달라진 것이 없었다. 보트는 여전히 거기에 있었으므로 우리는 보트에 올랐다. 마침내 나의 소원이 이루어진 것이다. 8년 전에 동료들을 기쁘게 해주었더라면 미지근한 만족은 있었겠지만 나는 훨씬 강렬한 감정을 원했다.

그날 연구실에 앉아 있다가 별안간 그런 생각이 들었던 이유를 알 수 있을 것도 같았다. 콜로라도에서 잊을 수 없는 체험을 했지만 이후 대학으로 복귀한 뒤의 삶은 오래된 연극의 반복일 수밖에 없었다. 즉, 모든 것을 바랄 수는 없는 일이다. 무의식의 나룻배는 다른 쪽 세계로 이끌어주는 상징이었으나 콜로라도는 무의식에 존재하던 나룻배를 지워버렸다. 그러나 아내는 내가 무슨 생각을 하는지도 모른 채 공원 입구 근처에서 점심으로 먹었던 코키유 생자크 coquilles Saint Jacques[7] 가 너무 맛있었다는 이야기를 했다.

---

[7] 큰 가리비 요리 - 옮긴이

부록

A1 추측에 대하여

여기서 '추측'이란 유리수체rational number field 위에서 정의된 모든 타원 곡선elliptic curve은 모듈러 함수modular function에 의해 균일화uniformization 될 수 있다는 나의 추측을 의미한다. 나는 이 추측을 1964년에 세르와 베유에게 말했는데, 이와 같은 사실은 여러 문헌에 기록되어 있으며 연구자들에게도 잘 알려져 있다. 이 명제는 30여년 후에 완전히 증명되어 현재는 정리theorem가 되어있다. 한편 다니야마 유타카는 1955년에 이 명제를 문제의 형태로 만들어내었으며, 이것은 나의 추측과 밀접한 연관이 있다. 그러나 그가 말한 것과 내가 말한 것이 정확히 어떻게 다른지 이해하는 수학자는 거의 없는 것 같다. 따라서 이 절에서 그 점을 조금 자세히 설명하겠다. 이 추측을 둘러싼 수많은 논란 덕분에 이 문제에 대한 당사자 본인의 해설을 한 번이라도, 혹은 마지막으로 한 번은 듣고 싶어 하는 수학자 및 독자들이 있을 것으로 믿는다.

우선, 타원 곡선이란 다음과 같은 형태의 곡선을 의미한다.

$$E : y^2 = x^3 + ax^2 + bx + c$$

여기서 우변은 중근multiple roots을 갖지 않는다. 다시 말해서 다음과 같은 꼴로 변형될 수 있다.

$$x^3 + ax^2 + bx + c = (x - \alpha)(x - \beta)(x - \gamma)$$

이때 α, β, γ는 전부 다른 값을 갖는다. 여기서 $a, b, c, \alpha, \beta, \gamma$는 모두 복소수이다. 만약 a, b, c가 유리수이면 E는 유리수체에서 정의되었다고 말한다. 설명을 단순화하기 위하여 우선은 유리수 안에서 정의된 타원 곡선에 대해서만 이야기하겠다. 물론 이러한 단순화가 일반적인 설명은 될 수 없다. 단, α, β, γ는 여전히 복소수로 취급한다.

이러한 곡선을 생각하는 가장 큰 이유는 타원 곡선이 수학의 여러 분야에 등장하기 때문이다. 또한 보다 일반적인 곡선을 알기 위해서는 특수한 경우에 대한 성질부터 이해해야 하며, 이마저도 흥미롭지만 간단하지는 않은 문제이다.

추측에서 등장하는 '균일화'의 의미는 다음과 같다. 예를 들어 일반적인 타원 곡선 대신 $C : x^2 + y^2 = 1$과 같은 원을 생각해보자. 그러면 임의의 실수 t에 대하여 점 $(\cos t, \sin t)$는 언제나 C 위에 있는 점이 된다. 역으로 원 C 위의 모든 점은 적당한 실수 t에 대하여 $(\cos t, \sin t)$로 나타내어질 수 있다. 그러면 코사인 함수와 사인 함수에 의하여 원 C가 '균일화되었다'라고 표현하는 것이다.

이제 어떤 정의역domain U에서 두 함수 $f(u)$와 $g(u)$가 다음을 만족한다고 하자.

$$g(u)^2 = f(u)^3 + af(u)^2 + bf(u) + c$$

이때 변수 u는 U의 원소이다. 그러면 점 $(f(u), g(u))$는 특정한 곡선 E 위에 있을 것이다. 이때 만약 곡선 E 위의 모든 점이 이런 방식으로 얻어질 수 있다면 우리는 또한 E가 함수 f와 g에 의해 균일화되었다라고 표현한다. 여기서 $f(u)$와 $g(u)$는 복소 함수complex function이다.

임의의 타원 곡선 E를 언제나 균일화시킬 수 있는 함수들을 타원 함수elliptic function라고 한다. 이때 타원 함수들은 일반적으로 복소 함수이다. 그러나 여기서의 관심은 균일화가 아니며, 곡선 E의 산술적 특성이다. 간단히 말하자면, 유리수 안에서 정의된 곡선 E에 대하여 E의 주요한 산술적 특성을 구현하는 함수 Z를 정의할 수 있는데, 이것이 E의 제타 함수zeta function가 된다. 즉, 주어진 곡선 E에 대한 Z를 결정해내는 것이 문제의 핵심이다. 이때 Z를 알아내기 위해서 타원 함수에 의한 E의 균일화가 이용될 수도 있지만, 대부분의 경우에는 그러한 방식이 통하지 않는다.

1954년에 마르틴 아이클러는 특정한 모듈러 함수에 의해 균일화되는 대수 곡선들에 대한 연구를 발표했다. 이런 종류의 곡선들은 제타 함수를 결정할 수 있는 유리 타원 곡선들을 포함하고 있었다. 이 결과는 중요한 진전이었지만 완전히 만족스럽지는 않았는데, 왜냐하면 그런 종류의 타원 곡선이 유한한 개수만큼 얻어진다는 것이 밝혀졌을 뿐 여전히 무한히 많은 분류되지 않는 유리 타원 함수들이 존재했기 때문이다. 1954년 말 즈음 나는 이 주제에 접하게 되었으며 모듈러 함수의 산술 이론을 나만의 방식으로 구축하는 것으로 연구를 시작했다. 1956년 7월에는 아이클러의 것보다 더 일반적인 결과를 얻어낼 수 있었으며 이것이 13절에서 언급한, 1957년 《콩트 랑뒤》에 게재된 논문이다.

같은 방식으로 연구를 진행하면서 Z가 결정될 수 있는 유리 타원 곡선들을 더 많이 발견해낼 수 있었다. 또한 모듈러 함수에 의해 균일화되는 대수 곡선들의 산술적 특징에 대한 의미 있는 통찰을 얻어낼 수 있었다. 1964년 혹은 더 이른 시기에 이미 이러한 결과들에 도달했지만, 1971년에 출판된 책을 통해서야 비로소 해당 연구 결과들을 정식으로 공개하게 되었다. 이제 나의 '추측'이란 모든 종류의 유리 타원 곡선들이 이러한 방식으로 얻어질 것이라는 것을 의미하게 된다.

잠시 당시의 선도적인 연구자들에게 알려져 있던 몇 가지 사실들은 언급하겠다. 그 무렵 일부 유리 타원 곡선의 제타 함수들이 듀링M. Deuring과 아이클러에 의해 결정되었다. 그리고 사람들은 그러한 알려진 예제들로부터 유리 타원 곡선들의 제타 함수가 어떠한 해석적 특징을 가지고 있어야 하는지를 추측할 수 있었다. 1936년에 에리히 헤케는 그러한 해석적 특징을 가지는 함수는 반드시 특정 형식의 보형 형식과 밀접하게 관련되어있다는 것을 보였다. 모듈러 형식 역시 이런 종류의 함수들에 포함되었지만, 헤케의 이론에서는 이것들과 다른 '불필요한' 함수들을 구별해내는 것이 불가능했다.

1955년 다니야마 유타카는 질문의 형태로 된 명제 하나를 내놓았다. 이것은 나의 《논문 전집 Collected papers》 IV권의 9쪽에 '문제 12'로 수록되어있다. 거기서 다니야마는 대수적 수체 algebraic number field 위에서의 타원 곡선을 고려했는데, 이것은 명백히 잘못된 것이다. 올바른 방식은 유리 타원 곡선으로 조건을 제한하는 것이다. 이렇게 정정하고 나면, 다니야마의 추측은 다음과 같이 요약될 수 있다:

> 유리 타원 곡선과 그것의 제타 함수 Z가 주어져있다고 하자. 이때 만약 Z가 (헤세의 추측대로) 적당히 좋은 해석적 성질을 갖는다면, 헤케의 방식을 통해 Z를 가중치 2를 갖는 f의 보형 형식의 특수한 형태와 연결 지을 수 있다. 만약 그렇다면, f는 동반 보형 함수체 field of associated automorphic functions에 대한 타원 미분 연산자일 가능성이 매우 높다. 이때 주어진 유리 타원 곡선 E에 대하여 적절한 보형 형식을 찾아내는 과정을 통하여 대응되는 제타 함수가 좋은 해석적 성질을 가진다는 것을 보일 수 있는가?

몇몇 수학자들은 이것을 추측으로 받아들였지만 이것이

제대로 된 명제가 되지 못하게 하는 자명하지 않은 몇 가지 사항들이 있는데, 이것들까지 모두 고려하면 위의 진술은 사실상 무의미한 문장이 되어버린다. 앞서 설명한 대로 헤케의 연구가 Z를 특수한 형태의 가중치 2를 갖는 보형 형식 f와 연결 지은 것은 사실이다. 그러나 그의 진술은 다음과 같은 이유에 의하여 이치에 맞지 않게 된다.

헤케의 함수는 그가 논문에서 λ라고 지칭한 매개변수에 따라 성질이 달라진다. 만약 $\lambda \leq 2$이면 자명하지 않은 보형 형식(혹은 보다 정확하게는 첨점 형식cusp form)이 나타나지 않기 때문에 일단 $\lambda > 2$라고 가정해야 한다. 이 경우 보형 형식은 무한대의 차원을 가지며, 보형 함수의 체field는 하나의 매개변수에 대한 대수적 함수가 아니게 되고, 관련된 리만 곡면 역시 더 이상 콤팩트 공간compact space이 아니게 된다. 이때 가중치 2인 보형 형식이 콤팩트하지 않은 해당 리만 곡면 위에서 정칙적holomorphic 미분 형식을 정의한다는 것은 물론 자명한 사실이다. 그러나 이것을 어떻게 타원형 미분이라 부를 수 있는가? 즉 어떻게 모듈러 형식에 관한 타원 곡선과 연관 지을 수 있다는 말인가. 이것은 한 마디로 불가능하다. 왜냐하면 대응되는 리만 곡면이 콤팩트하지 않기 때문이다. 따라서 다니야마는 헤케의 논문을 언급하기는 했으나 그 이상의 의미 있는 말을 덧붙이지는 않은 셈이다.

만약에 논의하고자 하는 보형 형식을 모듈러 형식으로만 한정했더라면 우리 둘은 무언가 더 진전을 볼 수도 있었다. 내가 나의 연구에서 그랬던 것처럼 말이다. 그러나 다니야마는 그렇게 생각하지 않았다. 그는 "모듈러 함수만으로는 충분하지 않을 거야. 다른 특별한 형식의 보형 함수가 필요할 것 같아."라는 말을 한 적이 있다. (ibid. 10쪽 참조) 이 지점에서 그는 실책을 범한 것이다.

모듈러 혹은 보형 형식에 대한 이론들은 당시에도 꽤나 오래된 주제였지만, 이들이 정수론에서 대수적 곡선과 관련지어 높은 중요도를 갖는다는 것은 1964년에 우즈홀에서 열린 학회에서 내가 했던 일련의 강의를 통해서야 비로소 수학자 사회에 알려지기 시작하게 되었다. 이것에 대해서는 앞서 17장에서 잠깐 언급했다.

1955년 당시에 전 세계에서 타원 곡선의 제타 함수와 헤케의 1936년 논문 모두에 대해 알고 있었던 학자들은 일본의 다니야마와 나, 일본 밖에서는 듀링, 아이클러, 베유 정도 밖에 없었다. 미국의 학자들은 이런 내용들을 알지 못했다. 단지 아틴Michael Artin이 이런 내용을 이해할 수 있는 능력이 있었겠지만, 당시에 그의 모듈러 형식에 대한 지식은 제한적이었다. 베유마저도 보형 형식이 이론의 전개에 도움이 될 것이라는 취지의 이야기를 한 적은 있었지만 한정된 정도를 예상하고 있었기 때문에 이미 시대에는 뒤떨어져있었다.

한편 나는 나만의 방식으로 모듈러 함수의 산술 이론을 구성하고 있었으며, 헤케의 함수는 모듈러 함수를 제외하면 타원 곡선 문제의 해결에는 쓸 수 없다는 생각을 가지고 있었다. 따라서 나는 다니야마의 의견에 크게 개의치 않았으며 그와 이 문제를 상의하지도 않았다. 그와 함께 가환 다양체abelian varieites에서의 복소 곱셈에 대한 책을 공동으로 집필했지만 그것은 다른 이야기이며, 추측의 논의와는 관계가 없다.

한 가지를 더 짚고 넘어가자면, 1955년부터 1964년 사이에 보형 함수automorphic function에 의해 균일화되는 대수 곡선의 제타 함수에 대해서 연구하던 수학자는 전 세계에서 나밖에 없었다. 따라서 나는 다니야마의 진술이 관련 주제의 연구에 의미 있는 영감을 주었다고 생각하지 않는다.

여기까지가 실제로 일어난 사실이다. 이 추측에 대해 무언가 말하고 싶은 사람은 위에서 설명한 다니야마가 했던 진술의 수학적 의미를 정확히 이해하고, 내가 했던 일이 무엇이었는지를 알고서 말해야 한다는 것이 나의 생각이다. 관련 사항들에 대한 보다 자세한 내용은 A2와 A3 절을 참조하라. 독자는 그동안 이 추측을 여러 가지 이상한 방식으로 부른 사람들이 왜 그렇게 많았느냐고 질문할지도 모르겠다. 내가 할 수 있는 답변은, 그들 중 상당수는 기여도에 대한 공정함을 잊었거나 대부분은 스스로의 의견을 내세울 능력이 없었으리라는 것이다.

언젠가 내 추측에서 중요한 부분적인 경우가 마침내 증명[8]되었다는 소식을 듣고서 누군가가 나에게 감상을 물은 적이 있다. 그때 나는 "그럴 거라고 했잖아"라고 대답했으며, 이는 사실이다.

A2   페레이둔 샤히디에게 보낸 편지

1986년 9월 16일

페레이둔Freydoon Shahidi에게:

1967년에 이미 알려져 있었던 것들에 대해 선생이 자세히 알지 못했다는 것을 이제야 이해했습니다. 그래서 여러

---

[8] '페르마의 마지막 정리Fermat's Last Theorem'의 증명 (1995) – 옮긴이

가지 것들에 대해 조금 더 자세히 설명하겠습니다.

1962년에서 1964년 사이에 고등연구소의 모 연구원을 기념하는 어느 만찬에서 세르가 저에게 다가와서 모듈러 곡선 (아래 참조) 에 대한 저의 연구가 Q 위에서의 임의의 곡선에 대해서 적용할 수 없다는 점에서 한계가 있는 것 같다고 말했습니다. 그래서 저는 그러한 곡선은 언제나 모듈러 곡선의 야코비안jacobian에 대한 몫quotient이 되어야 한다고 말했습니다. 세르는 그 자리에 없었던 베유에게 이것을 말한 것 같습니다. 몇 일 뒤에 베유가 저에게 와서 세르에게 정말로 그렇게 말했냐고 물었습니다. 그래서 저는 "맞아. 그렇게 생각하지 않는 거야?"라고 말하자 그는 "두 집합이 모두 가산countable 집합이기 때문에 …"라고 대답했습니다. 프랑스어로 출판된 베유의 논문 전집 III권의 450쪽 부터 해당되는 내용이 나옵니다.

거기서 454쪽을 보면, 베유는 그러한 내용을 추측으로 만들겠다는 생각에 반대하는 편이었음을 알 수 있습니다. 베유가 추측을 진술한 사람이 저라고 명시적으로 언급하기를 망설여왔던 주된 원인은 그것이 아니었나 생각됩니다.

모듈러 및 다른 곡선에 대해서는 1954년에 나온 아이클러의 논문과 제가 쓴 다음 세 개의 논문을 언급하고 싶

습니다: J. Math. Soc. Japan vol. 10 (1958), 1-28; vol. 13 (1961), 275-331; Ann. of Math. **85** (1967), 58-159.

이 논문들에서는 "(특히 모듈러인) 산술 몫 곡선"의 제타 함수는 해석적 연속analytic continuation을 갖는다는 것을 보이고 있습니다. 그것의 야코비안에도 같은 논리가 적용될 수 있습니다. 야코비안에 대한 몫에 대한 결과가 명시적으로 언급하지 않았지만 헤케 연산자Hecke operator가 대수적인 대응성에 의해 **Q** 혹은 적절한 수체에서 정의될 수 있다는 것은 자연스럽게 떠올릴 수 있는 결론입니다.

제가 세르에게 답변을 할 때는 이와 같은 점을 의식했던 것입니다. 아마도 1965년 즈음 베유에게도 이것을 설명했던 것으로 기억합니다. 베유는 그의 논문 [1967a]의 말미에 다음과 같이 썼습니다: "nach eine Mitteilung von G. Shimura ..."[9] 그때 저는 베유에게 곡선 C' 에 대한 제타 함수에는 첨점 형식의 멜린 변환Mellin transform이 존재한다는 이야기까지 했지만 그는 그것에 대해서는 말을 아꼈습니다. 저는 이후 보다 일반적인 결과를 논문 J. Math. Soc. Japan **25** (1973)으로 출판했으며 저의 책에 정리 7.14와 7.15로

---

[9] (독일어) 시무라에게 들은 바에 의하면 – 옮긴이

수록했습니다.

따라서 베유가 이 주제에 공헌한 것은 맞지만, 모듈러 타원 곡선의 제타 함수에 대한 결과와, 그런 곡선이 **Q** 상에서의 모든 타원 곡선을 소진할 것이라는 기본 아이디어에 기여한 부분은 없다는 것이 저의 의견입니다.

추가로 질문할 사항이 있다면, 언제든지 알려주시기 바랍니다.

진심을 담아서,
시무라 고로

A3 리처드 테일러[10]에게 보낸 두 개의 편지

1994년 11월 25일

리처드에게:

선생의 논문 "지겔 3-다양체의 ℓ 진수 코호몰로지에 대하여" Invent. math. **114** (1993) 289-310를 잘 읽었습니다. 한편으로는 선생이 저의 논문

---

[10] 1993년 프린스턴 대학의 앤드루 와일스Andrew Wiles는 '다니야마-시무라 추측'의 특수한 경우를 증명하여, 그것과 동치인 '페르마의 마지막 정리'를 증명했다고 발표했으나 곧 논문에서 오류가 발견된다. 그리고 1년 뒤인 1994년에 그의 박사 제자였던 리처드 테일러Richard Taylor와 함께 이를 보완하는 논문을 다시 발표하였으며, 이로써 '페르마의 마지막 정리'는 완전히 증명되었다. - 옮긴이

"대수 곡선에서의 유체class field의 구축과 제타 함수에 관하여", Ann. of Math. **85** (1967) 58-159

의 존재를 잘 모른다는 인상 또한 받았습니다.

위 논문의 마지막 절에서 제타 함수와 대수 곡선 V에 대한 L-함수가 얻어졌다는 사실을 언급하고 싶습니다. 여기서 V는 완전 실수체에서 정의되는 사원수 대수에 의해 얻어지며, 이때 대수적 수체는 하나의 아르키메데스 소수에서만 분기화ramification가 일어나지 않습니다.

이런 종류의 편지를 쓰는 경우는 거의 없지만 (아마도 지금이 처음일 것입니다) 이 경우에는 이렇게까지 할 만한 사정이 있습니다. 이상하게도 위의 논문은 관련 리뷰들이나 연구 논문들에서 언급되지 않고 있습니다. 연구자들은 제가 **Q**에서의 사원수 대수quaternion algebra를 다룬 것만을 언급하는데, 이는 물론 사실입니다만 그것만으로는 오해를 불러일으킬 수 있다고 생각합니다. 클로젤L. Clozel의 부르바키 논문(1993년 3월, No.766) 등이 참고가 될 것입니다. 그리고 누군가가 리뷰 논문을 쓰면 다른 사람들은 사실 관계를 파악하지 않은 채 거기 나온 그대로를 계속해서 인용하게 됩니다. 결과적으로 오해는 계속되며 그것이 지금 이 편지를 쓰는 이유입니다.

위 1967년 논문의 도입부 및 관련되는 부분 정도만이라도 읽어 봐주시겠습니까? 선생이 이 문제의 역사적인 사실관계에 관심이 있는지는 알 수 없으나, 만약에 그러하다면 켄 리벳Ken Ribet[11])에게 보낸 저의 편지의 사본을 동봉할 테니 함께 읽어 보아주시면 감사하겠습니다. 해당 편지에서 저는 모든 것을 설명하지 않았습니다. 예를 들어 대각합 공식은 모든 Q-유리 타원 곡선이 모듈러 할 것이라는 저의 추측과 밀접한 관련이 있습니다. 또 다른 이상한 사실 한 가지는 아무도 저에게 왜 그런 추측을 만들었는지 묻지 않았다는 것입니다. 이제는 그러한 것이 꽤 명백하게 느껴지는군요.

진심을 다하여,
시무라 고로

*　　　*　　　*

1994년 12월 12일

리처드에게:

---

[11]) 미국의 수학자이며, 1986년에 다니야마-시무라 추측의 특수한 경우가 페르마의 마지막 정리와 동치라는 것을 증명해낸다. - 옮긴이

마치 제가 선생에게 해당 질문을 강요한 것 같이 되어 버렸군요. 어쨌든 '모든 **Q**-유리 타원 곡선은 모듈러하다' 라는 저의 추측으로 이끌게 된 아이디어에 대해 이야기할 수 있는 것이 있습니다.

우선, 어떠한 수학적 대상(**Q**-유리 타원 곡선의 제타함수)의 특정한 속성이 그 대상의 특정한 표현(모듈러 함수의 균일화)에 의해 가장 잘 설명된다면, 비슷한 유형의 다른 대상 또한 그러할 것이라고 예상하는 것이 추측의 기본 철학이었습니다. 물론 이것은 잘못된 것으로 판명될 수도 있지만, 그런 식으로 시작점을 잡을 수 있습니다. 그러나 투박한 예측 이외에 그와 같은 생각을 뒷받침해주는 최소한 두 가지의 기술적인 사실이 있었습니다.

첫 번째는 비교적 간단한 것입니다. 앤드루Andrew Wiles에게 보낸 편지에서 이미 이것에 대해 썼으므로 그 중에 한 구절을 인용하겠습니다:

> 1963년 볼더에서 열린 여름 학회에서 브라이언 버치Bryan Birch를 만났습니다. 그는 저에게 $Z_E(1)$의 중요성에 대한 본인의 생각을 들려주었는데, 이때 Z_E는 Q-유리 타원 곡선 E의 제타함수입니다. 그는 모듈러

함수에 의해 균일화되는 곡선에 대해 거의 알지 못하고 있었습니다. 그래서 저는 그에게 아이클러와 저의 연구 결과를 설명해주었습니다. 그는 $Z_E(1)$이 사라지거나 그렇지 않는 경우에 대해서도 관심을 가지고 있었기 때문에 저는 다음의 세 가지를 말해주었습니다:

(1) 만약 E가 $\Gamma_0(N) \setminus H$으로 주어지는 경우, $Z_E(1)$은 주어진 첨점 형식 f에 대한 적분 $\int_0^\infty f(iy)dy$의 상수배가 되므로 $Z_E(1)$은 사실상 주기period와 같게 된다. 이를테면 $N = 11$일 경우, f의 명시적인 형태에서 $f(iy)$는 항상 양수이며 따라서 $Z_E(1) \neq 0$이다. 다른 몇몇의 경우에도 같은 사실이 성립함을 보일 수 있다.

(2) 만약 g가 디리클레 지표Dirichlet character에 의한 f의 뒤틀림twist인 경우, g는 높은 준위level에서의 첨점 형식이 된다.

(3) 특히 지표가 이차quadratic인 경우, g의 멜린 변환은 E의 뒤틀림 D에 대하여 Z_D를 주게 된다. 이때 Z_D의 함수 방정식으로부터 $Z_D(1) = 0$ 등의 예를 얻을 수 있다.

이것들은 버치에게는 모두 새로운 것들이었으며, 그가
1960년대 초에 작성한 논문들에서도 모두 인정한 사
실입니다. 저는 버치에게 $\Gamma_0(N) \setminus H$가 종수genus 1인
경우만 이야기했던 것 같습니다. 제가 그에게 D가 더
높은 준위에서의 야코비 행렬식Jacobian의 인자factor가
된다고 말을 했었나요? 저의 기억으로는 그에게 (2)
와 (3)을 넘어서는 수준의 이야기까지는 하지 않았던
것 같습니다. (인용 끝)

한 마디로, 만약 E가 모듈러이면 그것의 뒤틀림 역시 모듈
러라는 것입니다.

    두 번째 기술적인 증거는 조금 더 강력한 것입니다. 아
시다시피 저는 가환 다양체의 모듈라이 다양체를 연구하
고 있었는데, 왜냐하면 그것이 제가 다양체의 제타 함수를
이해하는 유일한 방법이었기 때문입니다. 저는 우선 가환
다양체의 자기준동형사상 대수가 **Q** 위에서의 부정 사원수
대수 B를 포함하는 경우에 대해 연구했습니다. (Proc. Int.
Cong. M. (1958), J. Math. Soc. Japan, (1961)) 그리고
오일러 곱Euler product이 잘 작동하는 좋은 성질을 갖는 곡
선들을 찾아냈습니다. 또한 저는 전체 실수체real number field

F를 가지고 정의된 사원수 대수의 보다 일반적인 경우에 대해서도 조사를 시작했습니다. 그러나 만약 $F \neq \mathbf{Q}$이면, F 위에서의 오일러 곱을 성립하게 하는 대수를 위한 해케 이론 혹은 우리가 대수 곡선을 얻을 수 있는 경우에 대한 자연스러운 정의체field of definition는 F 자체이거나 그것의 대수적 확장임을 알게 되었습니다. (Ann. of Math. 76 (1962), Osaka Math. J. 14 (1962)) 따라서 어떤 $\mathbf{Q}$-유리rational인 대상을 얻기 위해서는 F가 $\mathbf{Q}$인 경우를 취해야 했습니다. 우선 저는 $\mathbf{Q}$에 대한 나눗셈 대수division algebra B로 구해지는 곡선은 모듈러가 아닐 수도 있다는 생각을 떠올렸습니다. (엄밀하게 말해서 이는 사실이며 그 점은 아래를 참조하기 바랍니다.) 그러나 모듈러가 아닌 $\mathbf{Q}$-유리 타원 곡선은 얻어질 수 없다는 것을 깨달았는데, 그 이유는 다음과 같습니다: 아이클러는 대각합 공식을 써서, 부정 사원수 대수 B의 오일러 곱은 타원 모듈러 형식elliptic modular form에 의해 얻어지는 오일러 곱에 모두 포함된다는 것을 보였습니다. (Acta Arith. 4 (1958)) 이 결과는 나중에 시미즈 히데오清水英男에 의해 일반화(Annals 81 (1965)) 되었습니다. 소위 테이트 추측Tate conjecture이 명시적인 형태로 정리된 것은 훨씬 뒤의 일이지만, 그 아이디어는 다니야마와 제가 인지하고 있었습

니다. 따라서 저는 자연스럽게 같은 제타 함수를 갖는 두 타원 곡선은 서로 등원isogenous할 것이라는 생각을 떠올리게 됩니다.

B를 포함하는 경우에 대한 이 두 번째 증거가 제가 추측을 만들어내게 된 가장 큰 이유였을지도 모르겠습니다. 다니야마는 "다른 특별한 형태의 보형 함수가 필요하다"면서 헤케의 비모듈러 삼각 함수를 언급했지만, 저는 그런 것이 필요하다고 생각하지 않았습니다. (물론 그가 옳았다고 나중에 판명될 수도 있습니다.)

나눗셈 대수 B에 의해 얻어지는 곡선에 대해서는, 종수가 1인 경우에도 곡선의 자연스러운 모형이 실수점real point을 갖지 않음은 제가 보인 바 있습니다. (Math. Ann. 215 (1975)) 그런 곡선은 타원 곡선이 아니지만 대응되는 야코비 다양체Jacobian variety는 타원 곡선이 됩니다. 이것이 해당 곡선들의 존재의 이유raison d'être라고 볼 수도 있을 것입니다. 이런 현상에 대한 최근의 갱신된 연구 결과가 있는지 궁금합니다.

끝으로, 위 문제와 관계가 있는 일화 하나를 이야기할까 합니다. 1962년의 여름에 이하라 야스타가伊原康隆는 저에게 (아마도 도쿄의 어느 커피숍에서) 두 대각합 공식이 서로

같음을 보이는 데 성공했다는 이야기를 한 적이 있습니다. 저는 아이클러의 위 1958년 논문을 알고 있었기 때문에, 그를 데리고 대학의 도서관으로 가서 아이클러의 해당 논문이 이하라의 연구 결과를 포함하고 있는지 찾아보았습니다. 그는 실망한 것 같았지만 실제로 그의 마음이 어떠했는지는 알 수 없습니다. 그때 그는 도쿄 대학의 대학원생이었으며 저는 그해 9월에 프린스턴으로 다시 돌아갔습니다. 그는 결국 이 주제로 석사 학위를 받았지만, 그것을 출판하지는 않았습니다.

대각합 공식 및 관련 주제에 대해서는 몇 가지를 더 이야기할 수 있지만, 다른 이야기들은 다음 기회에 하는 것이 좋겠습니다. 아마도 선생이 프린스턴에 오시면 말씀드릴 수 있을 것 같습니다.

진심을 다하여,
시무라 고로

*　　　*　　　*

2007년에 몇 가지를 추가로 덧붙인다:

1. 두 번째 편지에서 나는 "그가 옳았다고 나중에 판명될 수도 있습니다"라고 썼는데, 이는 1994년 당시에는 추

측이 완전한 형태로 결정되지 않았기 때문이다.

2. 1950년과 1960년 당시에 내가 생각하고 있던 것에 대한 조금 더 자세한 사항들은 나의 논문 전집 I, IV 권의 [64e] 와 [89a] 를 참고하는 것이 도움이 될 것이다.

A4 소감

미국 수학회보 43권 11호 (1996년 11월) 1344-1347

(이것은 본인이 미국 수학회American Mathematical Society에서 주어지는 리로이 스틸 상Leroy P. Steele Prize 평생 업적 부문Lifetime Achievement을 수상할 당시의 수상 소감문이다. 1996년 워싱턴 대학교에서 열린 여름 학회 매스 페스트Mathfest에서 수상하였다.)

나는 항상 이 상을 나보다 나이가 많은 사람들이 받는 상이라고 생각했기 때문에, 내가 수상자가 되었다는 것을 알게 된 것은 기쁘면서도 놀라운 일이었다. 그동안 나 자신은 그렇게 나이가 많지 않다고 생각해왔다. 그리고 우리 학과에 신임 교수들이 부임할 때마다 언제나 그들에게 나도 동시에 부임된 사람이라고 생각하게 하는데 성공해왔다. 그러나 이번에는 그것이 성공하지 못한 것 같다. 이제는 나도 그렇게 젊지 않다는 것을, 평생의 연구 업적을 말해야 할 만큼 나이가 들었다는 것을 깨닫게 해준 선정 위원회에게 감사한다.

세상에는 다양한 기관에서 수여되는 수만 가지의 상이 있지만, 이번 경우는 동료들로부터 상을 받은 것이나 마찬가지이므로 정말로 기쁘게 생각한다. 그러니 이렇게만 말하고 싶다. 고맙다네, 친구들!

* * *

이 기회를 빌려 1950년대와 1960년대에 내가 했던 연구들에 대한 역사적 조망들을 나 자신의 개인적인 기억들과 연관 지어 소개하고자 한다. 당시의 나의 연구 주제는 완전한 실수real 대수적 수체 F에서 정의된 부정indefinite 사원수 대수 B로부터 이끌어낼 수 있는 산술적 푹스 군에 대한 것이었다. 그러한 B는 다음과 같이 나타낼 수 있다.

$$B \otimes_Q \mathbf{R} = M_2(\mathbf{R})^r \times \mathbf{H}^{d-r}$$

이때 $d = [F : \mathbf{Q}]$, $0 \le r \le d$ 이고, $M_2(\mathbf{R})$은 $\mathbf{R}$에서의 2차원 행렬 대수이며, H는 해밀턴 사원수Hamilton quaternion이

다. 이제 $r > 0$이라 가정하고 B의 부분환subring R을 $\mathbf{Z}$를 포함하도록 취하고 B를 $\mathbf{Q}$에 대하여 확장하여 이것을 Γ라고 하면, Γ는 R의 가역원invertible element들로 구성된 군group이 되며 $M_2(\mathbf{R})$의 어떤 인자에 대한 사영projection도 그 행렬식determinant의 값은 1이 된다. 그러면 우리는 Γ를 $SL_2(\mathbf{R})^r$의 부분군subgroup으로 볼 수 있으며 사영 함수는 $M_2(\mathbf{R})^r$로 향하게 되므로, 곧 Γ가 상반 평면 H를 r번 복사한 곱 H^r에 작용하도록 할 수 있게 된다. 이런 식으로 우리는 대수적 다양체 $\Gamma \setminus H^r$을 얻을 수 있으며, 이때 $r = 1$이면 대수 곡선이 된다. $\Gamma \setminus H^r$이 콤팩트이면 B는 나눗셈 대수division algebra가 되며 이는 서로 동치 관계라는 사실이 알려져 있다. 특히 B를 F 위에서의 크기 2인 행렬 대수 $M_2(F)$로 취할 수 있으며, 이때 $r = d$가 되고 $\Gamma \setminus H^d$ 위에서의 유리형 함수meromorphic function는 힐베르트 모듈러 함수라고 부른다.

만약 $F = \mathbf{Q}$이면, 군 Γ는 푸엥카레가 1886년에 발견한 형태 [7]가 된다. 푸엥카레는 저서 《과학과 방법Science et méthode》에서 이때의 상황을 다음과 같이 회상했다. "어느 날 절벽 위를 걷고 있었는데, 이전에도 겪은 적이 있는 번개처럼 갑작스러우며 즉각적인 확실성으로, 부정 삼진 이차 형식indefinite ternary quadratic form의 산술 변환이 비유클리드 기하학의 그것과 같다는 것을 깨달았다."

푸엥카레가 얻은 결과의 흥미로운 점 한 가지는 B가 나눗셈 대수인 경우 몫 $\Gamma \setminus H$는 콤팩트 하다는 것이다. 그전까지 푸엥카레나 다른 수학자들이 알고 있었던 푹스 군들은 모두 초기하 급수hypergeometric series를 통해 얻어진 것들뿐인데, 그중에서 산술적으로 정의된 것들은 고전적인 모듈러 군들로써 몫이 콤팩트하지 않은 것들이었다. (임의의 콤팩트 리만 곡면에 대한 균일화 정리uniformization theorem는 1907년이 되어서야 쾨베P. Koebe와 푸엥카레에 의해서 각각 독립적으로 증명되었다.) 1893년에 프리케 [3] 는 푸엥카레 군을 임의의 F에 대하여 $1 = r \le d$의 경우까지 일반화시켰다. 이것은 프리케와 클라인이 1897년에 출판한 두꺼운 책 [4] 의 마지막 장에서도 논의되고 있다. 이들은 사원수 대수 대신 부정 삼진 이차 형식을 사용했다. $SO(2, 1)$는 $SL_2(\mathbf{R})$로 덮이기covering 때문에, 주어진 삼진 형태의 단위군은 $SL_2(\mathbf{R})$의 이산 부분군discrete subgroup을 생성한다.

H 위에서의 군의 작용action이 적절히 불연속적이라는 것을 보인 프리케의 연구 이후에 50여 년 동안 이 분야에서 의미 있는 진전이 이루어지지 않고 있었다. 그러다가 1912

년 헤케가 $d = 2$인 $M_2(F)$의 경우에 대한 힐베르트 모듈러 함수에 대해 조사한 논문 [5]을 발표했다. 해당 논문의 도입부에서 그는 위와 같은 유형의 푹스 군에 대한 프리케의 연구 결과가 "정수론에서 구체적인 의미를 갖지 않는 것 같다"는 언급을 했다. 이후의 발전은 그가 틀렸음을 증명한다. 당시 헤케의 나이가 불과 25살이었음을 생각해보면 우리는 그의 발언을 용납할 수도, 심지어 그 발언이 이후 30년 동안 통용된 것을 정당화할 수 있을지도 모르겠다. 왜냐하면 이후 모든 논문들이 해당 발언의 영향을 받았기 때문이며 그 중 하나는 헤그너K. Heegner의 것 [6]도 있었다. 이러한 역사를 나열하는 이유는 해당 주제가 잊히지도 않았지만 새로운 발전도 없이 계속 이어져왔다는 것을 보여주기 위함이다. 그러므로 헤커의 연구들은 대체로 옳은 방향으로 향하고 있었지만, 결정적인 결함이 있었다는 것 또한 지적하지 않을 수 없다.

아마도 아이클러는 이러한 군에 대해 진지하게 고민한 첫 번째 사람일 것이다. 그는 브란트H. Brandt와 함께 사원수 대수에 대한 논문을 쓴 적이 있으며, 나중에 더 일반적인 대수에 대한 연구를 진행했다. 언젠가 아이클러는 그의 지도 교수 브란트가 4원수가 아닌 종류의 대수학에는 그리

큰 관심이 없으며, 아이클러가 그쪽으로 관심을 두는 것에 불만인 것 같다고 말한 적이 있다. 그러나 그가 4원수 대수로 연구를 시작한 것은 이후 그의 연구 방향을 결정하였고, 결과적으로 대성공을 거두었기 때문에 지도 교수가 불만을 가질 이유는 사라진 셈이다. 그는 도쿄에서 강의를 할 때 칠판에 육각형을 그리고서는 각각의 꼭짓점에 시계 방향으로 보형 형식, 모듈러 형식, 이차 형식quadratic forms, 4원수 대수, 리만 곡면, 대수 함수algebraic functions라고 썼다. 어쨌든 1950년에 중반의 아이클러는 푸엥카레 형태의 푹스 군에 필요한 헤케 연산자 이론을 개발하고 있었다. (이를테면 [1]과 같은 것이다.) 또한 그는 $\Gamma \setminus H$ 군의 종수를 일찍 제시했다. 하지만 당시에 다른 사람들은 이러한 대수 곡선들과 정수론과의 관계성을 연구하지 않고 있었다.

1957년에 파리에 머무는 동안 나는 이런 종류의 군에 관심을 갖게 되었다. 그때 나는 타원 모듈러 곡선에 대한 제타 함수를 논한 첫 번째 연구를 막 끝낸 뒤였다. 나는 논리에 정교함을 더하는 작업이 조금 더 필요하다는 것은 알았지만, 일단은 제타 함수가 결정될 수 있는 다른 곡선들을 더 찾아내는 데에 좀 더 관심이 있었다. 또한 다변수 보형 함수의 값들을 이용하여 높은 차원에서의 복소 곱셈 이론을 공식화하려는 연구를 진행했는데, 이를테면 지겔 모듈러 함수 같은 것들이다. 결국 이 두 종류의 문제는 서로 긴밀히 연결되어있는 것으로 판명된다. 그때까지는 아무도 그와 같은 지점에 관심을 두지 않았다. 다시 한 번, 지금 나는 헤케의 사후에 그를 깎아내릴 의도로 이러한 사실들을 언급하는 것이 아님을 강조하고 싶다.

그리하여 나는 위와 같은 형태의 군을 택했다. 이제 목표는 대수적 수체 k 위에서 정의된 대수 곡선 C를 찾아내고, C의 제타 함수를 결정해내는 것이었다. 이때 C는 복소 해석적으로 $\Gamma \backslash H$와 동형 isomorphic이다. 이러한 C를 k 위에서의 $\Gamma \backslash H$의 모형이라고 한다. 나는 자연스럽게 가장 단순한 $F = \mathbf{Q}$의 경우부터 조사하기 시작했다. 이러한 경우에는 $\Gamma \backslash H$가 특정한 이차원 가환 다양체를 매개변수화한다는 것을 쉽게 보일 수 있기 때문에, 해당 곡선에 $\mathbf{Q}$-유리한 모형이 존재한다는 것을 쉽게 증명할 수 있었다. 이러한 증명에는 극성화된 polarized 가환 다양체의 모듈라이 체에 대한 이론이 필요했는데, 운이 좋게도 나는 그것을 위한 사전 준비가 되어있었다. 앞에서 언급했던 것처럼, 복소 곱셈을 더 나은 형식으로 개선하기 위해서 했던 이전의 연구들이 그런 이론을 전개해온 것이었기 때문이다.

1958년 6월에는 독일에서 뮌스터 대학, 괴팅겐 대학, 마르부르크 대학을 각각 방문해서 강연을 했다. 그중에서도 괴팅겐 대학교의 강연에서 극성화된 아벨 다양체의 모듈라이 체와 그것의 응용으로써 보형 함수의 정의체 field of definition 에 대해 이야기했던 것만을 기억한다. 강연의 말미에서 나는 Γ가 푸앵카레 군일 때, 곡선 $\Gamma \backslash H$의 $\mathbf{Q}$-유리성 rationality 에 대해 간단히 언급했다.

그때 청중석에 있던 지겔이 그 마지막 지점을 공격했다. 나는 생각을 설명하기 시작했지만, 그는 내 말을 가로막더니 내가 정말로 증명을 가지고 있는지를 알고 싶어 했다. 그러서 나는 "그렇다"라고 대답했고, 그것으로 끝이었다. 지겔은 그때 아무 말도 덧붙이지 않았지만, 이후 나의 이론에 대한 그의 의심을 클링겐 H. Klingen 등에게 말하고 다녔다고 한다. 이는 1970년에 클링겐이 나에게 직접 확인해준 사실이다. 나는 지겔이 의심을 하게 된 이유를 짐작할 수 있는데, 아마도 다음과 같은 논리 때문일 것이다. $\Gamma \backslash H$는 콤팩트하기 때문에 임의의 보형 형식에 대해서 자연스러운 푸리에 전개를 할 수 없고, 그러므로 보형 함수에 대한 유리성을 정의할 방법이 없다는 것이다. 그러나 결국 나는 해당 곡선의 제타 함수를 결정해냈으며 그 결과를 1958년 9월 에든버러에서 열린 세계 수학자 대회에서 발표했다. 이 연구의 자세한 내용은 1961년에 [8]로 발표되었다.

아이클러를 만났던 마르부르크 대학에서는 그러한 일이 일어나지 않았다. 그의 집에서 저녁 식사를 하고서 그가 전축으로 종교 음악을 들려준 것이 기억난다. 아마도 바흐였던 것 같다. 아이클러가 모차르트를 별로 좋아하지 않았기 때문에 모차르트는 확실히 아니었을 것이다. 아이클러는 키가 크고 잘생겼었는데, 그 몇 달 전 파리에서 보았던 잉마르 베리만Ingmar Bergman의 영화 《제7의 봉인》에 나오는 기사 같은 남자였다. 내가 본 지겔의 첫 인상은 거대한 살덩어리였다. 이것이 당시 61세였던 그를 경멸하는 것은 아니니 오해가 없기를 바란다. 아이클러는 매력적인 외모를 가졌으나 그것을 과시하지 않았으며, 그에게 도는 어떤 편안한 분위기가 상대방을 덜 위협적으로 느끼게 했다.

나의 연구 이야기로 돌아와서, 처음에 나는 Q에 대한 나눗셈division 사원수 대수 B에서 얻어지는 이 곡선들은 모듈러하지 않을 수도 있다고 생각했다. (엄밀하게 말하면 이는 사실인데, 이에 대해서는 다음 문단을 참조하라.) 그러나 모듈러가 아닌 Q-유리 타원 곡선은 다음과 같은 이유로 얻어질 수 없다는 것을 깨달았다: 우선 아이클러는 그의 대각합 공식을 통해 B의 오일러 곱은 이미 타원 모듈러 형식에서 얻은 것들에 모두 포함되어 있다는 사실 [2] 을 보여주었다. 이것에 대한 테이트 추측은 훨씬 뒤에서야 명시적으로 정리되었지만, 해당 아이디어는 많은 사람들에게 알려져 있었다. 따라서 나는 자연스럽게 같은 제타 함수를 갖는 두 타원 곡선은 서로 동원할 것이라고 생각했다. 모듈러 곡선의 제타 함수에 대해 얻은 연구 결과와 함께, 이러한 사실은 내가 모든 **Q**-유리 타원 곡선이 모듈러라는 추측을 만들어내게 되는 가장 강력한 이유가 되었다.

여기서 잠시 나눗셈 대수 B에서 얻어지는 곡선에 대해 조금 더 설명하겠다. 나는 훨씬 뒤에 [11] 에서 $\Gamma \setminus H$ 의 종수가 1인 경우에도 곡선의 자연스러운 모형은 실수점real point을 갖지 않으며 따라서 모듈러하지 않다는 것을 보였다! 이것들은 엄밀히 말해서 타원 곡선은 아니지만 그들의 야코비 다양체는 타원 곡선이 된다. 이것을 해당 곡선들의 존재의 이유raison d'être라고 볼 수도 있을 것이다. 이런 현상에 대한 최근의 갱신된 연구 결과가 있는지 궁금하다.

$F \neq \mathbf{Q}$인 곡선은 더욱 복잡하다. 1969년 봄에 도쿄로 돌아간 뒤, 나는 좀 더 일반적인 가환 다양체들에 대해 조사해보기로 결심했다. 자기준동형사상endomorphism 대수와 가환

다양체의 극성화를 명시하면 정해진 유형의 아벨 다양체를 매개변수화 하는 몫 $\Delta \setminus S$를 얻게 되는데, 여기서 S는 콤팩트하지 않은 에르미트 대칭Hermitian symmetric인 정의역이며, Δ는 특정 대수군에 대한 산술 부분군이다. 푸엥카레의 Γ에 대한 위의 $\Gamma \setminus H$는 $\Delta \setminus S$의 가장 단순한 예로써, 여기서는 B를 바로 자기준동형사상 대수로 취할 수 있다. 그러나 모종의 이유로 $0 < r < d$인 경우에는 대수 B가 결코 가환 다양체에 대한 자기준동형사상 대수가 되지 않는다는 것이 여기서 최대의 난관이다. 이후 1960년 가을의 어느 날, 나는 B가 아닌 다른 대수를 선택하면, 위 유형의 임의의 B에 대한 $\Gamma \setminus H$와 본질적으로 동일한 $\Delta \setminus S$가 얻어질 수 있다는 것을 깨달았다. 그때 나는 이 문제가 접근가능하다는 것을 깨달았으며, 곡선이 수체number field 위에서 모형을 갖게 된다는 것까지도 알게 되었다. 하지만 그것을 어떻게 증명해야 할지는 여전히 몰랐으며, 정리를 가능한 최선의 형태로 기술할 수도 없었다.

1963년에서 1965년 사이의 논문들에서는 다양체 $\Delta \setminus S$가 정의될 수 있는 수체들에 대한 연구를 진행했다. 고차원의 경우에는 가능한 한 최선의 결과를 얻을 수 있었으나 논의의 주가 되는 1차원의 경우에는 그렇지 못해서 썩 만족스럽지는 못했다. 그래서 높은 차원의 경우에 대하여 완전히 다른 종류의 성질을 탐구하기 시작했다. 심플렉틱 기하symplectic geometry에 대한 유명한 논문 [12]에서 지겔은 $Sp(n, \mathbf{R})$의 특정한 산술 부분군 Γ'을 정의했다. 이것은 프리케 군의 일반화가 되며 F에 대해서도 정의될 수 있다. 만약 $n > 1$이고 $F \neq \mathbf{Q}$인 경우, 이 군은 앞서 말한 아벨 다양체들에 대응되는 각각의 군 Δ로써 나타낼 수 없게 된다. 그러나 1963년 여름, 콜로라도 볼더에서 나는 특정 Δ는 단사injection 사상 $\Gamma' \to \Delta$가 존재한다는 것을 알게 되었는데, 이때 n차원 지겔 상반 공간Siegel upper half space S'에 대하여 정칙 매장holomorphic embedding $\Gamma' \setminus S' \to \Delta \setminus S$을 생성할 수 있게 된다. 여기서 $n = 1$인 경우, $\Gamma' \setminus S'$는 정확히 문제의 대수 곡선 $\Gamma \setminus H$이 되며, 이때 매장embedding은 C에서 쌍유리 사상birational map이 된다. 어쨌든 이러한 매장을 구현하면서 임의의 n에 대하여 $\Gamma' \setminus S'$을 정의할 수 있는 수체를 찾아낼 수 있었다. 지겔의 70세 생일을 기념하는 책에 수록될 논문을 부탁받고서 나는 이 주제에 대하여 써야겠다고 생각했으며, 1965년 가을에 편집자에서 원고를 보냈다.

거의 비슷한 시기에, 아마도 그해 9월 초에, 나는 마침내 원래의 문제를 일차원으로 낮출 수 있는 확실한 아이디어를 얻게 되었다. 즉, 주어진 $\Gamma \setminus H$에 대한 서로 다른 $\Delta \setminus S$를 다룰 수 있게 된 것이다. 이러한 아이디어 및 극성화된 가환 다양체의 모듈라이 다양체에 대한 보다 정교한 이론들을 통해 나는 1966년 6월까지 임의의 완전 실수totally real number F에 대한 곡선 $\Gamma \setminus H$의 제타 함수를 결정할 수 있다는 논문 [9]를 완성할 수 있었다. 동시에 힐베르트 모듈러의 경우를 포함하여 1차원 뿐 아니라 B가 완전히 부정indefinite인 경우에도 보형 함수의 값에 의해 생성되는 유체를 결정했다. 그렇게 함으로써 나는 프리케와 헤케의 경우 모두에서 유사한 이론이 병렬적으로 전개될 수 있다는 것을 보였다. 사실 이들은 정수론적 탐구가 가능한 보다 일반적인 산술 몫arithmetic quotient의 두 극단적인 경우에 해당한다. 헤케가 그의 연구를 통해 보이고 싶었던 것 또한 이것이었지만, 그는 결코 거기까지 도달하지 못했다.

나는 결과를 담은 논문을 베유에게 헌정했다. 그러면서 베유에게 이제 남에게 논문을 헌정 받을 만큼 나이가 들게 된 것이냐고 묻자 베유는 "막을 수 없는 일이다."라고 대답했다. 한편 지겔에게 헌정한 나의 논문은 매트마티쉐 아날렌Mathematische Annalen [10]에 게재되었다. 또한 언제나처럼

논문의 사본을 그에게 보냈으며, 그때 받은 지겔의 답장은 다음과 같다:

괴팅겐, 1967년 5월 15일

시무라 교수에게:

한동안 여러 나라들을 돌아다니다가 괴팅겐에 다시 도착하고서야 선생의 최근 논문들, 수학 연보에 실린 것과 감사하게도 저의 70세 생일로 헌정해준 것을 보았습니다.

선생의 성의에 진심으로 감사드립니다. 이제야 두 논문들을 공부하기 시작했는데, 산술적 혹은 해석적 관점에서 모두 대단히 흥미로운 작업들인 것 같습니다.

지난 여러 해 동안 힐베르트 모듈러 함수 및 유체론에 대한 헤케의 초기 연구들이 이후 수학자들에 의해 연구되지 않았던 것을 유감으로 생각해왔습니다. 그런데 선생이 최근 논문에서 이러한 방향의 연구에 대한 성과를 내었다는 것을 확인하게 되어 기쁘게 생각합니다.

또한 선생의 다른 논문에서 심플렉틱 기하에서의 군에 대한 결정적인 연구 결과들이 나와있는 것을 보고 무척 기뻤습니다. 해당 군은 과거에 제가 처음 도입한 개념이기도 하지요. 연구의 진전을 진심으로 축하하며, 앞으로도 계속 좋은 연구 결과가 있기를 바랍니다!

진심을 다하여

카를 루트비히 지겔

나는 지겔의 답장에 기뻐하고 다소 감동하기까지 했다. 하지만 그가 나의 연구에서 힐베르트 모듈러의 경우만 언급한 것에는 조금 실망했는데, 해당 논문의 주요 논점이었던 곡선보다 훨씬 쉬운 내용이었기 때문이다. 따라서 나는 그가 전체 논문의 내용을 인식하고 있는 것인지 확신할 수 없었다. 혹은 지겔은 그 정도의 언급으로 적당하다고 생각했을 수도 있으며 그것은 사실이므로 내가 불평할 일은 아니다. 거의 30년이 지난 지금 이 편지를 다시 읽으면서, 나는 이것이 편지를 받는 사람보다 보내는 사람에 대해 더 많은 것을 이야기하고 있다는 생각이 든다.

이 점을 분명히 하기 위해 먼저 지겔이라는 인물이 어떤 사람이었는지 알 필요가 있다. 물론 그는 오래 전에 수학의 역사에서 거인의 한 사람으로 자리매김했다. 그러나 그의 성품에 대해서는 여러 가지 말들이 많았다. **1980년** 경의 어느 저녁 만찬에서 나는 나타샤 브런스윅Natasha Brunswick의 옆에 앉았는데, 그녀는 "지겔은 비열하다!"라는 선언을 했다. 어쩌다가 그런 대화를 하게 되었는지는 기억나지 않지만, 지겔을 아는 많은 이들은 그런 의견에 동의할 것이다. 지겔의 몇 안 되는 제자들 중 하나인 헬 브라운Hel Braun은 분명히 그를 좋아하지 않았다. 지겔은 의심할 여지없이 독창적인 인물이었으며, 심지어 변태적인 기질에서도 독창적이었다. 한번은 파티에서 그가 피아노곡을 연주하면 청중들이 작곡자가 누구인지 맞추는 시합을 했다. 정답이 나오지 않자 지겔은 자신이 연주하는 곡이 모차르트의 쾨헬 번호Köchel-Verzeichnis 몇 번인 소나타라고 말하고는 악보의 순서를 거꾸로 연주했다. 그 정도의 유머 감각도 있었던 것이다. 언젠가 베유가 그의 작품(연구) 중에서 어떤 것이 가장 마음에 드는지 묻자 지겔은 "오, 몇 년 전 그리스에서 수채화 몇 점을 그렸는데 그건 꽤 괜찮았던 것 같다네."라고 대답했다고 한다.

어쨌든 지겔이 남들이 본인의 연구를 어떻게 여기는지는 상관하지 않고, 하고 싶은 것만 추구했다고 가정하는 것은 틀린 일일 것이다. 나는 그가 그 정도로 냉담한 인간은 아니었다고 믿는다. 그는 분명히 스스로에 대해 잘 알고 있었겠지만, 동시에 젊은 세대들에게 인정받지 못하고 있다고 느꼈을 수도 있다. 이것은 원래 아이클러의 의견이지만 나도 동의하는 바이다.

편지에서 언급한대로 지겔은 은퇴한 직후에 한동안 세계 일주를 다녔다. 여행이 끝나고 괴팅겐으로 돌아온 그는 어느 날 대학에 있는 본인의 연구실 책상 위에서 한 권 전체가 자신에게 헌정되는 아날렌 학회지를 보고 기뻐했을 것이다. 그리고 34살 어린 사람이 그가 오래 전에 상당한 열정으로 파고들었던 주제를 그와 독일 학계의 영향력이 닿지 않는 변방에서 진지하게 들여다본 흔적을 보았을 것이다.

지겔이 많은 사람들이 생각하는 것처럼 괴팍한 인물은 아니었을지도 모르겠다. 위와 같은 편지를 논문집의 다른 저자들에게도 더 보냈을 수도 있다. 어쨌든 그는 자신의 논문들이 진정으로 이해되었다는 것을, 또한 종종 그를 경멸했던 젊은 세대들에 의해 새로운 진보가 이루어지고 있다는 것을 보았던 것이다. 나는 이 위대한 수학자로부터 괴팍함이나 냉소가 아닌 그저 감사함만을 담은 편지를 받게 되어 매우 기뻤다.

* * *

위 소감문에 대해 다음의 몇 가지를 더 보충하겠다. 이 중 첫 번째 문단은 나의 논문 전집 제IV권의 끝에 붙은 '참고Note'에 이미 포함되었다. 아래 두 번째 문단은 2008년 1월에 다시 추가하는 것이다:

나는 아이클러가 도쿄에서 했던 '강연'과 그가 칠판에 그린 '육각형'을 언급했다. 아이클러는 1958년 4월 12일부터 24일까지 도쿄 대학에서 일련의 강의를 했으며, 다니야마 유타카가 (일본어로) 작성한 강의록은 수가쿠^{数学} 10 (1959), 182-190에 게재되었다. 나는 당시에 파리에 머물고 있었기 때문에 강연에 참석하지는 못했지만 강의록에서 육각형을 찾아냈다. 1982년 6월 4일과 5일 바젤 대학교에서 아이클러의 70세를 기념하는 콜로퀴엄이 열렸을 때, 나는 그의 연구 활동에 대해 강연해달라는 부탁을 받았으며 기꺼이 수락했다. 강연을 시작하면서 칠판에 정점이 있는 육각형을 그렸는데, 아이클러는 그것이 본인이 24년 전에 그린 것과 같다는 이야기를 했다. 그는 크게 즐거워하며 당시의 강연을 그때까지 까맣게 잊고 있었다고 말했다.

또한 지겔과 관련하여 헬 브라운을 언급했는데, 차울라S. Chawla에 따르면 지겔은 브라운과 자주 산책을 하는 한편 그녀에게 만약 결혼을 하게 된다면 반드시 일류 수학자와 해야 한다고 주장했다고 한다. 그녀는 나중에 함부르크에서 말년을 지내던 에밀 아르틴과 동거를 하게 된다. 아르틴은 1958년에 프린스턴으로 옮겼으며 1962년에 사망했다. 1966년 모스크바의 학회에서 나의 강연이 끝난 후, 브라운이 다가와서 강연의 내용에 대해 칭찬했다. 이런 것은 나의 경력에서 드문 사건이기 때문에 생생히 기억하고 있다. 아마도 나는 지금보다 그때에 더 잘 알려져 있었고, 그 이후에 조금씩 도태되었던 것 같다.

참고 문헌

[1] M. Eichler, *Modular correspondences and their representations*, J. Ind. Math. Soc. **20** (1956), 163-206.

[2] M. Eichler, *Quadratische Formen und Modulfunktionen*, Acta arith. **4** (1958), 217-239.

[3] R. Fricke, *Zur gruppentheoretischen Grundlegung der automorphen Functionen*, Math. Ann. **42** (1893), 564-597.

[4] R. Fricke and F. Klein, *Vorlesungen über die Theorie der automorphen Funktionen*, I. Leipzig, Teubner, 1897.

[5] E. Hecke, *Höhere Modulfunktionen und ihre Anwendung auf die Zahlentheorie*, Math. Ann. **71** (1912), 1-37 (=Werke, 21-57).

[6] K. Heegner, *Transformierbare automorphe Funktionen und quadratishe Formen I, II*, Math. Z. **43** (1937), 162-204, 321-352.

[7] H. Poincaré, *Les fonctions fuchsiennes et l'arithmétique*, J. de Math. 4 ser. 3 (1887), 405-464 (=Oeuvres, vol. 2, 463-511).

[8] G. Shimura, *On the zeta functions of the algebraic curves uniformized by certain automorphic functions*, J. Math. Soc. Japan, **13** (1961), 275-331.

[9] _____, *Construction of class fields and zeta functions of algebraic curves*, Ann. of Math. **85** (1967), 58-159.

[10] _____, *Discontinuous groups and abelian varieties*, Math. Ann. **168** (1967), 171-199.

[11] _____, *On the real points of an arithmetic quotient of a bounded symmetric domain*, Math. Ann. **215** (1975), 135-164.

[12] C. L. Siegel, *Symplectic Geometry*, Amer. J. Math. **65** (1943), 1-86 (=Gesammelte Abhandlungen, II, 274-359).

A5 앙드레 베유와 나

미국수학회보 46권 4호 (1999년 4월) 428–433

늦여름의 뜨거운 햇볕 아래에서, 나는 도쿄 남부의 고급스러운 다카나와高輪의 조용한 거리를 따라 프린스 호텔 아넥스Prince Hotel Annex를 향해 걷고 있었다. 앙드레 베유가 거기 머무르고 있었기 때문이다. 1955년 9월 초순의 더운 날이었으며, 베유는 같은 달 열린 대수학적 정수론에 관한 도쿄-닛코 국제 학회에 참가한 아홉 명의 외국인 중 한 명이었다. 그보다 2년 전에는 한국 전쟁이 끝났으며 같은 해

미국에서는 아이젠하워의 첫 번째 임기가 시작되고 있었다. 5년 뒤인 1960년에 베유가 다시 일본을 방문했을 때 그는 노조와 학생들의 시위로 뒤덮인 광경을 맞이하게 되겠지만, 평화로운 1950년대 중반에는 아무도 그런 일을 예상하지 못하고 있었다. 호텔을 향해 걸으며 앞으로 닥칠 일들에 대한 기대와 호기심에 나는 약간 상기되었다. 이후 베유를 만날 때마다 같은 기분을 느꼈는데, 이날 나는 그와 처음으로 독대하게 되었던 것이다.

베유와 처음 알게 된 것은 1953년으로, 그때 나는 "기초체의 이산 값매김에 의한 대수 다양체의 축약"[12]이라는 논문에 대한 의견을 구하기 위해 그에게 원고를 보냈다. 그러면서 장차 해당 이론을 가환 다양체의 복소 곱셈에 적용할 계획을 가지고 있다고 덧붙였다. 1953년 12월 23일에 작성된 답장에서 베유는 논문에 상당히 호의적이었으며 계속 그런 방향으로 연구를 진행해보라고 격려해주었다. 그러면서 논문을 미국 수학 저널 American Journal of Mathematics에 투고하라고 조언했으며, 나는 그의 말대로 그렇게 했다. 그 무렵 나는 그의 삼부작 저서 즉, 대수기하

---

[12] Reduction of algebraic varieties with respect to a discrete valuation of the basic field

학의 기초Foundations of Algebraic Geometry, 대수곡선과 다양체Sur Les Courbes Algébriques et Les Variétés Qui S'en Déduisent, 가환다양체와 대수곡선Variétés Abéliennes et Courbes Algébriques을 읽고 있었으며 그의 1950년 국제 수학자 대회 강연록 [50b][1] 과 몇 개의 논문 또한 읽고 있었다. 또한 그의 다른 논문들, 이를테면 [28], [35b][2], [49b], [51a] 등에 대해서도 존재를 알고 있거나 막연한 의견들을 가지고 있었다. 하지만 1955년이 되기 전에 이 모든 것들을 읽을 수 있었던 것은 아니었다. 그의 기고 "수학의 미래L'avenir des Mathématiques" [47a] 와 대수적 함수에 대에 논한 슈발레의 책에 대한 그의 서평 [51c] 은 도쿄의 젊은 수학자들에게도 화제가 되었다. 나중에 그가 일본을 방문했을 때 온갖 사람들이 몰려와 여러 가지 주제들에 대해서 의견을 달라고 질문이 쏟아지자 베유는 교수가 아니라 예언자 취급을 받고 있는 것 같다는 불평을 했다. 하지만 베유는 일본을 방문하기 전에 이미 어느 정도 그런 존재가 되어 있었다.

어쨌든 그가 도쿄-닛코 학회의 참가를 수락했을 때, 일본의 젊은 수학자들은 그의 방문을 대단히 기대했다. 그리고 8월 18일에 도쿄 대학 수학과 건물 안의 어딘가에서 처음으로 그와 만나서 악수를 했다. 그는 사진보다 훨씬 부드러운 인상이었으며 당시 그의 나이는 49세였다. 그때 우리의 대화는 짧았으며 수학적인 대화도 없었고 그에게서 특별한 인상을 느끼지도 못했다. 며칠 뒤 주로 일본인 참가자들에게 등사 인쇄된 논문집 초안이 배포되었다. 논문집에는 나의 49쪽 짜리 "복소 곱셈에 대하여On complex multiplications"도 포함되어 있었는데, 이것은 나중에도 원본 그대로는 출판되지 않게 된다.⁽³⁾

약 2주 뒤에 나는 한 통의 메시지를 받았는데, 베유 교수가 그가 머무는 호텔에 나를 불러 직접 만나기를 원한다는 것이었다. 그래서 나는 시간에 맞춰서 호텔에 도착했다. 그는 재킷이나 타이를 하지 않고 베이지색 바지를 입은 채로 로비에 나타났다. 그리고 호텔의 작은 뜰에 있는 파티오patio 의자에 앉더니 나의 원고를 읽으며 여러 가지 질문을 던지거나 평을 했다. 그리고 가환 다양체와 쿠머 다양체Kummer variety에서의 극화polarization에 대한 그의 생각을 이야기하기 시작했다. 그는 호텔 편지지에 각종 수식들을 휘갈기며 설명했는데, 나는 아직도 그것들을 간직하고 있다. 그러더니 어느 순간 베유는 의자에서 벌떡 일어나 뜰의 이쪽 끝에서 저쪽 끝까지 서성이며 나에게 떠오르는 생각들을 마구 쏟아내는 것이었다. 그는 마치 내가 모든 것을 알고 있는 전문가처럼 대했다. 물론 나는 분열자^{divisor}가 무엇인지, 선형과 대수적 동치가 무엇인지는 알고 있었지만 역사적 관점은 말할 것도 없고 해당 주제에 대한 명확한 통찰을 가지고 있지 못했다. 최선을 다해 그의 논리를 따라가려 했지만 그가 말하는 것을 거의 알아듣지 못하고 있었다. 차를 마시고 난 뒤 그는 큰 케이크를 먹으며 나에게도 한쪽을 권했지만 나는 속사포에 심각하게 달구어진 뒤라 입맛이 떨어져서 거절하고 말았다.

학회 기간과 그 이후에 그가 도쿄에 머무르는 동안 나는 그와 여러 차례 마주쳤다. 그때마다 그는 점점 자연스럽게 행동했으며 나도 그렇게 되어갔다. 호텔에서 만남 이후로 나는 그를 대하는 것에 다소 면역이 생겼고 아마 그도 그렇게 된 것 같았다. 한번은 그에게 가환 다양체 위에서의 복소 곱셈에서 제1종 미분 형식의 주기성이 어떻게 나타나는지 질문을 했다. 그는 "그것들은 매우 초월적이다"라고 대답했다. 이는 만족스러운 답변은 아니었지만 당시의 나에게는 더 이상 바랄 것이 없는 답변이었다. 적어도 마침내 그런 질문을 할 수 있는 상대를 만나게 되었기 때문이다. 그 몇 주의 기간은 오래도록 기억에 남을 인상적인 시간이었다.

동료 교수 중 하나는 전화를 걸어 베유의 목소리와 억양을 흉내 내면서 다음과 같이 말하는 장난을 걸기도 했다. "여보세요? 나는 베유라네. 자네가 며칠 전에 말한 것이 잘 이해가 되지 않아서 토론을 좀 하고 싶은데 …" 때때로 그런 수법이 통할 때도 있었다. 그리고 베유가 시카고로 떠나기 며칠 전, 동료 세 명과 나는 또 다른 호텔에서 그와 잠깐 만나게 되었다. 원래는 다니야마도 함께 가기로 되어있었지만 그는 결국 나타나지 않았는데, 당연하게도 평상시처럼 늦잠을 자고 있었기 때문이다. 토론을 하는 동안 베유는 우리에게 가망이 없는 아이디어에 너무 오래 집착하지 않는 것이 좋다고 충고했다. 그러면서 "계속 진행하다보면 아이디어가 맞는지 틀린지 결단을 내릴 시점이 오게 되는데, 그때는 잡고 있던 아이디어를 과감하게 쳐낼 줄도 알아야 한다."라고 말했다.

베유가 그의 논문 전집에서 언급했듯이, 일본 체류는 베유 자신에게도 즐겁고 만족스러웠다. 그는 그의 명성을 두려워하지 않으면서 그의 수학을 이해하거나 혹은 이해하려고 도전할 준비가 되어 있는 젊은 청중들을 발견했던 것이다. 물론 베유는 미국에서도 충분한 숫자의 청중들을 모을 수 있는 사람이지만, 종류가 다른 청중들이었을 것이다.

이후 두 해가 지나기 전에 나는 다시 그와 마주쳤는데 1957년 11월의 파리에서였다. 앙리 카르탕은 베유의 제안을 받아들여 나에게 CNRS프랑스국립과학연구원의 연구원chargée de recherches 자리를 제안했다. 베유는 그때 시카고로 떠나 1년 간 자리를 비운 상태였다. 그는 앙리 푸앵카레 연구소에서 로제 고드망Roger Godement과 같은 연구실을 공유했지만 대부분의 기간 동안 연구실을 독차지했다. 그 기간 동안에 베유는 대수적 군algebraic group에 대한 다양한 문제들을 연구하고 있었는데, 예를 들면 [57c], [58d], [60b] 등이다. 그는 그런 주제들 중 하나를 에콜 노르말 쉬페리외르École Normale Supérieure에서 가르쳤으며, 카르탕 세미나Les Séminaires Cartan에도 정기적으로 참석했다. 베유가 사는 아파트는 뤽상부르 공원Jardin du Luxembourg의 남동쪽에 있었는데, 멀리 북쪽으로는 사크레 쾨르Sacré-Cœur가 보이고 서쪽에 에펠탑이 있는 멋진 전망을 가진 곳이었다. 그가 자주 찾는 식당 중 하나는 팡테옹Panthéon 뒤쪽에 있던 '오 비유 파리Au vieux Paris'였다. 내가 도착하고 나서 며칠 뒤, 그가 그 식당에서 점심을 먹자고 제안했다. 그때 베유는 라디 오뵈르radis au beurre와 라팽 소테lapin sauté를 주문했다. 당시에는 그런 요리가 무척 흔했지만 요즈음은 다소 구식일

지도 모르겠다. 그가 주문한 와인은 기억나지 않지만, 아마도 각자 적포도주 한 잔씩을 주문했던 것 같다. 또한 베유는 세미나 도중 꾸벅꾸벅 조는 경우가 많았다. 그의 아파트에서 연구소와 팡테옹은 걸어서 10분도 안 되는 거리에 있었다. 1950년대의 파리는 오래된 도시의 매력을 간직하고 있었는데, 베유는 거리의 풍경이 그의 어린 시절에 비해서 달라진 것이 거의 없다고 말했다. 그랬던 파리가 1970년대에 어쩔 수 없이 급격한 변화를 겪게 되었다는 것은 슬픈 일이다.

연구하는 주제가 달랐음에도 베유는 내가 하는 일에 진지하게 관심을 가졌다. 그러므로 자주 그의 연구실로 가서 이야기를 나누었다. 어느 날은 베유에게 제타 함수 공통근의 개수, 즉 푸엥카레 정리에 대한 연구 결과를 보여준 적이 있다. 그는 웃으며 "그 정리를 사용했군, 그렇지만 그건 엄밀하게 증명된 정리는 아니라네." 라고 말하더니, 다른 방향으로 연구를 하거나 더 나은 증명을 찾아내는 것이 좋겠다는 의견을 주었다. 며칠 뒤 베유는 당시에 막 증명된 가환 다양체의 인자에 대한 결과를 말해주었는데, 나는 그것을 바탕으로 푸엥카레의 정리 뿐 아니라 나의 직전 연구 결과까지 엄밀하게 전부 다시 증명해낼 수 있었다.

어느 날은 그의 연구실에서 고함 소리를 들었다. 나는

그에게 간단히 전할 말이 있었기 때문에 노크를 하고 기다렸다. 문이 열리더니 베유는 존스 홉킨스 대학의 교수이자 그의 고함 상대인 프리드리히 매튜너 Friederich Mautner를 소개시켜 주었다.[4] 몇 분 뒤에 나는 방에서 나왔고, 문이 닫히자마자 그들은 다시 서로에게 고함을 지르기 시작했다. 도서관에서 30분 정도를 보내고 다시 복도를 지나는데, 고함치는 시합은 여전히 진행 중이었다. 그것이 언제 어떻게 시작되고 어떻게 끝이 났는지, 그리고 누가 이겼는지는 이후에도 알 수 없었다.

베유가 나를 찾아오면 함께 산책을 자주 했다. 대화의 주제는 매우 다양했는데, 그는 성당에 가서 교회 음악을 들어보는 것도 괜찮을 것이라고 했다. 그러면서 "그저 다른 사람들이 일어설 때 일어서고, 앉을 때 앉는 것만 잘 지키면 된다"고 했다. 그에게 신앙이 있냐고 묻자, 그는 "**Pas du tout!**전혀 아니지!"라고 대답했다. 그는 나에게 프랑스어나 외국어를 배우는 좋은 방법으로 하나의 영화를 같은 영화관의 같은 자리에 앉아서 반복해서 보는 방법을 제안했으며, 나는 그 조언을 충실히 수행했다. 당시는 브리지트 바르도 Brigitte Bardot와 지지 장메르 Zizi Jeanmaire의 인기가 절정에 달했을 때였다. 그가 말해준 또 다른 방법은 신문 읽기였지만, 나는 그 숙제를 열심히 하지 않고 있었다. 베유는 나의 느린 프랑스어 진전에 조바심이 났던지, 신문 읽기는 잘 되어 가고 있냐고 물었다. 나는 "두 마리 토끼를 다 잡으려다가는 한 마리도 잡지 못한다"는 동양의 격언을 언급하며 문제를 회피하려고 시도했다. 어쩌면 무의식중에 토끼고기를 먹는 그의 모습이 잠깐 생각났었는지도 모른다. 그러자 그는 "잡으려는 나머지 토끼가 뭔데? 헤케 연산자라도 되는 거야?"라고 물었다. 그러고 나서 우리는 축약된 대수다양체algebraic variety에 대한 올림lifting이 과연 존재할 수 있는지에 대한 가능성과 그것이 가질 의미에 대해 논의했다. 며칠 후 그는 도서관에서 나를 붙잡더니 "토끼는 잘 되고 있어?" 하고 다시 물었다. 그는 극도로 집요하고 예민한 사람이어서, 내가 무언가 꾸며내고 있다는 것을 감지했던 것이다. 그는 나중에도 "네 토끼는 잘 지내니?"라고 물어보았지만, 나의 토끼가 결국 어떻게 되었는지 여기서는 비밀로 하겠다.

1958년 가을부터 그는 프린스턴 고등연구소의 종신 교수가 되었으며 나는 해당 학기에 그곳의 회원이었다. 나는 거의 그를 따라다니다시피 했으며, 다음 몇 달 동안의 일과를 그와 함께 지냈다. 그 시절을 되돌아보면, 나에게 그토록

유별나고 개인적인 관심을 가져준 베유에게 정말로 감사하게 생각한다. 그러나 한편으로는 나의 연구 전성기에 그런 비범한 사내와 함께 있을 수 있던 상황의 진정한 의미를 깨닫지 못하고서, 그러한 특권을 충분히 활용하지 못했다는 것을 후회하고 있다.

1961년 봄에 베유는 그의 아내 에블린과 함께 일본에서 몇 달을 보냈다. 부부는 일본에서의 체류를 즐겼으며, 나는 나를 진정으로 이해해주는-아마도 당시에는 유일했던-사람이 다시 등장한 것에 힘을 얻었다. 그의 방문이 이전만큼 강렬하지는 않았던 것은 혼자만의 기대가 너무 컸기 때문일 것이다.[5] 나는 일본에서 3년을 보낸 후 1962년 9월에 프린스턴으로 다시 돌아가게 된다. 그리고 베유와는 관계의 다소 새로운 국면을 맞이하여 이후 오랫동안 이어지게 된다. 이 시기에 보았던 그의 언행 중에서 흥미로웠던 것들을 몇 가지를 사건이 일어난 순서에 관계없이 언급하겠다.

앞에서 말했듯이 그는 산책을 즐겼는데, 건강을 유지하는 것도 산책을 하는 이유 중 하나였다. 베유는 매주 일요일마다 뉴욕 타임스 New York Times 일요일판을 사기 위해 프린스턴에 있는 그의 집에서 1마일 반을 걸었다. 그래서 그의 딸들은 베유의 교파가 보행자pedestrian[13] 파라고 했다. 가끔은 고등연구소에서 함께 산책을 할 상대를 고르기도 했다. 하지만 그는 능숙한 보행자는 아니었다. 그는 체격이 건장한 편이었고 활달하게 걸었지만 때때로 땅에 있는 무언가를 밟아서 넘어지는 경우가 많았다. 함께 연구소의 숲을 걸을 때도 그런 적이 있었지만 베유는 그런 경우에 도움을 받는 것을 싫어하기 때문에 나는 그를 못 본 체했다. 그때 그는 다치지 않았지만 항상 운이 좋은 것은 아니었다. 산책을 하면서 때때로 그는 나의 질문에 대답하거나 자신의 이야기를 들려주고는 했다. 다음은 그에게서 들은 이야기들 중 하나이다:

그가 12살이나 13살 무렵에 초보적인 수학을 다루는 잡지가 있었는데, 문제가 나오면 독자들이 풀이를 응모할 수 있게 되어 있었다.[6] 그리고 그 다음 호에 잡지에는 가장 훌륭한 풀이가 실리게 되는 것이다. 그는 잡지에 이름이 인쇄되는 것에 큰 즐거움을 느끼고 많은 투고를 했지만, 2년 뒤에는 그런 수준을 뛰어넘었다. 그리고는 이렇게 말하는 것이었다. "내가 만든 풀이들 중 일부를 내 논문 전집œuvre에

---

[13] 개신교의 장로교파Presbyterian를 빗대어 표현한 것 – 옮긴이

넣었어야 했는데 말이지. 이 문제도 베유! 저 문제도! 그 다음 문제도 베유가 풀어냈다!"

그가 해버퍼드Haverford에서 살 때, 헤르만 바일에게 돈을 빌려달라고 부탁했던 적이 있다. 바일이 "얼마가 필요해?"라고 묻자 베유는 "글쎄, 한 사 오백 달러 정도."라고 대답했다. 그러자 바일은 수표책을 꺼내 잠시 생각하더니 450달러를 써서 주었다고 한다.

베유가 리하이 대학Lehigh University에서 가르칠 때 학생 하나가 찾아와 미적분학에 대해 질문을 했는데, 질문이 정확히 무엇인지 알기 위해 상당한 시간을 소비한 뒤 학생은 마침내 "도대체 이 x라는 기호를 이해하지 못하겠어요."라고 대답했다고 한다.[7] 그는 리하이에서 가르치던 시절을 '과잉 노동'이라고 표현했다.

프랑스 신사에게 이상적인 상황은 세 가지의 사랑을 동시에 가지는 것이다. 첫 번째는 현재의 주된 사랑이며, 두 번째는 언젠가는 주된 사랑이 될 희망을 가지고 지켜보고 있는 여인에 대한 잠재적인 사랑, 그리고 세 번째는 과거의 사랑으로써 그와의 관계를 완전히 끊어내지는 못하고 있는 사랑이다. 베유는 이에 대해 다음과 같이 말했다: "수학자가 수학에 대해서도 그런 식으로 세 가지 사랑을 동시에 가질 수 있다면 더할 나위가 없을 것이다."

그는 보들레르C. Baudelaire, 프루스트M. Proust, 지드Andre Gide에 대해서, 특히 그들의 동성애에 대해 이야기 하고는 했다. 그리고 폴 클로델Paul Claudel이 그의 누이 카밀Camille에 행한 행동들, 폴 클로델과 마들렌 지드Madeleine Gide의 편지 교환에 대해서도 이야기했다. 베유는 종종 극적인 효과를 위해 그만의 방식으로 이야기를 비틀어 재미있게 만들었다.

이유는 정확히 기억이 나지 않지만, 한번은 그에게 탐정 소설도 읽는지 물어본 적이 있다. 베유는 "그래. 하지만 감기에 걸렸을 때뿐이지. 감기에 걸리면 탐정 소설을 읽는 것 말고는 할 일이 없거든"이라고 말했다. 그렇게 말해놓고서 그가 조금 후회하는 기색을 보이자 나는 다시 "얼마나 자주 감기에 걸리는데?" 하고 물었다. 그는 "매우 자주."라고 대답했다.

필즈 메달에 대해서 베유는 이렇게 표현했다. "그건 일종의 복권이야. 상을 탈 수 있는 후보들은 엄청나게 많으니까, 그 중에 누가 타느냐 하는 것은 그저 운이라는 거지. 그러므로 어떻게 될 지는 복권처럼 알 수가 없는 거야."[8]

그는 훌륭한 수학자는 반드시 두 가지 좋은 아이디어를 가지고 있을 것이라고 말하고는 했다. "누군가가 한 번의 좋은 아이디어를 생각해내는 것은 가능하지만, 그것은 요행일 뿐일지도 몰라. 일단 그 사람이 두 번째의 아이디어까지 갖게 된다면 더 나은 수학자로 발전할 수 있는 기회가 있다고 할 수 있지." 그는 한 가지 주제로만 가지고 평생 많은 양의 논문을 생산해낸 잘 알려진 미국 수학자 한 명을 언급했다. 그러면서도 모델J. Mordell을 그의 생각에 대한 반례로 들기도 했다.

그는 더욱 가혹한 표현을 할 수도 있었지만 그런 일은 드물었다. 1970년 여름에 니스에서 열린 학회가 끝난 뒤, 나는 베유와 연구소 내의 어딘가에 앉아 프랑스의 수학자들에 대해 이야기를 나누었다. 그는 파리에서 눈부신 경력으로 출발한 젊은 수학자 세 명에 대해 언급했는데, 당시 주변 동료들은 그들에 대한 기대가 높았다고 했다. 베유는 그 세 명의 이름을 언급하면서, "도무지 그 친구들에게 무슨 일이 일어났던 것인지 모르겠어. 하나라도 그럴듯한 업적을 내놓은 게 없다네."라고 말했다. 이것은 사반세기 전에 그와 나눈 대화이며, 두 번 다시 그 문제에 대해 이야기하지 않았기 때문에 이후 베유의 의견이 바뀌었는지는 알 수 없다. 1975년 전후로 베유는 프랑스 수학이 한동안 쇠퇴해 왔다는 이야기를 한 번 이상 한 적이 있다. 따라서 젊은 수학자들에 대한 이야기도 그런 맥락으로 받아들여야 할 것이다.

그는 다소 지나치다고 생각될 정도로 리만B. Riemann과 푸앵카레J.-H. Poincaré를 높이 평가했다. 해케 또한 그가 좋아한 수학자였다. 베유가 힐베르트를 언급하는 것은 들어본 적이 없다. 그는 클라인F. Klein에 대해서도 거의 관심을 가지지 않았는데, 이 또한 놀라운 일이 아니다. 피카르É. Picard에 대해서는 형식적이고 딱딱한 인물이라고 평가했다. 그와 동시대의 수학자 중에서는 지겔을 높이 평가했으며 슈발레에 대해서는 우호적으로 말했으나 바일에 대해서는 그렇지 않았다. 아마도 바일에 대해서는 일종의 양가감정을 가지고 있는 것 같았다. 그는 아이클러의 특출한 재능을 인정했다.[9] 아다마르J. Hadamard는 베유의 지도교수였으며, 그들의 관계는 베유의 자서전에 잘 기록되어있다. 베유는 하세H. Hasse가 나치의 제복을 입은 적이 있다는 것을 언급하면서, 또한 그에게 존경심을 표했다.[10] 하디에 대해서도 몇 가지 일화를 들려주었지만 대개는 비판적인 이야기들이었다. 그는 "수학은 젊은이의 게임이라는 하디의 말은 말도 안 되는 소리다"라고 했다.

대부분의 사람이 나이가 들면 성숙해진다는 것은 지나치게 낙관적인 견해일지도 모르겠다. 설사 많은 이들이 그렇다고 해도 그렇지 못한 자들 또한 존재하는 것이다. 예를 들어 생상스C.-C. Saint-Saëns는 그의 86년간의 긴 생애를 통해 성격이 고약하다는 평판이 지속적으로 높아졌다고 전해진다. 배유는 온순한 편에 속했지만 70세가 넘은 시기에도, 그에게 극히 드문 일이기는 하지만 유치한 짜증을 내는 경우가 있었다. 그러나 배유는 1976년 혹은 1977년에 "나는 더 이상 수학자가 아니다. 나는 수학 역사학자다."라는 선언을 한 적이 있다. 아마도 그는 더 이상 젊은 세대보다 잘 할 수 있는 주제가 없다는 것을 깨달았던 것이다. 나 자신에 대해 이야기해보자면, 10대 시절에 나는 어떻게든 롤프 네반린나Rolf Nevanlinna가 쓴 《해석 함수의 명확한 이해Eindeutige Analytische Funktionen》의 상하이판이라 불리던 해적판을 손에 넣을 수 있었다. 그리고 책의 처음 3분의 1을 흥미롭게 읽었지만 나머지는 포기하고 말았다. 그래도 그 책을 읽었던 것은 아련한 기억으로 남아있다. 1978년 헬싱키에서 열린 학회에서 나는 네반린나를 발견하고는 자기소개를 하고 그와 악수를 했는데, 이것은 어린 시절의 나로서는 상상도 할 수 없었던 일이었다. 그때 네반린나의 나이는 83세였다. 학회에서 배유가 행한 강연의 제목은 "수학의 역사 : 왜 그리고 어떻게"였다.

헬싱키 학회가 끝난 뒤 나는 파리에서 일주일을 지냈고, 어느 날은 베유가 살던 아파트 근처의 카페에서 그와 커피를 홀짝이고 있었다. 베유에게 학회에서 네반린나를 만난 일을 이야기하자 그는 몹시 불쾌해했다. 베유는 얼굴을 찡그리며 네반린나는 내가 상상하듯이 존경할만한 수학자가 전혀 아니라는 등의 이야기를 했다. 나는 조금 당황했는데, 네반린나를 우상화한 적이 없으며, 베유의 연구 이전에 네반린나의 이름을 먼저 알게 된 것은 단지 네반린나의 책 한 권을 우연히 습득했기 때문이었다. 베유도 그것을 알았을 것이다. 어쨌든 그가 핀란드 경찰에 의해 처형당하는 것을 구해준 것은 다름 아닌 네반린나였는데, 그것은 당시보다 몇 년 전에 베유가 직접 말해준 사실이며, 그의 자서전에도 같은 이야기가 언급되어있다. 베유의 자서전에는 또한 1939년에 베유 부부가 네반린나의 별장에서 지냈던 일도 서술되어있다.

그러나 그가 '다른 쪽의 세계'의 측면도 가지고 있다는 점을 언급해야겠다. 연구소의 새로운 임용에 대한 회의에서 역사학부의 모튼 화이트 Morton White 교수는 해당 임용을 격렬히 반대했는데, 교수 회의에서 열띤 어조로 의견을 표명했다고 한다. 그때 옆에 앉은 베유가 "진정해. 제발 좀 진정하라고."라고 말했다. 나중에 화이트 교수는 베유가 온건한 모습을 보였던 그 드문 장면이 오히려 재미있다는 이야기를 했다.

1986년 5월에 에블린이 75세의 나이로 세상을 떠난 뒤, 베유의 딸 니콜레트Nicolette는 그에게 전자레인지를 사주었다. 하지만 그는 "버튼을 누르는 것이 싫다"면서 한 번도 손을 대지 않았고, 전자레인지는 결국 환불되고 말았다. 베유 가족은 그 전에도 우리의 단골 저녁 손님이었지만 에블린이 죽고 난 뒤 베유는 주로 혼자서 우리 가족과 식사를 했다. 1987년 12월의 어느 날 베유, 에르베 자크Hervé Jacquet, 칼 루빈Karl Rubin, 앨리스 실버버그Alice Silverberg, 치카코 그리고 나는 중국 식당에서 저녁을 먹은 후 우리 집에서 디저트를 먹고 있었다. 나는 그들에게 다시 태어난다면 하고 싶은 일이 무엇인지 물었고, 자크는 오페라 가수가 되고 싶다고 진지하게 말했다. 사실 오페라 가수가 그의 첫 번째 소망이었으며 수학은 두 번째에 불과했다. 그러자 베유가 "나는 한시를 연구하는 중국 학자가 되고 싶다"라고 말했다. 베유는 중국을 두 번 방문한 뒤 《홍러우멍红楼梦》과 같은 표준적인 중국 문학의 영문 번역본들을 읽고 있었다. 나는 "그건 다소 따분한 인생일 것 같고, 당신 같은 사람이

견딜 수 있을 것 같지 않다"라고 말했다. 그러자 베유는 "좋아, 그럼 집고양이가 될 거야. 집고양이의 생활은 매우 편안하지."라고 하더니 우리 옆집의 암컷 흰 고양이를 가리키며 "아마 저 고양이가 나의 엄마가 될 거야"라고 말하는 것이었다. 그러자 루빈은 "그렇다면 중국의 고양이가 되면 되겠구먼"이라고 말했고 모두가 웃었다. 그때는 크리스마스가 다가오기 1~2주 전이었는데, 며칠후 치카코는 베유에게 크리스마스 선물로 고양이 인형을 주었고 그는 기뻐했다. 실제로 베유 가족은 한 마리 고양이를 길렀는데, 언젠가 집에 크리스마스 트리가 있다면서 오로지 고양이를 위해서 크리스마스 트리를 세웠다고 말한 적이 있다.

그는 특히 아내를 잃은 후의 노년을 의식하고 있었다. 그의 말에 따르면, 에블린은 치매를 두려워했다고 한다. 그러나 그녀는 세상을 떠나기 직전까지 치매와는 거리가 먼 상태에 있었다. 80살이 넘게 살았던 프랑스의 어느 유명한 수학자는 그의 마지막 2년에 치매가 왔지만 스스로도 그것을 알고 있었다고 한다. 그래서 손님이 왔을 때는 적어도 신문을 읽을 수 있다는 것을 보여주려고 했지만 신문은 종종 거꾸로 뒤집혀있었다. 더 오래 살았던 또 다른 수학자 한 사람은 그 정도는 아니었지만, 베유가 그를 방문할 때마다 그가 받은 수많은 명예 학위들의 증서들을 하나씩 차례로 보여주었다고 한다.

그러나 베유는 내가 아는 한 그런 낌새를 보인 적이 없었다. 1995년 11월의 어느 날 베유의 연구실로 찾아가서 30분 정도 그와 이야기를 나누었는데, 그의 정신은 매우 맑았으며 내가 꺼낸 주제에 대해서 명확한 견해를 제시했다. 1996년 5월에는 프린스턴의 어느 식당에서 베유의 90세 생일을 기념하는 파티가 열렸다. 그는 많은 이야기를 하지는 않았지만 기분은 좋아보였다. 그때 전후로 치카코가 연구소의 구내식당에서 점심을 자주 먹었는데, 혼자서 혹은 딸과 식사를 하는 베유와 종종 마주쳤다고 한다. 그럴 때마다 베유가 치카코에게 "고로가 근처에 있나요?"라고 물었으므로, 치카코는 베유가 그녀를 여전히 나와 관계있는 사람으로 기억하고 있다는 것을 알고서 안심했다.

베유를 마지막으로 본 것은 1996년 12월 19일이었다. 전날 그가 먼저 나에게 전화를 했는데, 당시에 그는 듣는 것이 불편하다면서 연구소에서 만나자고 했다. 내가 특정한 날짜에 만나자는 말을 하자, 그는 "아니, 그냥 내일 오지 그래. 그렇지 않으면 기억하지 못할 것 같아."라고 했다. 그래서 다음 날 그와 점심을 같이 했다. 그 전날 밤부터

비가 끊임없이 내리고 있었다. 풀드홀Fuld Hall의 휴게실에서 그와 만났는데, 그는 보청기가 없으니 집으로 다시 데려다 달라고 했다. 그래서 그의 집에 잠시 들렀다가 우리는 다시 식당으로 갔다. 예전부터 베유의 식욕은 왕성했으며 보통은 나보다 두 배를 먹었다. 1980년경에 베유, 에블린, 치카코, 그리고 나는 펜실베니아 뉴호프New Hope에서 점심 식사를 한 적이 있다. 식당은 뷔페식이었으며 그는 혈기 왕성했다. 그가 엄청난 양을 먹어치웠기 때문에 나머지 세 사람이 놀랐던 것이 기억난다. 그러나 그는 포도주에 대해서만은 까다롭지 않았다. 아예 신경을 쓰지 않은 것은 아니지만, 포도주를 고르는 것에는 에블린이 늘 더 신경을 썼던 것 같다.

나는 이번에는 그가 얼마나 먹을지가 궁금했다. 그러나 16년 전에 비하면 그가 먹는 양은 절반에도 미치치 못했다. 베유가 듣는 것에 다소 문제가 있었으므로 대화는 원활하게 진행되기 어려웠으며, 나는 종이에 단어와 문장을 써가며 그와 이야기를 이어나갔다. 41년 전 우리의 첫만남 때와는 달리 이제는 내가 글을 쓰고 있는 것이었다. 나는 그때 새로운 아이디어를 가지고 지겔 질량 공식Siegel mass formula[11]에 대한 연구를 진행하고 있었는데, 그것은 그가 좋아하는 주제들 중 하나였다. 그래서 그에게 해당 주제의 역사에 대해 물어보았다. 예를 들어, 나는 그가 아이젠슈타인F. G. M. Eisenstein, 민코프스키H. Minkowski, 하디의 논문들을 공부했는지, 했다면 어떻게 공부했는지를 물었다. 베유는 아이젠슈타인의 연구(12)는 기억나지 않지만 민코프스키에 대해서는 많이는 아니지만 약간을 공부했다고 말했다. 그리고 하디의 논문은 전혀 공부하지 않았다고 했다. 그리고서 그는 오래전의 일이므로 기억이 정확하지 않을지도 모른다며 자신이 한 말을 액면 그대로 받아들여서는 안 된다고 강조했다. 그 점을 좀 더 구체적으로 확인하기 위해, 나는 민코프스키의 연구 결과가 믿을만한지를 물었고 그는 "그런 것 같다"고 대답했다. 그때 그의 기억이 잘못되었다는 것을 깨달았는데, 민코프스키는 지겔이 지적했듯이 틀린 공식을 산출해내었기 때문이다. 그것은 대부분의 전문가들에게도 잘 알려진 사실이었다. 만약 그가 20대 혹은 30대에 했던 연구에 대해 물었다면 더 정확한 대답을 들었을지도 모르겠지만, 나는 베유가 50대가 되어서 지겔 공식을 연구하기 시작했다는 사실을 고려하지 않았다.

또한 베유에게 역사적인 주제에 대해 무언가 쓰고 있는지 물었다. 그는 "더 이상 아무 것도 쓸 수 없다."라고 대답했다. 나는 그를 위로하기 위해 "그래서 전에 컴퓨터를

장만하라고 했던 거라네."라고 말했다. 그는 반쯤 눈이 먼 것 같다는 이야기도 했다. 식사가 끝날 무렵 베유는 "죽기 전에 리만 가설이 증명되는 것을 보고 싶지만, 아마도 그렇게는 안 되겠지."라고 말했다.

그것은 1970년대에 보렐A. Borel의 집에서 있었던 파티를 떠올리게 했다. 파티는 저우웨이량周煒良을 맞이하는 것이었으며, 나는 찰리 채플린Charlie Chaplin의 자서전에 나오는 구절에 대해 저우, 보렐과 이야기를 했다. 채플린의 자서전을 보면 그가 20대에 샌프란시스코에서 점성술사를 만난 이야기가 나오는데, 점성술사는 채플린에게 그가 나중에 엄청난 재산을 벌게 될 것이며 결혼을 많이 하게 되어 많은 아이들을 낳게 될 것이고, 또한 82세에 기관지 폐렴으로 사망하게 될 것이라고 했다고 한다. 이야기를 들은 베유는 "내가 자서전을 쓴다면 점성술사에게 내가 리만 가설을 증명해내는 일은 없을 것이라는 말을 들었다고 써야겠구먼."이라고 말했다.

식사를 다 마치고 주차장으로 걸어가는 도중에 베유가 다음과 같이 말했다. "자네도 분명히 실망했겠지만, 나 또한 실망스럽다네." 그리고 몇 초 후 "나 자신에게 말일세."라고 덧붙였다. 베유는 내가 지겔의 연구에 대한 의견을 듣고 싶어 했다는 것을 알고 있었다. 그리고 또다시 "더 이상 쓰는 것을 못하겠어."라고 말했다. 나는 그를 집까지 태워다주고 그와 작별했다. 그는 천천히 걸을 수 있었지만 건강하다고까지는 할 수 없었다. 하지만 여전히 끔찍한 상태는 아니었기 때문에 나는 안심했다. 비가 부슬부슬 내리는 가운데 혼자 차를 몰고 집으로 돌아가는 동안 이제 다시는 그를 만나게 되지 못하리라고는 전혀 예상하지 못했지만, 1955년에 호텔에서 그와 처음 독대했던 일과 1957년에 그와 함께 했던 점심식사를 떠올렸다.

수학자로써의 앙드레 베유는 물론 그가 남긴 세 권의 논문 전집과, 특히 처음에 언급한 삼부작에서 엿볼 수 있는 엄청난 업적으로 주로 기억될 것이다. 그러나 나에게 베유는 서로 상호작용하는 두 가지 성향을 갖는 인물로 남을 것이다. 첫째, 그는 다른 이들의 새로운 생각과 새로운 방향에 대해 열린 생각을 가지고 수용적인 태도를 견지했는데, 이것은 잘 정립된 틀 안에서만 연구를 할 수 있는 요즈음의 대다수 젊은 학자들과는 상당히 다른 것이었다. 둘째, 비슷한 맥락이지만 더 중요한 것으로 그는 수학에 대해서 깊이가 있으면서도 핵심을 꿰뚫는 통찰력을 가지고 있었다. 베유는 수학적 현상들의 진정한 의미를 이해하고 그것들을 보다 명확한 형태와 더 나은 관점에서 바라보기 위해서 끊임없이 노력했다. 그는 개별 주제들에 새로운 개념을 도입했으며 언제나 신선하고 근본적인 방식으로 새로운 구성체계를 구축하려는 시도를 그치지 않았다. 다시 말해서, 그는 단순한 문제 해결사가 아니었다는 뜻이다. 분명히 그의 죽음은 한 시대의 종말을 의미하며, 동시에 앞으로 채워지지 않을 커다란 공백을 남겼다.

각주

(1) 괄호 안의 각 숫자는 그의 논문 전집에 실린 논문 번호에서 앞의 '19'가 생략되어 표기된 것이다.

(2) 다양체variety의 좌표환coordinate ring은 적절한 초평면에 대한 부분환subring 위에서의 적분이 된다는 사실을 처음 적시한 것은 베유의 논문 [35b]가 최초인 것 같다. (그의 《논문 전집Œuvres Scientifiques》 I권 89쪽을 보라) 자리스키O. A. Zariski는 이것의 공을 뇌터E. Noether에게 돌렸지만, 나는 뇌터가 일반적인 초평면의 절단을 고려하기는 했으나 원소가 적분이라는 것까지 도달했던 것은 아니라고 생각한다. 베유는 이에 동의하면서 "아

마도 자리스키는 젊은 사람의 일을 언급하기를 꺼려했을지도 몰라. 그리 드문 현상은 아니지."라고 대답했다. 베유 또한 나름대로의 인용 정책을 가지고 있었겠지만, 솔직히 가끔은 받아들이기 어려운 부분도 있었다. 이 점에 대해서는 아래 주석 (9)를 보라.

(3) 나의 논문 '대수 다양체의 축약 등'에 대해서 베유는 "그(시무라)는 다른 응용을 고려하고 있다고 이야기했다 (il (Shimura) me dit, il eût plutôt eu en vue d'autres applications)"(베유 논문 전집 II권 542쪽)라고 썼는데, 이것은 사실이 아니다. 아마도 한때 내가 브라우어R. Brauer의 모듈러 표현에 관심이 있다고 말한 것을 두고 오해를 해서 그렇게 말한 것 같다. 브라우어 또한 당시 학회에 참석했었다.

(4) 베유에게 타마가와玉河恒夫의 아이디어를 소개한 사람은 매튜너F. I. Mautner이다. 베유가 [59a]에 덧붙인 말을 참조하라.

(5) 논문 전집에서 베유는 그의 두 번째 일본 방문에 대해 언급하고는 있지만 자세한 설명은 하지 않았다. 그의 논문 전집 II권의 551쪽을 참조하라.

(6) 그가 나에게 실제로 한 말이다. 그의 자서전에서는 좀 더 이른 시기에 이와 같은 대화가 오고 갔다고 나오는데, 사실일 수도 있다.

(7) 이것도 그가 나에게 했던 말이다. 그의 자서전에는 조금 다른 버전이 실려 있다.

(8) 그러나 나는 둘 사이에 큰 차이가 있다고 생각한다. 복권에 당첨되려면 일단 복권을 사야 하는데, 그런 행위 자체가 제도의 공정성을 신뢰한다는 것을 뜻하기 때문이다.

(9) 대수군algebraic groups의 강한 근사strong approximation를 언급할 때마다 베유는 항상 크네저의 정리Kneser's theorem를 인용했다. 그의 논문 [65]의 경우에는 그런 식의 인용을 이해할 수 있다. 그러나 그는 1960년대에 행했던 강연 내내 그렇게 했으며, 아이클러의 이름은 단지 논문 [62b]에서 부정부호 이차 형식indefinite quadratic form의 스피너 종수spinor genus는 유수class가 1인 것들로 구성된다는 사실과 연관 지어서만 잠시 등장할 뿐이다. 납득하기는 어렵지만, 베유가 단순 대수 및 직교군orthogonal group의 강한 근사에 대한 아이클러가 제

시한 근본적인 발상 및 결정적인 연구 결과를 정말로 인식하지 못했으며 그저 스피너 종수에 대한 아이클러의 연구만을 인지했을 가능성도 충분히 있다. 그의 논문 전집에서, 베유는 젊은 시절 자신이 제대로 알지 못했음을 인정했다. 베유는 매우 방대한 지식을 가지고 있었지만, 때때로 잘 알려진 사실을 모를 때도 있었다. 베유는 그의 논문에서도 인용했듯이 헤케의 연구를 알고 있었다. 그러나 그가 헤케의 논문 대부분을 잘 알고 있다고 가정하는 것은 틀린 일일 것이다. 그의 논문 전집에서 그는 헤케의 논문 중 불필요한 것들을 다수 인용하고 있다. 그런 점에서 베유의 인용이 불완전하거나 편파적이라는 비판을 받을 수도 있다고 생각된다.

(10) 베유에 의하면, 한 번은 하세가 그런 복장을 하고서 쥘리아G. Julia를 찾아갔는데, 그때 쥘리아는 나치의 협력자로 비칠까봐 불안해했다고 한다.

(11) [65]에서 베유는 "따라서 우리는 지겔이 이차 형식에 대해 연구한 결과 및 다음을 제외한 [12] (지겔의 1952년 아날렌Annalen논문)의 끝에 언급된 모든 결과를 보

다 일반화하여 재구성할 수 있었다. 우선, ...[14])" (베유 논문 전집 제III권 154쪽)라고 썼는데, 나는 이것이 오해의 소지가 있다고 생각한다. 그가 제시한 재구성하지 못한 목록에는 지겔이 연구한 비동차inhomogeneous 형식이 빠져있기 때문이다. 물론 비동차 형식에 대한 지겔의 곱셈 공식은 지겔 공식formule de Siegel(즉 아이젠슈타인 급수에서 몇 가지 자명하지 않은 푸리에 계수에 대한 계산을 포함하는 베유의 일반화 공식)으로부터 유도될 수 있는 것이 사실이며, 그러므로 사소한 것이라고 할 수 있을 지도 모른다. 그럼에도 비동차의 경우는 타마가와 수Tamagawa number 뿐 아니라 아무도 그런 계산을 직접 해본 사람이 그전까지 없었다는 점은 강조되어야 할 것이다. 1980년대 중반에 나는 베유에게 이것에 대해 물었지만 그는 "잘 기억나지 않는다."라고만 대답했다.

(12) [76c]에서 베유는 아이젠슈타인의 연구 전체를 검토하고 있으며, [76a]의 제목 또한 아이젠슈타인과 크로

---

[14]) On a ainsi retrouvé, quelque peu généralisées, tous les résultats démontrés par Siegel au cours de ses travaux sur les formes quadratiques, ainsi que ceux énoncés à la fin de [12] à léxception des suivants. Tout dàbord, ...

네커의 타원함수이다. 그러나 베유가 아이젠슈타인의 이차 형식 논문을 자세히 공부하지는 않은 것 같으며, 스스로도 그런 사실을 인지하고 있었을 것이다.

*　　*　　*

위 기사에는 흥미로운 뒷이야기가 있다. 1998년 초에 학회보의 편집자는 앙드레 베유의 장녀 실비 베유에게 나의 초고를 보여주었으며, 그녀는 이를 승인했다고 했다. 그러나 이후에 그녀는 편집부에 불만을 표시했는데, 베유를 기리는 특집으로 나갈 해당 학회보에 실릴 사진들과 관련이 있었던 것으로 기억되지만 확실하지는 않다. 어쨌든 1998년 12월 19일에 나에게 보낸 편지에서 실비는 부친과 내가 마지막 점심을 함께한 날 부친의 병세가 약해졌음을 묘사한 나의 설명에 언짢음을 표시했다. 그녀는 "그 부분에 대해서 내용을 줄여주시거나 아예 포함시키지 않아주신다면 감사하겠습니다."라고 썼다. 그래서 나는 다음과 같은 답장을 썼다.

1998년 12월 28일

베유 양에게:

솔직히 돌아가신 부친과 제가 함께 했던 마지막 점심 식사를 묘사한 부분을 두고 유감을 표한 것에 꽤 놀랐습니다. 그래서 해당 구절을 다시 읽어보았지만 어색함을 느낄 수 없었습니다. 보렐, 토니 크냅A. W. Knapp과 그의 아내 수잔Susan 역시 저의 글을 읽었고 이상한 점을 느끼지 않았다고 했습니다. 좀 더 확실히 하기 위해 헤일 트로터Hale Trotter와 그의 아내 케이Kay에게 다시 한 번 해당 부분에 대한 의견을 말해달라고 부탁했습니다만, 그들 또한 괜찮은 것 같다고 말했습니다.

물론 베유 양은 다른 입장에 있으며, 그런 기분을 느낄 수 있음을 이해합니다. 그러나 이 글은 수학에 관심이 있는 일반 대중을 대상으로 하고 있다는 점을 강조하고 싶습니다. 따라서 부친이 겪은 삶의 다양한 측면을 동료의 입장에서 가능한 생생하고 충실하게 제시하는 것이 저의 의무라고 생각했습니다. 베유 양이 해당 구절을 단순히 그의 초라했던 마지막을 묘사하는 것으로 느낀 것은 유감입니다. 위에 언급한 베유의 동료들은 해당 구절을 긍정적인 묘사로 보았는데, 그 점이 조금이라도 기분을 위로할 수 있기를 희망합니다. 이제 베유 양이 놓쳤을지도 모르는 몇 가지 자세한 사항들에 대해서 조금 더 설명하겠습니다.

우선, 해당 부분은 전체 글의 맥락에서 읽혀야하며, 처음 시작 부분이나 다른 프랑스 수학자들에 대해 저 또는 베유가 실제로 한 말과 대조해서 읽혀야 할 것입니다. 또한 보다 중요한 것은, 그의 말년에 대한 묘사가 그가 저에게 어떠한 존재였는지를 잘 이야기해준다는 점입니다. 노년에도 그는 여전히 수학에 관심이 깊었으며 저에게 도움을 주려고 노력했습니다. 그리고 여러 가지 이유로 그는 슬퍼했으며 저도 그랬습니다. '슬픔'이라는 단어를 직접 쓰지는 않았지만, 전달하고자 했던 것은 그러한 감정입니다. 그러한 상황을 묘사함으로써 최선을 다하고자 했음을 이해하여 주시기 바랍니다.

우리의 점심 식사 대화 중에 리만 가설에 대한 의미심장한 내용도 있는데, 이 또한 후대의 사람들을 위해 기록했습니다.

제가 부친을 본 마지막 순간에도 그는 더 잘해내고 싶어 했습니다. 그때 그는 90세였고, 어떤 의미에서는 그날 잘 해냈다고 생각합니다. 저는 80세가 넘어도 거만하며 가식에 차있는 유명한 학자들을 알고 있습니다. 그러나 앙드레 베유는 그런 인물이 아니었습니다. 그는 스스로에게 정직했으며, 아무것도 포장하려 하지 않았습니다. "자네도 분명히 실망했겠지만, 나 또한 실망스럽다네", "나 자신에게 말일세"와 같은 말은 진실한 사람만이 할 수 있는 이야기가 아닌가 합니다. 스스로에게 솔직하지 못한 인간들은 절대로 그런 식으로 말할 수 없을 것입니다. 그는 마지막 순간까지 진실 되게 행동했으며, 우리 모두는 그런 그를 자랑스러워 해야 한다고 생각합니다. 문제는 글을 읽는 독자도 그렇게 느낄 것인가 인데, 글을 접한 동료들의 반응을 보면 일반 독자들도 그럴 것 같다는 생각입니다. 이 편지만으로 당장 당신의 노여움을 진정시킬 수 없을지도 모르겠지만, 그렇게 되기를 바랍니다. 적어도 저는 어떤 독자도 해당 구절을 부정적으로 받아들이지 않으리라 장담합니다.

진심을 담아서,
시무라 고로

그녀에게 글을 보냈을 때 더 이상의 불평을 듣지 못했기 때문에, 나는 실비가 해당 기고에 정말로 불만을 가졌다고 생각하지는 않았다. 그녀가 나에게 그런 부탁을 했던 것은 부친이 그렇게 보일 수 있는 책임이 나에게 있다고 불만을 제기하는 그녀만의 방식이었다고 생각했다.

1998년에 프랑스 수학회에서 발행되는 《가제트 드 매스매티션Gazette des Mathématiciens》은 앙드레 베유에 대한 특별호를 기획했으며 위 기고의 게재를 부탁하여 나는 그렇게 하자고 했다. 그리하여 몇 주가 지난 1998년 3월에 교정본을 편집부에 돌려주었다. 그런데 1999년 3월 29일자 편지에서 다니엘 바스키Daniel Barsky 편집장은 해당 구절들이 대다수의 프랑스 수학자들의 감정을 상하게 할 것이므로 베유와의 마지막을 기술한 36줄의 삭제를 요구했다. 재미있는 것은 글의 끝부분에 있는 12번 주석까지도 36줄에 포함되어 있었는 점이다. 편집장은 내용의 수정 없이는 글을 실을 수 없다고 했다. 실비가 그를 압박한 것이 분명했다. 나는 파리에 있는 프랑스 수학자 몇 명에게 의견을 물었으나 그들 중 아무도 해당 원고의 수정에 찬성하지 않았다. 나는 해당 구절들의 삭제를 거부했으며, 결국 위 기사는 특별호에 포함되지 않았다.

후기

우선 이 책과 상당 부분 내용이 겹치는 일본어판이 도쿄의 치쿠마쇼보筑摩書房에서 출판하게 될 '기오쿠노기리에즈記憶の切繪図'라는 제목으로 나오게 될 것이라는 점을 밝혀야겠다. 두 책에는 공통된 부분이 많지만, 하나가 다른 하나의 번역은 아니다. 나는 거의 동시에 두 책을 집필했는데, 영어 및 일본어 각각의 책에서 보다 편리한 표현을 사용했으며, 따라서 같은 내용에 대해서 두 책이 약간의 차이를 보일 수는 있지만 서로 모순되는 점은 없을 것이다. 하나의 책에 등장하는 구절이 다른 책에는 통째로 없는 부분도 있다. 특히 이 영문판은 일본어판에 비해서 수학과 수학자에 대한 내용들이 더 많이 담겨졌다.

나의 수학 연구는 책으로 출간된 형태 및 몇몇 사소한

기고를 제외하고는 모두 다음의 전집으로 묶여서 출간되었다.

Shimura G. Collected Papers,
vol. I-IV, Springer, 2003

이 논문집에는 2001년까지 작성한 모든 논문의 목록이 수록되어있으며, 해당 목록에는 논문집에서 누락된 논문들도 포함하고 있다. 2001년 이후의 연구들은 인터넷을 참조하기 바란다.

역사적인 사건에 대한 여러 가지 세부 사항들은 프린스턴 대학교 게스트 동양 도서관 Gest Oriental Library 및 치쿠마쇼보 편집부의 도움을 받았다. 두 기관의 도움에 깊은 감사를 표한다.